2020
浙江科技统计年鉴

浙江省科学技术厅
浙 江 省 统 计 局 编

ZHEJIANG UNIVERSITY PRESS
浙江大学出版社

图书在版编目（CIP）数据

2020浙江科技统计年鉴 / 浙江省科学技术厅，浙江省统计局编. -- 杭州 ：浙江大学出版社，2020.12
ISBN 978-7-308-20825-3

Ⅰ. ①2… Ⅱ. ①浙… ②浙… Ⅲ. ①科技统计－浙江－2020－年鉴 Ⅳ. ①G322.755-66

中国版本图书馆CIP数据核字（2020）第236224号

2020浙江科技统计年鉴

浙江省科学技术厅
浙 江 省 统 计 局 编

责任编辑 樊晓燕
责任校对 王 波
装帧设计 刘依群
出版发行 浙江大学出版社
（杭州市天目山路148号 邮政编码310007）
（网址：http://www.zjupress.com）
排 版 浙江时代出版服务有限公司
印 刷 杭州良诸印刷有限公司
开 本 889mm×1194mm 1/16
印 张 21
字 数 559千
版 印 次 2020年12月第1版 2020年12月第1次印刷
书 号 ISBN 978-7-308-20825-3
定 价 180.00元

《2020浙江科技统计年鉴》编辑委员会

编辑说明

为反映浙江科技进步状况和区域创新能力，满足宏观管理部门制定科技发展规划和调整科技政策的需要，浙江省科技厅、省统计局在征询有关部门意见的基础上，共同整理编辑了这本科技统计资料书。

本书收集了浙江各类科技活动的投入产出等方面统计数据，较为全面、系统地描述了浙江区域科技活动的规模、水平、布局、构成与发展，是有关管理部门和社会各界了解、研究和分析浙江科技政策以及科技活动情况的主要工具书。

本书共分六个部分。第一部分为全社会科技活动的综合统计资料，主要有科技活动人员构成与投入情况、科技活动经费构成与投入情况、地方财政科技拨款情况、科技成果产出及获奖、技术市场成交等指标的综合资料；第二、三、四、五部分则依次为研究与开发机构、规模以上工业企业、大中型工业企业、高等院校的科技活动统计资料，主要有机构情况、科技活动人员情况、科技活动经费筹集与支出情况、科技项目（课题）情况、成果和知识产权等科技产出情况的内容；第六部分为浙江高技术产业发展状况的综合资料。本书的最后还附了主要指标解释，便于读者了解科技统计数据资料的统计定义、口径范围和统计方法。

目　录

一、综　合

1–1　各市土地面积和行政区划（2019）…… 3
1–2　全省生产总值（1978—2019）…… 4
1–3　历年总户数和总人口数（1978—2019，年底数）…… 5
1–4　就业和失业人员情况（1978—2019，年底数）…… 6
1–5　地方财政科技拨款情况（1990—2019）…… 7
1–6　省本级财政科技拨款情况（1999—2019）…… 8
1–7　研究与试验发展（R&D）人员投入情况（1990—2019）…… 9
1–8　R&D 经费投入情况（1990—2019）…… 10
1–9　R&D 经费支出情况（1990—2019）…… 11
1–10　按行业分的事业单位专业技术人员数（2019）…… 12
1–11　按行业分的企业单位专业技术人员数（2019）…… 13
1–12　技术市场成交合同数量与成交金额（1990—2019）…… 15
1–13　科协系统科技活动情况（2018—2019）…… 16
1–14　科协系统省级学会情况（2013—2019）…… 17
1–15　专利申请量和授权量（1990—2019）…… 18
1–16　测绘部门主要指标完成情况（2011—2019）…… 19
1–17　标准计量、特种设备和质量监督情况（2017—2019）…… 19
1–18　高新技术产品进出口贸易情况（2017—2019）…… 20
1–19　分地区工业制成品、高新技术产品进出口情况（2017—2019）…… 21
1–20　全省科技成果获奖情况（1990—2019）…… 22

二、研究与开发机构

2–1　科学研究和技术服务业事业单位机构、人员和经费概况（2019）…… 25
2–2　科学研究和技术服务业事业单位人员概况（2019）…… 29
2–3　科学研究和技术服务业事业单位从业人员按工作性质分（2019）…… 33
2–4　科学研究和技术服务业事业单位科技活动人员按学历和职称分（2019）…… 37
2–5　科学研究和技术服务业事业单位经费收入（2019）…… 41
2–6　科学研究和技术服务业事业单位经费支出（2019）…… 45
2–7　科学研究和技术服务业事业单位科研基建与固定资产（2019）…… 55
2–8　科学研究和技术服务业事业单位科学仪器设备（2019）…… 59

2–9 科学研究和技术服务业事业单位课题概况（2019） …… 63
2–10 科学研究和技术服务业事业单位课题经费内部支出按活动类型分（2019）…… 71
2–11 科学研究和技术服务业事业单位课题人员折合全时工作量按活动类型分（2019）…… 79
2–12 科学研究和技术服务业事业单位 R&D 人员（2019） …… 87
2–13 科学研究和技术服务业事业单位 R&D 人员折合全时工作量（2019） …… 91
2–14 科学研究和技术服务业事业单位 R&D 经费内部支出按活动类型和经费来源分（2019） …… 95
2–15 科学研究和技术服务业事业单位 R&D 经费内部支出按经费类别分（2019） …… 99
2–16 科学研究和技术服务业事业单位 R&D 经费外部支出（2019） …… 103
2–17 科学研究和技术服务业事业单位 R&D 日常性支出（2019） …… 105
2–18 科学研究和技术服务业事业单位专利（2019）…… 109
2–19 科学研究和技术服务业事业单位论文、著作及其他科技产出（2019）…… 113
2–20 科学研究和技术服务业事业单位对外科技服务（2019）…… 117
2–21 转制为企业的研究机构机构、人员和经费概况（2019）…… 121
2–22 转制为企业的研究机构技术性收入情况（2019）…… 124
2–23 转制为企业的研究机构科技活动经费支出与固定资产情况（2019）…… 127
2–24 转制为企业的研究机构科技项目概况（2019）…… 130
2–25 转制为企业的研究机构科技项目经费内部支出按活动类型分类（2019）…… 135
2–26 转制为企业的研究机构科技项目投入人员全时工作量按活动类型分（2019）…… 140
2–27 转制为企业的研究机构 R&D 人员（2019） …… 145
2–28 转制为企业的研究机构 R&D 经费支出（2019） …… 148
2–29 转制为企业的研究机构 R&D 经费内部支出按经费类型分（2019） …… 151
2–30 转制为企业的研究机构 R&D 经费内部支出按活动类型分（2019） …… 154
2–31 转制为企业的研究机构专利（2019）…… 157
2–32 转制为企业的研究机构论文、著作及其他科技产出（2019）…… 160

三、规模以上工业企业情况

3–1 规模以上工业企业研发活动情况（2017—2019） …… 165
3–2 规模以上工业企业基本情况（2019） …… 166
3–3 规模以上工业企业 R&D 人员情况（2019） …… 169
3–4 规模以上工业企业 R&D 经费情况（2019） …… 172
3–5 规模以上工业企业全部 R&D 项目情况 (2019) …… 181
3–6 规模以上工业企业办研发机构情况（2019） …… 184
3–7 规模以上工业企业自主知识产权保护情况（2019） …… 187
3–8 规模以上工业企业新产品开发、生产及销售情况（2019） …… 190
3–9 规模以上工业企业政府相关政策落实情况（2019） …… 193
3–10 规模以上工业企业技术获取和技术改造情况（2019）…… 196

四、大中型工业企业情况

4–1 大中型工业企业研发活动情况（2017—2019） …… 201
4–2 大中型工业企业基本情况（2019） …… 202
4–3 大中型工业企业 R&D 人员情况（2019） …… 205
4–4 大中型工业企业 R&D 经费情况（2019） …… 208
4–5 大中型工业企业全部 R&D 项目情况 (2019) …… 217
4–6 大中型工业企业办研发机构情况（2019） …… 220
4–7 大中型工业企业自主知识产权保护情况（2019） …… 223
4–8 大中型工业企业新产品开发、生产及销售情况（2019） …… 226
4–9 大中型工业企业政府相关政策落实情况（2019） …… 229
4–10 大中型工业企业技术获取和技术改造情况（2019） …… 232

五、高等院校

5–1 高等学校基本情况（1978—2019） …… 237
5–2 普通高等教育分类情况（2019） …… 238
5–3 高等学校科技活动情况（1986—2019） …… 239
5–4 高等院校自然科学领域科技人力资源情况（一）（2019） …… 240
5–5 高等院校自然科学领域科技人力资源情况（二）（2019） …… 241
5–6 高等院校自然科学领域科技人力资源情况（三）（2019） …… 242
5–7 高等院校自然科学领域科技活动经费情况（2019） …… 243
5–8 高等院校自然科学领域科技活动机构情况（一）（2019） …… 245
5–9 高等院校自然科学领域科技活动机构情况（二）（2019） …… 245
5–10 高等院校自然科学领域科技项目情况（一）（2019） …… 246
5–11 高等院校自然科学领域科技项目情况（二）（2019） …… 247
5–12 高等院校自然科学领域交流情况（2019） …… 248
5–13 高等院校自然科学领域技术转让与知识产权情况（一）（2019） …… 248
5–14 高等院校自然科学领域技术转让与知识产权情况（二）（2019） …… 248
5–15 高等院校自然科学领域科技成果情况（2019） …… 249

六、高技术产业

6–1 高技术产业基本情况（2019） …… 253
6–2 高技术产业 R&D 人员情况（2019） …… 257
6–3 高技术产业 R&D 经费情况（2019） …… 261
6–4 高技术产业企业办研发机构情况（2019） …… 265
6–5 高技术产业企业专利情况（2019） …… 269

6–6　高技术产业企业新产品开发、生产及销售情况（2019） …… 273
6–7　高技术产业企业技术获取和技术改造情况（2019） …… 277
6–8　医药制造业基本情况（2019） …… 280
6–9　医药制造业 R&D 人员情况（2019） …… 281
6–10　医药制造业 R&D 经费情况（2019） …… 282
6–11　医药制造业企业办研发机构情况（2019） …… 283
6–12　医药制造业企业专利情况（2019） …… 284
6–13　医药制造业企业新产品开发、生产及销售情况（2019） …… 285
6–14　医药制造业企业技术获取和技术改造情况（2019） …… 286
6–15　航空、航天器及设备制造业基本情况（2019） …… 287
6–16　航空、航天器及设备制造业 R&D 人员情况（2019） …… 287
6–17　航空、航天器及设备制造业 R&D 经费情况（2019） …… 288
6–18　航空、航天器及设备制造业企业办研发机构情况（2019） …… 288
6–19　航空、航天器及设备制造业企业专利情况（2019） …… 289
6–20　航空、航天器及设备制造业企业新产品开发、生产及销售情况（2019） …… 289
6–21　航空、航天器及设备制造业企业技术获取和技术改造情况（2019） …… 290
6–22　电子及通信设备制造业基本情况（2019） …… 290
6–23　电子及通信设备制造业 R&D 人员情况（2019） …… 292
6–24　电子及通信设备制造业 R&D 经费情况（2019） …… 294
6–25　电子及通信设备制造业企业办研发机构情况（2019） …… 296
6–26　电子及通信设备制造业企业专利情况（2019） …… 298
6–27　电子及通信设备制造业企业新产品开发、生产及销售情况（2019） …… 300
6–28　电子及通信设备制造业企业技术获取和技术改造情况（2019） …… 302
6–29　计算机及办公设备制造业基本情况（2019） …… 304
6–30　计算机及办公设备制造业 R&D 人员情况（2019） …… 305
6–31　计算机及办公设备制造业 R&D 经费情况（2019） …… 306
6–32　计算机及办公设备制造业企业办研发机构情况（2019） …… 307
6–33　计算机及办公设备制造业企业专利情况（2019） …… 308
6–34　计算机及办公设备制造业企业新产品开发、生产及销售情况（2019） …… 309
6–35　计算机及办公设备制造业企业技术获取和技术改造情况（2019） …… 310
6–36　医疗仪器设备及仪器仪表制造业基本情况（2019） …… 311
6–37　医疗仪器设备及仪器仪表制造业 R&D 人员情况（2019） …… 312
6–38　医疗仪器设备及仪器仪表制造业 R&D 经费情况（2019） …… 313
6–39　医疗仪器设备及仪器仪表制造业企业办研发机构情况（2019） …… 314
6–40　医疗仪器设备及仪器仪表制造业企业专利情况（2019） …… 315
6–41　医疗仪器设备及仪器仪表制造业企业新产品开发、生产及销售情况（2019） …… 316
6–42　医疗仪器设备及仪器仪表制造业企业技术获取和技术改造情况（2019） …… 317

6–43　信息化学品制造业基本情况（2019）…… 318
6–44　信息化学品制造业 R&D 人员情况（2019）…… 318
6–45　信息化学品制造业 R&D 经费情况（2019）…… 319
6–46　信息化学品制造业企业办研发机构情况（2019）…… 319
6–47　信息化学品制造业企业专利情况（2019）…… 320
6–48　信息化学品制造业企业新产品开发、生产及销售情况（2019）…… 320
6–49　信息化学品制造业企业技术获取和技术改造情况（2019）…… 321

主要指标解释…… 322

一、综　合

1-1　各市土地面积和行政区划（2019）

城市	土地面积（平方公里）	市辖区（个）	县（县级市）（个）	建制镇（个）	乡（个）	村（个）
杭州市	16850	10	3	75	23	2011
宁波市	9816	6	4	73	10	2477
温州市	12110	4	8	92	26	3034
嘉兴市	4223	2	5	42		755
湖州市	5820	2	3	39	6	988
绍兴市	8279	3	3	49	7	1597
金华市	10942	2	7	74	31	2850
衢州市	8845	2	4	43	39	1482
舟山市	1459	2	2	17	5	284
台州市	10050	3	6	61	24	3033
丽水市	17275	1	8	54	88	1891

1-2 全省生产总值（1978—2019）

年份	全省生产总值（亿元）	第一产业（亿元）	第二产业（亿元）	第三产业（亿元）	工业产值（亿元）	人均生产总值（元）
1978	123.72	47.09	53.52	23.11	46.97	331
1979	157.75	67.56	64.07	26.12	55.59	417
1980	179.92	64.61	84.07	31.24	73.71	471
1981	204.86	69.06	94.68	41.12	84.08	531
1982	234.01	84.88	98.44	50.69	87.21	599
1983	257.09	82.89	113.12	61.08	102.55	650
1984	323.25	104.40	141.48	77.37	127.91	810
1985	429.16	123.88	198.91	106.37	178.68	1067
1986	502.47	136.29	230.89	135.29	206.63	1237
1987	606.99	159.41	281.47	166.11	249.69	1478
1988	770.25	195.68	354.39	220.18	315.36	1853
1989	849.44	210.95	386.25	252.24	346.50	2023
1990	904.69	225.04	408.18	271.47	363.74	2138
1991	1089.33	245.22	494.11	350.00	438.36	2558
1992	1375.70	262.67	653.43	459.60	581.73	3212
1993	1925.91	315.96	983.96	625.99	876.26	4469
1994	2689.28	438.65	1398.12	852.51	1243.37	6201
1995	3557.55	549.96	1854.52	1153.07	1645.51	8149
1996	4188.53	594.93	2232.17	1361.43	1983.90	9552
1997	4686.11	618.90	2554.57	1512.64	2285.24	10624
1998	5052.62	609.30	2766.94	1676.38	2484.97	11394
1999	5443.92	606.31	2974.74	1862.87	2679.68	12214
2000	6141.03	630.98	3273.93	2236.12	2945.70	13415
2001	6898.34	659.78	3572.88	2665.68	3181.94	14664
2002	8003.67	685.20	4090.48	3227.99	3640.84	16841
2003	9705.02	717.85	5096.38	3890.79	4462.97	20149
2004	11648.70	814.10	6250.38	4584.22	5491.33	23817
2005	13417.68	892.83	7164.75	5360.10	6344.71	27062
2006	15718.47	925.10	8511.51	6281.86	7585.47	31241
2007	18753.73	986.02	10154.25	7613.46	9090.74	36676
2008	21462.69	1095.96	11567.42	8799.31	10328.72	41405
2009	22998.24	1163.08	11860.16	9975.01	10440.77	43857
2010	27747.65	1360.56	14187.36	12199.74	12477.11	51758
2011	32363.38	1583.04	16331.27	14449.07	14370.50	59331
2012	34739.13	1667.88	17000.09	16071.16	14902.22	63508
2013	37756.58	1760.34	18047.52	17948.72	15837.20	68805
2014	40173.03	1777.18	19175.06	19220.79	16771.90	73002
2015	42886.49	1832.91	19711.67	21341.91	17217.47	77644
2016	47251.36	1965.18	21194.61	24091.57	18655.12	84916
2017	51768.26	1933.92	22232.08	27602.26	19474.48	92057
2018	58002.84	1975.89	25308.13	30718.83	21621.19	101813
2019	62351.74	2097.38	26566.60	33687.76	22840.53	107624

注：1. 本表按当年价格计算。2000 年以后人均生产总值均按常住人口计算。
2. 2004 年起第一产业包括农林牧渔服务业。
3. 2013 年起三次产业分类依据国家统计局 2012 年制定的《三次产业划分规定》，后表同。
4. 2016 年起研发支出计入地区生产总值，后表同。

1–3　历年总户数和总人口数（1978—2019，年底数）

年份	总户数（万户）	总人口数（万人）	按性别分（万人）	
			男性	女性
1978	897.62	3750.96	1948.29	1802.67
1979	905.32	3792.33	1967.40	1824.93
1980	923.58	3826.58	1985.59	1840.99
1981	965.92	3871.51	2007.55	1863.96
1982	990.66	3924.32	2034.98	1889.34
1983	1014.03	3963.10	2056.06	1907.04
1984	1038.85	3993.09	2071.46	1921.63
1985	1081.20	4029.56	2090.69	1938.87
1986	1122.09	4070.07	2112.05	1958.02
1987	1167.30	4121.19	2137.38	1983.81
1988	1211.08	4169.85	2161.26	2008.59
1989	1240.41	4208.88	2180.83	2028.05
1990	1259.49	4234.91	2193.71	2041.20
1991	1276.80	4261.37	2206.65	2054.72
1992	1297.81	4285.91	2218.72	2067.19
1993	1311.07	4313.30	2232.72	2080.58
1994	1321.54	4341.20	2246.57	2094.63
1995	1339.82	4369.63	2259.54	2110.09
1996	1353.99	4400.09	2273.54	2126.55
1997	1369.79	4422.28	2282.85	2139.43
1998	1389.44	4446.86	2293.29	2153.57
1999	1410.25	4467.46	2302.64	2164.82
2000	1440.40	4501.22	2316.54	2184.68
2001	1447.67	4519.84	2323.87	2195.97
2002	1466.19	4535.98	2330.30	2205.68
2003	1485.72	4551.58	2335.61	2215.97
2004	1509.29	4577.22	2345.26	2231.96
2005	1534.16	4602.11	2354.19	2247.91
2006	1556.53	4629.43	2364.97	2264.46
2007	1578.85	4659.34	2377.12	2282.22
2008	1595.70	4687.85	2388.98	2298.87
2009	1604.17	4716.18	2400.16	2316.02
2010	1607.86	4747.95	2413.13	2334.83
2011	1618.04	4781.31	2426.93	2354.38
2012	1616.25	4799.34	2433.68	2365.66
2013	1622.44	4826.89	2445.04	2381.86
2014	1630.49	4859.18	2458.69	2400.49
2015	1642.42	4873.34	2462.76	2410.58
2016	1652.99	4910.85	2479.23	2431.62
2017	1672.00	4957.63	2499.50	2458.13
2018	1694.80	4999.84	2517.95	2481.89
2019	1715.29	5038.91	2535.05	2503.86

注：本表资料为公安年报数据。

1–4 就业和失业人员情况（1978—2019，年底数）

年份	就业人员总数（万人）	非私营单位在岗职工合计	国有单位	集体单位	其他单位	私营、个体和乡村从业人员	城镇登记失业率（%）
1978	1794.96	312.89	183.14	129.75		1482.07	7.2
1979	1829.90	339.91	196.78	143.13		1489.99	3.7
1980	1856.42	359.73	208.50	151.23		1496.69	2.7
1981	1954.53	397.35	223.62	155.73		1575.18	1.3
1982	2021.74	374.33	232.29	142.04		1647.41	2.4
1983	2141.16	382.75	237.68	145.07		1758.41	1.8
1984	2248.91	402.51	228.26	172.72	1.53	1846.40	1.1
1985	2318.56	426.57	240.71	183.81	2.05	1891.99	0.8
1986	2386.42	443.04	251.92	188.73	2.39	1943.38	1.2
1987	2444.73	459.65	263.46	192.97	3.22	1985.08	1.6
1988	2502.73	475.74	274.30	196.97	4.47	2026.99	1.5
1989	2522.86	470.12	274.95	189.34	5.83	2052.74	2.1
1990	2554.46	476.02	280.87	189.12	6.03	2078.44	2.2
1991	2579.36	492.81	293.41	191.09	8.31	2080.20	2
1992	2600.38	491.37	297.96	181.62	11.79	2103.33	2.4
1993	2615.89	502.36	300.59	176.12	25.65	2105.20	2.6
1994	2640.51	500.88	294.13	170.42	36.33	2106.78	2.6
1995	2621.47	498.61	294.59	161.89	42.13	2111.89	2.8
1996	2625.06	495.35	290.22	156.25	48.88	2119.20	2.6
1997	2619.66	482.26	285.05	144.53	52.68	2126.47	3
1998	2612.54	455.80	256.61	102.94	96.25	2144.42	3.3
1999	2625.17	427.45	233.15	80.21	114.09	2184.58	3.4
2000	2726.09	398.53	208.19	58.93	131.41	2314.70	3.4
2001	2796.65	372.39	185.36	41.28	145.75	2409.63	3.7
2002	2858.56	367.14	179.67	35.49	151.98	2466.84	4
2003	2918.74	373.21	170.40	30.53	172.28	2517.93	3.7
2004	2991.95	447.47	176.44	36.05	234.98	2527.39	4.1
2005	3100.76	522.93	177.93	31.17	313.83	2569.64	3.7
2006	3172.38	590.47	182.27	28.51	379.70	2561.54	3.51
2007	3405.01	641.17	185.94	27.68	427.56	2738.32	3.27
2008	3486.53	689.35	186.98	25.30	477.07	2695.33	3.49
2009	3591.98	749.57	191.00	28.10	530.44	2755.07	3.26
2010	3636.02	812.14	196.48	27.60	588.06	2724.12	3.20
2011	3674.11	882.51	195.55	26.54	660.43	2696.94	3.12
2012	3691.24	1022.32	211.20	24.26	786.85	2663.08	3.01
2013	3708.73	1020.58	200.23	20.91	799.44	2658.66	3.01
2014	3714.15	1051.02	202.00	19.20	829.83	2640.01	2.96
2015	3733.65	1027.53	206.17	14.81	806.55	2660.21	2.93
2016	3760.00	1003.06	205.40	14.45	783.21	2714.26	2.87
2017	3796.00	993.49	207.01	15.02	771.46	2738.69	2.73
2018	3836.00	960.08	201.35	14.32	744.41	2781.47	2.60
2019	3875.10	932.62	213.51	8.07	711.04	2821.54	2.52

注：城镇登记失业人员、城镇登记失业率数据来自社会保障部门。

1–5　地方财政科技拨款情况（1990—2019）

年份	地方财政科技拨款（亿元）			财政科技拨款占财政支出比重（%）
		科技三项费	科学事业费	
1990	1.50	0.77	0.73	1.87
1991	1.73	0.91	0.81	2.03
1992	1.93	0.96	0.95	2.03
1993	2.26	1.11	1.11	1.80
1994	2.78	1.32	1.37	1.82
1995	3.49	1.78	1.63	1.94
1996	4.42	2.04	2.19	2.07
1997	5.57	2.94	2.41	2.32
1998	7.30	4.08	2.98	2.55
1999	9.46	5.59	3.39	2.80
2000	13.98	9.18	3.95	3.24
2001	18.55	12.05	5.12	3.10
2002	24.94	16.05	6.12	3.33
2003	29.41	19.52	7.17	3.28
2004	38.35	25.18	9.15	3.61
2005	50.01	34.10	10.56	3.95
2006	62.88	41.52	12.81	4.29
2007	72.88			4.03
2008	88.19			3.99
2009	99.30			3.74
2010	121.40			3.78
2011	143.90			3.74
2012	165.98			3.99
2013	191.87			4.06
2014	207.99			4.03
2015	250.79			3.77
2016	269.04			3.86
2017	303.50			4.03
2018	379.66			4.40
2019	516.06			5.13

1-6 省本级财政科技拨款情况（1999—2019）

年份	省本级财政科技拨款（亿元）				占本级财政支出比重（%）
		科技三项费	科学事业费	科技基建费	
1999	3.32	1.37	1.93	0.02	5.94
2000	3.97	1.76	2.20	0.01	5.99
2001	5.13	2.23	2.89	0.01	5.71
2002	6.52	3.33	3.12	0.07	6.19
2003	7.52	3.87	3.58	0.06	6.52
2004	10.01	5.53	4.48	0.01	7.29
2005	12.96	7.90	4.79	0.01	8.10
2006	16.48	9.09	5.58	0.01	9.04
2007	16.99				8.50
2008	18.86				7.50
2009	20.42				6.27
2010	22.02				6.29
2011	24.16				6.04
2012	27.00				6.27
2013	30.34				6.30
2014	23.77				4.94
2015	25.47				3.08
2016	24.40				4.79
2017	24.77				2.38
2018	28.42				4.93
2019	33.67				5.26

1-7 研究与试验发展（R&D）人员投入情况（1990—2019）

单位：万人年

年份	R&D 人员	按执行部门分			
		研究机构	高等院校	工业企业	其他部门
1990	1.23				
1991	1.30				
1992	1.39				
1993	1.49				
1994	1.56				
1995	1.63				
1996	1.71				
1997	1.76				
1998	2.31				
1999	2.74				
2000	2.86	0.29	0.53	1.62	0.43
2001	3.92	0.27	0.57	2.43	0.65
2002	4.46	0.28	0.77	2.66	0.74
2003	4.96	0.29	0.82	3.13	0.72
2004	5.85	0.28	1.03	3.98	0.56
2005	8.01	0.32	1.06	6.11	0.52
2006	10.81	0.34	1.05	8.80	0.63
2007	13.05	0.45	1.08	10.55	0.96
2008	16.03	0.41	1.13	13.03	1.46
2009	18.51	0.40	1.20	15.09	1.81
2010	22.35	0.42	1.30	18.57	2.05
2011	26.29	0.46	1.29	21.71	2.82
2012	27.81	0.54	1.34	22.86	3.07
2013	31.10	0.51	1.42	26.35	2.82
2014	33.84	0.56	1.41	29.03	2.84
2015	36.47	0.71	1.61	31.67	2.48
2016	37.66	0.71	1.77	32.18	2.99
2017	39.81	0.78	2.00	33.36	3.66
2018	45.80	0.89	2.07	39.41	3.43
2019	53.47	0.88	2.68	45.18	4.73

1–8 R&D 经费投入情况（1990—2019）

年份	R&D 活动经费（亿元）	占 GDP 比重（%）
1990	2.04	0.23
1991	2.27	0.21
1992	3.46	0.25
1993	4.43	0.23
1994	7.88	0.30
1995	9.14	0.26
1996	10.5	0.25
1997	15.19	0.33
1998	19.7	0.39
1999	27.05	0.50
2000	36.59	0.60
2001	44.74	0.65
2002	57.65	0.72
2003	77.76	0.80
2004	115.55	0.99
2005	163.29	1.22
2006	224.03	1.43
2007	286.32	1.53
2008	345.76	1.61
2009	398.84	1.73
2010	494.23	1.78
2011	612.93	1.90
2012	722.59	2.08
2013	817.27	2.18
2014	907.85	2.26
2015	1011.18	2.36
2016	1130.63	2.39
2017	1266.34	2.45
2018	1445.69	2.49
2019	1669.80	2.68

注：2016 年起研发支出计入地区生产总值。

1-9 R&D 经费支出情况（1990—2019）

单位：亿元

年份	R&D经费支出	按执行部门分				按经费来源分			
		研究机构	高等院校	工业企业	其他部门	政府资金	企业资金	国外资金	其他资金
1990	2.04	0.96	0.51	0.52	0.05				
1991	2.27	0.87	0.69	0.64	0.06				
1992	3.46	1.21	1.25	0.90	0.09				
1993	4.43	1.48	1.77	1.04	0.13				
1994	7.88	1.33	1.82	4.52	0.21				
1995	9.14	1.85	2.42	4.63	0.24				
1996	10.50	2.23	2.43	5.56	0.29				
1997	15.19	2.96	3.04	7.85	1.34				
1998	19.70	3.10	3.00	11.80	1.80				
1999	27.05	3.04	3.71	17.80	2.50				
2000	36.59	3.21	3.33	26.54	3.51	5.73	26.93	0.53	3.40
2001	44.74	3.32	5.09	32.04	4.29	6.59	32.73	0.64	4.78
2002	57.65	2.97	6.58	42.58	5.52	6.77	42.20	0.17	8.51
2003	77.76	4.35	7.88	59.62	5.91	9.46	57.70	0.32	10.28
2004	115.55	4.62	13.33	91.10	6.50	13.78	97.42	0.63	3.72
2005	163.29	11.58	13.90	130.41	7.40	24.12	134.74	0.55	3.88
2006	224.03	12.38	15.99	183.39	12.27	28.00	190.28	1.12	4.63
2007	286.32	13.63	18.18	235.55	18.96	30.94	246.39	2.50	6.49
2008	345.76	13.89	19.15	283.73	28.99	37.08	296.46	4.39	7.83
2009	398.84	12.85	23.91	330.10	31.98	36.63	354.22	2.48	5.51
2010	494.23	15.36	34.55	407.43	36.89	48.00	435.45	3.27	7.53
2011	612.93	18.07	40.81	501.87	52.18	53.56	539.41	9.51	10.45
2012	722.59	21.83	44.72	588.61	67.43	60.41	644.37	3.13	14.68
2013	817.27	24.17	47.28	684.36	61.46	66.16	733.62	2.38	15.12
2014	907.85	27.12	49.76	768.15	62.83	70.65	817.35	2.58	17.27
2015	1011.18	30.28	56.14	853.57	71.19	75.29	911.30	2.00	22.60
2016	1130.63	35.03	54.65	935.79	105.16	78.72	1033.25	2.10	16.56
2017	1266.34	36.24	62.19	1030.14	137.77	91.58	1151.55	1.56	21.66
2018	1445.69	47.41	72.36	1147.39	178.53	113.89	1302.68	2.18	26.94
2019	1669.80	55.22	93.00	1274.23	247.35	136.33	1506.98	0.34	26.15

1–10 按行业分的事业单位专业技术人员数（2019）

单位：人

行 业	合计	高级	中级	初级
总计	**927728**	**181760**	**394031**	**351937**
教育	514684	110542	238899	165243
科研	5016	1922	2189	905
文化	10378	2241	4542	3595
卫生	284176	51223	101221	131732
体育	1454	261	615	578
新闻出版	2155	443	992	720
广播电视	9912	1467	4283	4162
社会福利	1928	83	883	962
救助减灾	151	5	63	83
统计调查	611	29	232	350
技术推广与实验	9148	1817	4222	3109
公共设施与管理	21425	3891	9164	8370
物资仓储	54	6	20	28
监测	1902	468	865	569
勘探与勘察	2470	774	1373	323
测绘	787	237	394	156
检验检测与鉴定	1934	441	804	689
法律服务	454	14	133	307
资源管理事务	2783	409	1275	1099
质量技术监督事务	3114	841	1342	931
经济监管事务	1405	154	626	625
知识产权事务	72	15	28	29
公证与认证	422	56	159	207
信息与咨询	1524	274	646	604
人才交流	236	36	111	89
机关后勤服务	1427	77	587	763
其他服务	48106	4034	18363	25709

1-11 按行业分的企业单位专业技术人员数（2019）

单位：人

项目	总数	按职务分				
		高级职务	# 正高级职务	中级职务	初级职务	未聘任专业技术职务
总计	**179279**	**15219**	**853**	**44783**	**60873**	**58404**
农、林、牧、渔业	1348	103	6	391	759	95
采矿业	490	66	1	204	198	22
制造业	21862	1973	95	6031	7640	6218
电力、热力、燃气及水生产和供应业	18545	1544	45	5268	8062	3671
建筑业	26067	2952	159	7117	8363	7635
批发和零售业	20022	574	12	2923	5738	10787
交通运输、仓储和邮政业	36237	3749	201	9493	14381	8614
住宿和餐饮业	1203	42	1	184	365	612
信息传输、软件和信息技术服务业	3415	85	3	291	461	2578
金融业	10988	323	13	2772	3161	4732
房地产业	5168	617	11	2051	1761	739
租赁和商务服务业	7080	246	6	1088	1717	4029
科学研究和技术服务业	5832	1254	87	2230	1312	1036
水利、环境和公共设施管理业	6575	616	15	1808	3097	1054
居民服务、修理和其他服务业	2493	172	3	643	1075	603
教育	286	31	7	119	45	91
卫生和社会工作	1475	193	36	553	678	51
文化、体育与娱乐业	10193	679	152	1617	2060	5837

注：# 表示其中主要项，后表同。

1-11 续表

单位：人

项　目	按专业分					
	# 工程技术人员	# 农业技术人员	# 科学技术人员	# 卫生技术人员	# 教学人员	# 其他专技人员
总计	**88606**	**982**	**492**	**5885**	**739**	**82575**
农、林、牧、渔业	498	266	8	4	4	568
采矿业	251			12		227
制造业	15115	172	232	210	156	5977
电力、热力、燃气及水生产和供应业	11477	13	10	18	7	7020
建筑业	20995	4	1		10	5057
批发和零售业	860	284	1	3818	21	15038
交通运输、仓储和邮政业	20287	175	1	117	217	15440
住宿和餐饮业	255		1	156	11	780
信息传输、软件和信息技术服务业	1912		73			1430
金融业	447		1	1	4	10535
房地产业	2999	6		5	10	2148
租赁和商务服务业	1442	50	9	114	7	5458
科学研究和技术服务业	5238		151	11	3	429
水利、环境和公共设施管理业	4514	7	2		1	2051
居民服务、修理和其他服务业	964	4		42	25	1458
教育	29			2	201	54
卫生和社会工作	40			1373	1	61
文化、体育与娱乐业	1283	1	2	2	61	8844

注：本表数据为技术输出口径。

1-12 技术市场成交合同数量与成交金额（1990—2019）

年份	合同数量（项）	技术开发	技术转让	技术咨询	技术服务	成交金额（亿元）	技术开发	技术转让	技术咨询	技术服务
1990	8336	1375	526	1436	4999	1.36	0.40	0.13	0.10	0.74
1991	9200	1014	538	1502	6146	1.62	0.41	0.28	0.16	0.78
1992	12670	1788	671	2188	8023	3.08	0.55	0.41	0.42	1.71
1993	15769	876	437	3824	10632	7.15	0.75	0.44	1.22	4.74
1994	14436	550	458	4387	9041	7.20	0.69	0.53	1.85	4.13
1995	17954	467	491	5206	11790	9.78	1.05	1.04	2.22	5.47
1996	19031	759	360	4554	13358	10.73	1.22	0.48	2.25	6.78
1997	19808	849	378	5296	13285	13.32	1.40	0.85	2.79	8.28
1998	21774	1094	314	5294	15072	16.23	2.14	0.70	3.45	9.93
1999	25479	1713	542	6435	16789	18.85	3.57	1.21	4.24	9.63
2000	31218	4391	395	11163	15269	27.63	7.38	1.34	6.94	11.97
2001	33728	4014	510	10328	18876	31.67	8.85	1.21	8.40	13.20
2002	38400	4143	458	13975	19824	38.94	9.14	1.75	12.48	15.58
2003	50861	5886	489	21046	23440	53.04	12.06	2.41	20.77	17.79
2004	39974	6862	562	18825	13725	58.15	17.02	2.74	23.39	15.00
2005	20628	6788	816	8361	4663	38.70	19.75	3.47	8.74	6.74
2006	17734	6900	682	6908	3244	39.96	24.17	2.70	7.37	5.73
2007	16400	6508	830	5711	3351	45.42	28.24	3.86	6.96	6.36
2008	17391	6313	739	7048	3291	58.92	39.31	6.41	9.23	3.97
2009	12786	6221	717	3871	1977	56.51	43.41	5.83	4.43	2.83
2010	12826	7135	536	3223	1932	60.35	45.32	8.02	3.71	3.30
2011	13857	8761	335	2746	2015	68.30	57.53	4.17	2.58	4.01
2012	13551	9594	285	1995	1677	81.31	66.46	9.17	2.16	3.52
2013	12095	8360	312	1737	1686	81.41	55.70	9.85	1.92	13.94
2014	11955	8189	376	1871	1519	89.16	61.75	16.05	2.60	8.75
2015	11283	8176	530	1070	1507	99.29	64.81	24.44	2.17	7.87
2016	14826	8191	548	1251	4836	198.37	132.90	28.15	4.35	32.98
2017	13704	9154	625	910	3015	324.73	214.45	49.19	5.09	56.00
2018	16142	10544	715	939	3944	539.39	413.93	43.34	16.58	65.55
2019	18996	11869	913	1302	4912	888.01	519.53	94.55	24.43	249.50

注：本表数据为技术输出口径

1–13　科协系统科技活动情况（2018—2019）

项　目	单位	科协合计		省科协		市科协		县级科协	
		2018	2019	2018	2019	2018	2019	2018	2019
机构数	**个**	**101**	**101**	**1**	**1**	**11**	**11**	**89**	**89**
人员数	**人**	**1614**	**1575**	**217**	**228**	**540**	**564**	**857**	**783**
学术活动									
学术会议									
次数	次	215	360	5	5	151	276	59	79
参加人数	人	50883	77529	370	1620	40721	63452	9792	12457
干部教育培训									
办培训班	个	120	100	20	16	10	20	90	64
培训人数	人次	8807	9211	1775	2357	786	1658	6246	5196
科普活动									
宣讲活动	次	4095	12490	136	175	584	4867	3375	7448
受众	人次	8256229	311454851	2181477	300014350	3348124	8066596	2726628	3373905
出版									
编著科技图书	种	47	66		2	15	22	32	42
年发行总量	册	231810	298265		20000	97000	152230	134810	126035

1–14　科协系统省级学会情况（2013—2019）

项　目	单位	2013	2014	2015	2016	2017	2018	2019
机构数	个	**165**	**169**	**170**	**173**	**173**	**175**	**176**
会员数	人	**197578**	**219027**	**231067**	**220897**	**235037**	**274195**	**276952**
学术活动								
学术会议								
次数	次	771	927	1105	1058	780	829	852
参加人数	人	100846	127614	173171	182818	223252	223508	264382
交流论文数	篇	14873	33283	35226	39773	26284	24887	34355
科技培训								
继续教育	个	253	344	443	334	326	239	456
培训人数	人次	35343	51386	82564	59965	76936	73540	70106
科普活动								
宣讲活动	次	937	1455	1967	1254	452	342	2183
受众人数	人次	265364	323308	352079	1984109	1863481	3561227	5307130
青少年科技竞赛次数	次	61	39	48	49	26	30	33
出版								
主办科技期刊	种	58	54	56	53	60	54	35
年发行总量	册	981607	2144011	2109891	995120	1862500	1929077	887280
编著科技图书	种	44	51	51	70	34	37	49
年发行总量	册	167000	291400	306300	362232	362730	318750	242700

1-15 专利申请量和授权量（1990—2019）

单位：件

年份	申请量合计				授权量合计			
		发明	实用新型	外观设计		发明	实用新型	外观设计
1990	2243	256	1754	233	989	43	882	64
1991	2571	300	1965	306	1217	49	1006	162
1992	3194	377	2382	435	1577	63	1343	171
1993	3343	423	2353	567	2946	129	2404	413
1994	3495	389	2373	733	2028	62	1612	354
1995	4042	357	2323	1362	2131	54	1455	622
1996	5162	403	2845	1914	2410	45	1377	988
1997	6262	493	3062	2707	3167	64	1487	1616
1998	7074	571	3309	3194	4470	47	1967	2456
1999	8177	587	3465	4125	7071	108	3524	3439
2000	10316	859	4439	5018	7495	184	3439	3872
2001	12828	1093	5216	6519	8312	174	3549	4589
2002	17265	1843	6390	9032	10479	188	3860	6431
2003	21463	2750	7758	10955	14402	398	4928	9076
2004	25294	3578	9021	12695	15249	785	5492	8972
2005	43221	6776	12723	23722	19056	1110	6778	11168
2006	52980	8333	15940	28707	30968	1424	10503	19041
2007	68933	9532	19270	40131	42069	2213	16108	23748
2008	89965	12063	25168	52734	52955	3269	20002	29684
2009	108563	15655	40436	52472	79945	4818	25295	49832
2010	120783	18027	50249	52507	114643	6410	47617	60616
2011	177081	24745	75875	76461	130190	9135	56030	65025
2012	249373	33265	108599	107509	188431	11459	84897	92075
2013	294014	42744	127122	124148	202350	11139	106238	84973
2014	261434	52405	116011	93018	188544	13372	99508	75664
2015	307263	67674	150172	89417	234983	23345	124465	87173
2016	393147	93254	199244	100649	221456	26576	123744	71136
2017	377115	98975	191372	86768	213805	28742	114311	70752
2018	455526	143064	219176	93286	284592	32550	172435	79607
2019	435824	112974	218590	104260	285325	33963	168331	83031

1-16 测绘部门主要指标完成情况（2011—2019）

项　目	单位	2011	2012	2013	2014	2015	2016	2017	2018	2019
测绘资质单位数	家							723	799	837
测绘服务总值	亿元	25.10	27.95	32.39	33.64	37.43	50.40	54.13	66.18	81.41
年末测绘人数	人	10774	11742	12488	14587	16061	18576	20011	21939	23332
1∶1 万地形图测制与更新	幅	1473	1657	1639	1502	1446	1446	1446	4336	1504
1∶2 千地形图测制与更新	幅							22076	12262	50200

1-17 标准计量、特种设备和质量监督情况（2017—2019）

项　目	单位	2017	2018	2019
国家质检中心	家	49	49	50
省级质检中心	家	101	104	105
各级政府质量奖获奖企业数	家	1993	2371	2683
浙江名牌产品数	个	2680	2842	
现行有效地方标准数	项	733	789	829
企业产品标准自我声明公开数	项	102877	136372	169677
依法设置的计量检定机构数	所	76	76	75
省级检定机构数	所	1	1	1
市级检定机构数	所	12	12	12
县（市、区）级检定机构数	所	63	63	62
依法授权的计量检定机构数	个	56	84	70
省级授权机构数	个	8	9	8
市级授权机构数	个	48	75	62
全省最高等级社会公用计量标准数	个	183	321	335
全省其他等级社会公用计量标准数	个	3193	3039	3298
强制检定计量器具实际检出数	万台件	776.13	728.02	925.04
全省检验检测机构数	个	1766	2062	2128
产品质量监督检验受检企业数	个	17620	17239	17522
特种设备综合检验机构数	个	18	18	19
省特种设备检验机构数	个	1	1	1
市特种设备检验机构数	个	11	11	11
行业特种设备检验机构数	个	2	6	7
打击假冒伪劣案件立案数	个	5962	7750	9380

注：2019 年打击假冒伪劣案件立案数为结案数。

1-18　高新技术产品进出口贸易情况（2017—2019）

单位：万美元

项　目	出口			进口			进出口		
	2017	2018	2019	2017	2018	2019	2017	2018	2019
高新技术产品	**1865611**	**2135516**	**2328339**	**1020651**	**1188756**	**1296468**	**2886261**	**3324272**	**3624807**
生物技术	15731	20945	23243	187	1054	363	15918	21998	23606
生命科学技术	477323	540148	586138	204653	208365	232675	681976	748514	818813
光电技术	102936	106235	111770	122632	137501	128965	225568	243735	240736
计算机与通信技术	693964	740872	710607	106157	122493	163836	800120	863365	874443
电子技术	328791	433708	564974	407072	471626	547550	735862	905334	1112524
计算机集成制造技术	177943	227519	255376	153277	205608	180716	331219	433127	436092
材料技术	51786	50089	59091	7584	9145	13518	59370	59235	72609
航空航天技术	10700	9151	10614	18699	32546	28219	29400	41697	38834
其他技术	6437	6849	6525	391	417	625	6828	7266	7151

1-19　分地区工业制成品、高新技术产品进出口情况（2017—2019）

单位：万美元

地区	出口								
	2017			2018			2019		
	总值	工业制成品	高新技术产品	总值	工业制成品	高新技术产品	总值	工业制成品	高新技术产品
合计	**28679328**	**27833754**	**1865611**	**32103885**	**31091511**	**2135354**	**33451323**	**32493618**	**2328339**
杭州地区	5092086	4962702	707120	5182140	5045182	785645	5238273	5103956	825371
宁波地区	7352031	7205819	491068	8415018	8255065	540263	8660343	2412781	660079
温州地区	1707735	1682432	45359	1971789	1947073	57751	2439834	2959578	77472
嘉兴地区	2620201	2525919	180971	3058467	2951035	223209	3055807	1178521	246033
湖州地区	1005601	963228	32375	1168275	1122178	36685	1215954	3216521	49266
绍兴地区	2731281	2678663	55135	3105172	3042259	57675	3262222	5826967	64772
金华地区	4882523	4863770	112398	5549506	5525360	135673	5848392	332969	159950
衢州地区	382293	362173	16603	350320	335080	15099	345514	332614	15383
舟山地区	566599	285381	2234	642663	246832	2779	727238	374069	3409
台州地区	2036001	2009821	217548	2320380	2292848	275530	2270394	2244626	218499
丽水地区	302977	293846	4800	340119	328599	5046	387339	8511003	8105

地区	进口								
	2017			2018			2019		
	总值	工业制成品	高新技术产品	总值	工业制成品	高新技术产品	总值	工业制成品	高新技术产品
合计	**9111412**	**5725711**	**1020651**	**11132125**	**7081804**	**1188136**	**11262348**	**6859940**	**1296468**
杭州地区	2415806	1364342	438780	2775229	1599550	501308	2877126	1664239	567937
宁波地区	3864818	2748180	411690	4592800	3401860	488404	4647296	205988	519739
温州地区	250613	148712	2997	312695	208630	4202	315264	751756	2741
嘉兴地区	1025717	698645	99515	1218698	868798	105217	1053689	103902	96366
湖州地区	133966	78942	3702	173018	121154	7107	147495	267791	13395
绍兴地区	215357	178247	10560	294070	260249	17197	301873	120705	27634
金华地区	138642	96900	25976	166537	107778	14864	267518	42293	15073
衢州地区	155289	44409	2716	180787	54636	4076	157424	186120	11249
舟山地区	589759	86586	3947	1074218	161059	16407	1258531	13748	16695
台州地区	294695	267266	20360	311890	278816	27963	196140	175459	25060
丽水地区	26750	13483	408	32183	19275	1391	39993	3327938	580

1–20　全省科技成果获奖情况（1990—2019）

单位：项

年份	国家自然科学奖	国家技术发明奖	国家科技进步奖	省科技进步奖	浙江科技大奖
1990	—	3	16	297	—
1991	2	7	14	299	—
1992	—	4	6	297	—
1993	1	4	24	300	—
1994	—	—	—	299	—
1995	5	5	19	—	—
1996	—	3	12	300	—
1997	2	6	22	300	—
1998	—	1	16	299	—
1999	1	0	11	299	—
2000	0	0	13	300	—
2001	0	1	8	300	—
2002	2	0	4	279	—
2003	0	1	8	280	3
2004	0	2	13	280	—
2005	3	0	11	280	2
2006	1	2	9	280	—
2007	2	6	21	273	3
2008	0	6	17	279	—
2009	0	8	31	277	3
2010	1	2	15	279	—
2011	—	2	28	280	3
2012	2	6	21	277	—
2013	4	8	14	281	3
2014	2	5	27	291	—
2015	1	0	7	291	3
2016	2	4	6	280	—
2017	0	2	8	252	3
2018	0	3	4	259	—
2019	—	2	9	240	2

注：2019年度开始省重大科技贡献奖更名为浙江科技大奖。

二、研究与开发机构

2-1 科学研究和技术服务业事业单位机构、人员和经费概况（2019）

指标名称	机构数（个）	从业人员（人）	# 科技活动人员（不含外聘的流动学者和在读研究生）	# 本科及以上学历	经费收入总额（万元）	# 科技活动收入	经费内部支出总额（万元）	# 科技经费内部支出
总计	**231**	**18780**	**16046**	**14209**	**1276219**	**1156725**	**1129071**	**1004263**
按机构所属地域分组								
杭州市	63	9082	7546	6758	693976	621618	583544	507819
宁波市	33	3347	2996	2724	261153	255443	226569	212888
温州市	37	2121	1863	1669	119751	109493	127094	118099
嘉兴市	8	1300	1072	904	73976	54300	68203	59735
湖州市	8	329	258	222	17810	16597	16919	15569
绍兴市	9	166	153	113	4783	3273	4706	4432
金华市	17	390	350	309	16974	16591	17929	17106
衢州市	19	470	419	332	19684	14722	18411	14509
舟山市	9	524	466	389	21191	20599	22774	18418
台州市	7	389	315	279	20274	18428	17123	11493
丽水市	21	662	608	510	26649	25661	25799	24195
按机构所属隶属关系分组								
中央部门属	14	3327	2915	2630	280012	254126	277331	257205
中国科学院	1	902	902	858	95369	94351	81488	81474
地方部门属	217	15453	13131	11579	996208	902599	851741	747058
省级部门属	34	5828	5037	4482	491005	463559	368254	329294
副省级城市属	19	1416	1146	1005	108053	99109	95879	80569
地市级部门属	48	2441	2157	1875	113297	100773	118088	104239
按机构从事的国民经济行业分组								
科学研究和技术服务业	231	18780	16046	14209	1276219	1156725	1129071	1004263
研究和试验发展	120	12912	11138	9951	969303	899288	851554	771951
专业技术服务业	47	4517	3734	3267	215148	171717	200228	161649
科技推广和应用服务业	64	1351	1174	991	91768	85720	77290	70663
按机构服务的国民经济行业分组								
农、林、牧、渔业	58	4454	3745	3218	273475	246019	294069	257450
农业	31	2150	1742	1481	128954	112990	147595	133792
林业	9	369	297	263	18933	16066	18373	16341
畜牧业	1	1	1	1	25	18	25	16
渔业	6	442	386	346	29347	27939	30278	26561
农、林、牧、渔专业及辅助性活动	11	1492	1319	1127	96217	89007	97799	80740

2-1　续表 1

指标名称	机构数（个）	从业人员（人）	# 科技活动人员（不含外聘的流动学者和在读研究生）	# 本科及以上学历	经费收入总额（万元）	# 科技活动收入	经费内部支出总额（万元）	# 科技经费内部支出
制造业	29	1796	1519	1309	86949	81512	72808	66790
农副食品加工业	3	106	97	90	2264	2212	3147	2637
食品制造业	1	10	8	6	535	535	559	540
酒、饮料和精制茶制造业	1	71	63	59	3289	1947	3166	2596
纺织服装、服饰业	1	75	47	38	1151	1151	3208	2751
皮革、毛皮、羽毛及其制品和制鞋业	3	199	132	119	5873	5177	5768	3892
文教、工美、体育和娱乐用品制造业	1	10	10	5	282	282	281	275
化学原料和化学制品制造业	2	110	101	72	3543	2224	3854	3340
医药制造业	3	118	81	81	5290	5217	3126	2797
非金属矿物制品业	1	19	19	7	291	291	291	274
通用设备制造业	4	256	228	197	12206	11648	14364	13382
专用设备制造业	4	452	382	318	25273	24449	14062	13491
汽车制造业	1	10	10	8	521	521	415	415
计算机、通信和其他电子设备制造业	1	41	41	38	2501	2501	2360	2360
仪器仪表制造业	1	273	255	232	19876	19303	13710	13547
其他制造业	2	46	45	39	4054	4054	4497	4495
电力、热力、燃气及水生产和供应业	1	124	98	83	5678	5066	5183	4239
电力、热力生产和供应业	1	124	98	83	5678	5066	5183	4239
批发和零售业	1	75	75	56	3098	3098	3037	3037
批发业	1	75	75	56	3098	3098	3037	3037
交通运输、仓储和邮政业	1	211	192	175	8952	8826	8940	8804
道路运输业	1	211	192	175	8952	8826	8940	8804
信息传输、软件和信息技术服务业	7	196	183	168	12519	12352	10747	10425
软件和信息技术服务业	7	196	183	168	12519	12352	10747	10425
租赁和商务服务业	2	90	40	40	5560	1654	4458	1518
商务服务业	2	90	40	40	5560	1654	4458	1518
科学研究和技术服务业	109	9878	8733	7821	757368	692540	624086	563376
研究和试验发展	44	4993	4652	4221	513932	501335	404791	393320
专业技术服务业	41	3600	3032	2684	185793	155296	169951	132168
科技推广和应用服务业	24	1285	1049	916	57644	35909	49345	37888
水利、环境和公共设施管理业	16	1760	1296	1188	108081	91270	91283	75273
水利管理业	3	787	559	520	54757	44960	41844	38891

2-1 续表 2

指标名称	机构数（个）	从业人员（人）	# 科技活动人员（不含外聘的流动学者和在读研究生）	# 本科及以上学历	经费收入总额（万元）	# 科技活动收入	经费内部支出总额（万元）	# 科技经费内部支出
生态保护和环境治理业	13	973	737	668	53324	46310	49439	36381
卫生和社会工作	4	150	124	111	12873	12767	12852	11791
卫生	4	150	124	111	12873	12767	12852	11791
文化、体育和娱乐业	2	36	31	31	1226	1219	1176	1130
文化艺术业	1	7	6	6	189	189	189	172
体育	1	29	25	25	1037	1030	988	958
公共管理、社会保障和社会组织	1	10	10	9	442	401	431	431
国家机构	1	10	10	9	442	401	431	431
按机构所属学科分组								
自然科学领域	33	2305	1953	1763	265417	240134	164822	139891
数学	1	55	44	40	2035	2035	2035	2012
信息科学与系统科学	12	571	535	511	133394	131360	45439	44769
力学	2	102	98	82	4565	4565	4521	4270
化学	6	450	389	352	27380	25822	23916	19704
地球科学	8	1090	856	756	96883	75193	87759	68150
生物学	4	37	31	22	1161	1161	1152	987
农业科学领域	65	5265	4361	3764	315531	278383	337699	290152
农学	39	3966	3368	2885	243517	215911	266590	231088
林学	15	730	492	438	38977	30914	36915	28766
畜牧、兽医科学	1	1	1	1	25	18	25	16
水产学	10	568	500	440	33012	31541	34168	30281
医学科学领域	11	1123	1007	929	90020	87061	81806	79182
基础医学	3	203	196	180	20153	19927	9614	9377
临床医学	3	79	79	75	14126	14126	14262	14262
预防医学与公共卫生学	2	450	374	341	25962	23578	28546	27420
药学	2	270	262	246	19047	18761	18605	18340
中医学与中药学	1	121	96	87	10733	10669	10779	9782
工程科学与技术领域	101	9158	7871	7034	540272	491475	489687	445984
工程与技术科学基础学科	9	478	447	377	29689	27616	29783	28710
信息与系统科学相关工程与技术	3	856	694	622	40162	21655	36279	28243
自然科学相关工程与技术	4	148	117	113	10065	9510	10951	10179
测绘科学技术	3	256	205	189	21335	18636	19561	14224
材料科学	7	1429	1289	1188	114391	112484	98332	95121
机械工程	15	1315	1117	989	66463	64379	64882	53061

2-1 续表 3

指标名称	机构数（个）	从业人员（人）	# 科技活动人员（不含外聘的流动学者和在读研究生）	# 本科及以上学历	经费收入总额（万元）	# 科技活动收入	经费内部支出总额（万元）	# 科技经费内部支出
动力与电气工程	2	106	87	86	4324	2328	5005	4450
能源科学技术	1	25	19	18	969	781	901	768
电子与通信技术	6	226	208	194	11254	10755	7831	7281
计算机科学技术	3	40	33	27	671	637	960	672
化学工程	4	122	119	90	4112	3750	4099	4025
产品应用相关工程与技术	6	916	830	720	67019	66177	62320	61611
纺织科学技术	3	202	170	143	6002	5010	6364	5783
食品科学技术	8	784	698	606	18313	17561	18995	17978
土木建筑工程	2	63	63	52	1577	1541	1529	1493
水利工程	3	901	647	594	60058	49668	46636	42761
交通运输工程	1	211	192	175	8952	8826	8940	8804
航空、航天科学技术	2	107	75	63	25632	25625	18682	17488
环境科学技术及资源科学技术	14	752	669	612	39565	37521	38197	35557
安全科学技术	1	122	116	109	4589	4223	4585	4558
管理学	4	99	76	67	5130	2792	4855	3217
社会、人文科学领域	21	929	854	719	64980	59672	55058	49056
马克思主义	1	149	140	131	7666	6738	5734	4806
艺术学	1	10	10	5	282	282	281	275
考古学	2	159	158	70	10821	10645	10596	9859
经济学	5	152	122	120	14817	12752	11457	9945
社会学	3	121	101	100	8818	7233	8412	6539
图书馆、情报与文献学	8	309	298	268	21539	20991	17590	16674
体育科学	1	29	25	25	1037	1030	988	958
按机构从业人员规模分组								
≥ 1000 人	1	1161	1044	886	78404	71938	82500	65963
500 ~ 999 人	5	3267	2812	2631	260050	231568	222958	208294
300 ~ 499 人	6	2416	2015	1817	248729	240290	183380	175615
200 ~ 299 人	8	1895	1488	1321	99673	82870	93598	74973
100 ~ 199 人	27	3932	3308	2859	243241	211418	221623	184136
50 ~ 99 人	49	3460	3008	2619	216682	200171	203608	185162
30 ~ 49 人	33	1306	1163	1073	61666	54145	58882	51418
20 ~ 29 人	22	536	482	407	21256	19868	23369	22310
10 ~ 19 人	44	587	521	430	31638	30484	30405	28128
0 ~ 9 人	36	220	205	166	14882	13973	8748	8265

2–2　科学研究和技术服务业事业单位人员概况（2019）

单位：人

指标名称	从业人员（人）	#科技活动人员（不含外聘的流动学者和在读研究生）	#女性	外聘的流动学者	非本单位在读研究生	离退休人员
总计	**18780**	**16046**	**5787**	**2012**	**1472**	**6622**
按机构所属地域分组						
杭州市	9082	7546	3059	1030	590	4336
宁波市	3347	2996	931	474	483	344
温州市	2121	1863	668	312	326	612
嘉兴市	1300	1072	278	51	10	65
湖州市	329	258	90	37	9	98
绍兴市	166	153	65			65
金华市	390	350	122	17	20	196
衢州市	470	419	104	35		373
舟山市	524	466	142	21	24	209
台州市	389	315	90	29	9	160
丽水市	662	608	238	6	1	164
按机构所属隶属关系分组						
中央部门属	3327	2915	1033	312	749	1205
中国科学院	902	902	294	165	392	6
地方部门属	15453	13131	4754	1700	723	5417
省级部门属	5828	5037	2020	897	190	2509
副省级城市属	1416	1146	432	147	3	1008
地市级部门属	2441	2157	821	226	191	1068
按机构从事的国民经济行业分组						
科学研究和技术服务业	18780	16046	5787	2012	1472	6622
研究和试验发展	12912	11138	4131	1626	1390	5232
专业技术服务业	4517	3734	1275	24	40	1083
科技推广和应用服务业	1351	1174	381	362	42	307
按机构服务的国民经济行业分组						
农、林、牧、渔业	4454	3745	1497	108	300	2346
农业	2150	1742	667	82	52	1042
林业	369	297	122	8	92	161
畜牧业	1	1	1			5
渔业	442	386	123	7	18	227

2-2　续表 1

单位：人

指标名称	从业人员（人）	#科技活动人员（不含外聘的流动学者和在读研究生）		外聘的流动学者	非本单位在读研究生	离退休人员
			# 女性			
农、林、牧、渔专业及辅助性活动	1492	1319	584	11	138	911
制造业	1796	1519	567	254	196	534
农副食品加工业	106	97	42	22		25
食品制造业	10	8	5			
酒、饮料和精制茶制造业	71	63	29	10	2	38
纺织服装、服饰业	75	47	26			11
皮革、毛皮、羽毛及其制品和制鞋业	199	132	51	1		1
文教、工美、体育和娱乐用品制造业	10	10	1			27
化学原料和化学制品制造业	110	101	25	18		142
医药制造业	118	81	31	40		1
非金属矿物制品业	19	19	4			65
通用设备制造业	256	228	85	115	89	4
专用设备制造业	452	382	149	1		84
汽车制造业	10	10	2	30	20	
计算机、通信和其他电子设备制造业	41	41	11		5	
仪器仪表制造业	273	255	91			136
其他制造业	46	45	15	17	80	
电力、热力、燃气及水生产和供应业	124	98	24			60
电力、热力生产和供应业	124	98	24			60
批发和零售业	75	75	28			12
批发业	75	75	28			12
交通运输、仓储和邮政业	211	192	51	7		14
道路运输业	211	192	51	7		14
信息传输、软件和信息技术服务业	196	183	38	14	1	6
软件和信息技术服务业	196	183	38	14	1	6
租赁和商务服务业	90	40	20			6
商务服务业	90	40	20			6
科学研究和技术服务业	9878	8733	3039	1585	916	2545
研究和试验发展	4993	4652	1668	1441	902	1123
专业技术服务业	3600	3032	1099	12	10	1241
科技推广和应用服务业	1285	1049	272	132	4	181
水利、环境和公共设施管理业	1760	1296	426	44	29	934
水利管理业	787	559	124			291

2–2　续表 2

单位：人

指标名称	从业人员（人）	#科技活动人员（不含外聘的流动学者和在读研究生）		外聘的流动学者	非本单位在读研究生	离退休人员
			# 女性			
生态保护和环境治理业	973	737	302	44	29	643
卫生和社会工作	150	124	74		30	157
卫生	150	124	74		30	157
文化、体育和娱乐业	36	31	18			7
文化艺术业	7	6	3			
体育	29	25	15			7
公共管理、社会保障和社会组织	10	10	5			1
国家机构	10	10	5			1
按机构所属学科分组						
自然科学领域	2305	1953	625	1005	138	1208
数学	55	44	12			
信息科学与系统科学	571	535	123	826	1	46
力学	102	98	42	1		22
化学	450	389	127	41	9	14
地球科学	1090	856	309	127	128	1124
生物学	37	31	12	10		2
农业科学领域	5265	4361	1754	119	409	3158
农学	3966	3368	1395	100	286	2281
林学	730	492	205	8	101	616
畜牧、兽医科学	1	1	1			5
水产学	568	500	153	11	22	256
医学科学领域	1123	1007	535	25	70	282
基础医学	203	196	93		3	41
临床医学	79	79	16	12	29	18
预防医学与公共卫生学	450	374	215	13	8	17
药学	270	262	150			88
中医学与中药学	121	96	61		30	118
工程科学与技术领域	9158	7871	2512	861	855	1520
工程与技术科学基础学科	478	447	160	66	92	165
信息与系统科学相关工程与技术	856	694	111	40	55	
自然科学相关工程与技术	148	117	59	11		66
测绘科学技术	256	205	75		5	55
材料科学	1429	1289	422	237	424	73
机械工程	1315	1117	232	132	208	33

单位：人

指标名称	从业人员（人）	#科技活动人员（不含外聘的流动学者和在读研究生）	# 女性	外聘的流动学者	非本单位在读研究生	离退休人员
动力与电气工程	106	87	7			11
能源科学技术	25	19	9			14
电子与通信技术	226	208	56	81	6	95
计算机科学技术	40	33	12	11		
化学工程	122	119	42	33		12
产品应用相关工程与技术	916	830	293	70	20	137
纺织科学技术	202	170	106	1		11
食品科学技术	784	698	316	29	4	47
土木建筑工程	63	63	25			29
水利工程	901	647	143			343
交通运输工程	211	192	51	7		14
航空、航天科学技术	107	75	19	128		
环境科学技术及资源科学技术	752	669	297	15	41	343
安全科学技术	122	116	38			
管理学	99	76	39			72
社会、人文科学领域	929	854	361	2		454
马克思主义	149	140	56			77
艺术学	10	10	1			27
考古学	159	158	48			23
经济学	152	122	47			52
社会学	121	101	44	2		29
图书馆、情报与文献学	309	298	150			239
体育科学	29	25	15			7
按机构从业人员规模分组						
≥ 1000 人	1161	1044	487	7	125	740
500 ~ 999 人	3267	2812	886	333	501	761
300 ~ 499 人	2416	2015	708	878	59	178
200 ~ 299 人	1895	1488	560	13	191	749
100 ~ 199 人	3932	3308	1251	63	148	1737
50 ~ 99 人	3460	3008	1040	223	124	1315
30 ~ 49 人	1306	1163	434	146	81	578
20 ~ 29 人	536	482	168	96	195	161
10 ~ 19 人	587	521	167	168	26	293
0 ~ 9 人	220	205	86	85	22	110

2–3　科学研究和技术服务业事业单位从业人员按工作性质分（2019）

单位：人

指标名称	从业人员	科技活动人员（不含外聘的流动学者和在读研究生）	科技管理人员	课题活动人员	科技服务人员	生产经营活动人员	其他人员
总计	**18780**	**16046**	**2537**	**9838**	**3671**	**879**	**1855**
按机构所属地域分组							
杭州市	9082	7546	1092	4910	1544	566	970
宁波市	3347	2996	382	1811	803	3	348
温州市	2121	1863	401	1096	366	69	189
嘉兴市	1300	1072	174	565	333	138	90
湖州市	329	258	49	172	37	22	49
绍兴市	166	153	37	71	45	8	5
金华市	390	350	72	158	120		40
衢州市	470	419	68	250	101	21	30
舟山市	524	466	64	322	80	18	40
台州市	389	315	52	177	86	24	50
丽水市	662	608	146	306	156	10	44
按机构所属隶属关系分组							
中央部门属	3327	2915	301	1954	660	108	304
中国科学院	902	902	75	687	140		
地方部门属	15453	13131	2236	7884	3011	771	1551
省级部门属	5828	5037	768	3538	731	106	685
副省级城市属	1416	1146	154	728	264	147	123
地市级部门属	2441	2157	477	1220	460	43	241
按机构从事的国民经济行业分组							
科学研究和技术服务业	18780	16046	2537	9838	3671	879	1855
研究和试验发展	12912	11138	1730	7446	1962	429	1345
专业技术服务业	4517	3734	553	1827	1354	389	394
科技推广和应用服务业	1351	1174	254	565	355	61	116
按机构服务的国民经济行业分组							
农、林、牧、渔业	4454	3745	562	2792	391	137	572
农业	2150	1742	298	1219	225	87	321
林业	369	297	57	188	52	25	47
畜牧业	1	1			1		
渔业	442	386	53	314	19	18	38

2-3 续表 1

单位：人

指标名称	从业人员	科技活动人员（不含外聘的流动学者和在读研究生）				生产经营活动人员	其他人员
			科技管理人员	课题活动人员	科技服务人员		
农、林、牧、渔专业及辅助性活动	1492	1319	154	1071	94	7	166
制造业	1796	1519	262	897	360	49	228
农副食品加工业	106	97	14	61	22		9
食品制造业	10	8	1	6	1	1	1
酒、饮料和精制茶制造业	71	63	6	39	18	5	3
纺织服装、服饰业	75	47	11	11	25		28
皮革、毛皮、羽毛及其制品和制鞋业	199	132	18	46	68	36	31
文教、工美、体育和娱乐用品制造业	10	10	1	8	1		
化学原料和化学制品制造业	110	101	34	53	14		9
医药制造业	118	81	7	69	5		37
非金属矿物制品业	19	19	4	6	9		
通用设备制造业	256	228	43	137	48	7	21
专用设备制造业	452	382	50	210	122		70
汽车制造业	10	10	4	2	4		
计算机、通信和其他电子设备制造业	41	41	8	29	4		
仪器仪表制造业	273	255	55	186	14		18
其他制造业	46	45	6	34	5		1
电力、热力、燃气及水生产和供应业	124	98	14	16	68	5	21
电力、热力生产和供应业	124	98	14	16	68	5	21
批发和零售业	75	75	6	12	57		
批发业	75	75	6	12	57		
交通运输、仓储和邮政业	211	192	35	74	83		19
道路运输业	211	192	35	74	83		19
信息传输、软件和信息技术服务业	196	183	56	87	40	2	11
软件和信息技术服务业	196	183	56	87	40	2	11
租赁和商务服务业	90	40	8	11	21	41	9
商务服务业	90	40	8	11	21	41	9
科学研究和技术服务业	9878	8733	1351	4932	2450	482	663
研究和试验发展	4993	4652	688	3050	914	51	290
专业技术服务业	3600	3032	443	1384	1205	280	288
科技推广和应用服务业	1285	1049	220	498	331	151	85
水利、环境和公共设施管理业	1760	1296	215	907	174	163	301
水利管理业	787	559	92	425	42	20	208

2-3 续表 2

单位：人

指标名称	从业人员	科技活动人员（不含外聘的流动学者和在读研究生）	科技管理人员	课题活动人员	科技服务人员	生产经营活动人员	其他人员
生态保护和环境治理业	973	737	123	482	132	143	93
卫生和社会工作	150	124	18	79	27		26
卫生	150	124	18	79	27		26
文化、体育和娱乐业	36	31	6	25			5
文化艺术业	7	6	3	3			1
体育	29	25	3	22			4
公共管理、社会保障和社会组织	10	10	4	6			
国家机构	10	10	4	6			
按机构所属学科分组							
自然科学领域	2305	1953	354	1263	336	189	163
数学	55	44	6	10	28		11
信息科学与系统科学	571	535	150	330	55	1	35
力学	102	98	13	76	9		4
化学	450	389	103	174	112		61
地球科学	1090	856	68	664	124	184	50
生物学	37	31	14	9	8	4	2
农业科学领域	5265	4361	655	3183	523	246	658
农学	3966	3368	501	2470	397	91	507
林学	730	492	88	321	83	131	107
畜牧、兽医科学	1	1			1		
水产学	568	500	66	392	42	24	44
医学科学领域	1123	1007	173	660	174	36	80
基础医学	203	196	25	99	72	1	6
临床医学	79	79	30	34	15		
预防医学与公共卫生学	450	374	66	287	21	35	41
药学	270	262	44	169	49		8
中医学与中药学	121	96	8	71	17		25
工程科学与技术领域	9158	7871	1177	4341	2353	375	912
工程与技术科学基础学科	478	447	127	200	120	14	17
信息与系统科学相关工程与技术	856	694	130	265	299	138	24
自然科学相关工程与技术	148	117	20	78	19		31
测绘科学技术	256	205	40	122	43	39	12
材料科学	1429	1289	118	926	245	44	96
机械工程	1315	1117	117	478	522	53	145

单位：人

指标名称	从业人员	科技活动人员（不含外聘的流动学者和在读研究生）	科技管理人员	课题活动人员	科技服务人员	生产经营活动人员	其他人员
动力与电气工程	106	87	3	76	8	15	4
能源科学技术	25	19	8	10	1		6
电子与通信技术	226	208	32	145	31		18
计算机科学技术	40	33	8	12	13	2	5
化学工程	122	119	23	29	67		3
产品应用相关工程与技术	916	830	134	513	183		86
纺织科学技术	202	170	19	32	119		32
食品科学技术	784	698	48	348	302	1	85
土木建筑工程	63	63	39	20	4		
水利工程	901	647	104	441	102	25	229
交通运输工程	211	192	35	74	83		19
航空、航天科学技术	107	75	17	40	18	15	17
环境科学技术及资源科学技术	752	669	115	435	119	17	66
安全科学技术	122	116	17	76	23		6
管理学	99	76	23	21	32	12	11
社会、人文科学领域	929	854	178	391	285	33	42
马克思主义	149	140	28	104	8		9
艺术学	10	10	1	8	1		
考古学	159	158	23	54	81		1
经济学	152	122	37	61	24	29	1
社会学	121	101	28	62	11	2	18
图书馆、情报与文献学	309	298	58	80	160	2	9
体育科学	29	25	3	22			4
按机构从业人员规模分组							
≥ 1000 人	1161	1044	109	889	46		117
500 ~ 999 人	3267	2812	395	2009	408	138	317
300 ~ 499 人	2416	2015	227	1219	569	88	313
200 ~ 299 人	1895	1488	220	858	410	204	203
100 ~ 199 人	3932	3308	510	1842	956	279	345
50 ~ 99 人	3460	3008	510	1703	795	94	358
30 ~ 49 人	1306	1163	281	700	182	52	91
20 ~ 29 人	536	482	94	294	94	10	44
10 ~ 19 人	587	521	135	250	136	12	54
0 ~ 9 人	220	205	56	74	75	2	13

2-4 科学研究和技术服务业事业单位科技活动人员按学历和职称分（2019）

单位：人

指标名称	科技活动人员（不含外聘的流动学者和在读研究生）	学历					职称			
		博士	硕士	本科	大专	其他	高级职称	中级职称	初级职称	其他
总计	**16046**	**2885**	**5248**	**6076**	**1262**	**575**	**5048**	**5485**	**2561**	**2952**
按机构所属地域分组										
杭州市	7546	1553	2686	2519	519	269	2783	2560	873	1330
宁波市	2996	719	887	1118	187	85	941	1049	607	399
温州市	1863	282	718	669	159	35	516	634	334	379
嘉兴市	1072	193	308	403	100	68	208	243	221	400
湖州市	258	38	81	103	24	12	71	84	17	86
绍兴市	153	4	34	75	22	18	36	39	27	51
金华市	350	19	80	210	37	4	77	141	65	67
衢州市	419	13	81	238	57	30	87	167	96	69
舟山市	466	34	128	227	56	21	119	190	103	54
台州市	315	20	140	119	22	14	52	120	70	73
丽水市	608	10	105	395	79	19	158	258	148	44
按机构所属隶属关系分组										
中央部门属	2915	1010	834	786	190	95	1172	1075	462	206
中国科学院	902	426	279	153	24	20	308	389	179	26
地方部门属	13131	1875	4414	5290	1072	480	3876	4410	2099	2746
省级部门属	5037	923	1881	1678	327	228	1653	1594	442	1348
副省级城市属	1146	80	413	512	103	38	397	386	164	199
地市级部门属	2157	152	884	839	193	89	571	793	351	442
按机构从事的国民经济行业分组										
科学研究和技术服务业	16046	2885	5248	6076	1262	575	5048	5485	2561	2952
研究和试验发展	11138	2452	3963	3536	744	443	3780	3740	1365	2253
专业技术服务业	3734	270	998	1999	380	87	995	1371	972	396
科技推广和应用服务业	1174	163	287	541	138	45	273	374	224	303
按机构服务的国民经济行业分组										
农、林、牧、渔业	3745	816	1270	1132	294	233	1343	1362	394	646
农业	1742	249	712	520	125	136	613	683	224	222
林业	297	94	70	99	31	3	108	127	43	19
畜牧业	1			1					1	

单位：人

指标名称	科技活动人员（不含外聘的流动学者和在读研究生）	学历					职称			
		博士	硕士	本科	大专	其他	高级职称	中级职称	初级职称	其他
渔业	386	45	132	169	14	26	127	150	57	52
农、林、牧、渔专业及辅助性活动	1319	428	356	343	124	68	495	402	69	353
制造业	1519	168	423	718	178	32	365	484	234	436
农副食品加工业	97	1	26	63	7		24	43	20	10
食品制造业	8		3	3	2			3	4	1
酒、饮料和精制茶制造业	63	4	28	27	2	2	28	22	6	7
纺织服装、服饰业	47		8	30	7	2	8	12	14	13
皮革、毛皮、羽毛及其制品和制鞋业	132	2	25	92	12	1	28	52	27	25
文教、工美、体育和娱乐用品制造业	10			5	4	1	1	4	2	3
化学原料和化学制品制造业	101	2	25	45	22	7	29	35	17	20
医药制造业	81	51	21	9			29	30	18	4
非金属矿物制品业	19			7	3	9		4	2	13
通用设备制造业	228	63	67	67	31		40	42	37	109
专用设备制造业	382	6	89	223	62	2	62	111	65	144
汽车制造业	10	1	3	4	2		1	4	5	
计算机、通信和其他电子设备制造业	41	8	7	23	3		8			33
仪器仪表制造业	255	18	113	101	15	8	98	108	14	35
其他制造业	45	12	8	19	6		9	14	3	19
电力、热力、燃气及水生产和供应业	98	2	34	47	15		45	29	22	2
电力、热力生产和供应业	98	2	34	47	15		45	29	22	2
批发和零售业	75	2	4	50	19		16	26	26	7
批发业	75	2	4	50	19		16	26	26	7
交通运输、仓储和邮政业	192	7	78	90	4	13	41	67	21	63
道路运输业	192	7	78	90	4	13	41	67	21	63
信息传输、软件和信息技术服务业	183	32	52	84	13	2	29	23	11	120
软件和信息技术服务业	183	32	52	84	13	2	29	23	11	120
租赁和商务服务业	40	7	24	9			16	20	1	3
商务服务业	40	7	24	9			16	20	1	3
科学研究和技术服务业	8733	1734	2732	3355	633	279	2640	3001	1638	1454
研究和试验发展	4652	1436	1567	1218	264	167	1506	1515	632	999
专业技术服务业	3032	135	858	1691	260	88	842	1163	712	315
科技推广和应用服务业	1049	163	307	446	109	24	292	323	294	140
水利、环境和公共设施管理业	1296	94	559	535	100	8	495	427	190	184

2-4　续表 2　　单位：人

指标名称	科技活动人员（不含外聘的流动学者和在读研究生）	学历					职称			
		博士	硕士	本科	大专	其他	高级职称	中级职称	初级职称	其他
水利管理业	559	40	253	227	39		255	201	72	31
生态保护和环境治理业	737	54	306	308	61	8	240	226	118	153
卫生和社会工作	124	21	55	35	5	8	49	34	18	23
卫生	124	21	55	35	5	8	49	34	18	23
文化、体育和娱乐业	31	1	11	19			4	10	5	12
文化艺术业	6		1	5				2	3	1
体育	25	1	10	14			4	8	2	11
公共管理、社会保障和社会组织	10	1	6	2	1		5	2	1	2
国家机构	10	1	6	2	1		5	2	1	2
按机构所属学科分组										
自然科学领域	1953	487	589	687	130	60	685	592	192	484
数学	44		11	29	4		16	22	2	4
信息科学与系统科学	535	140	212	159	20	4	74	142	32	287
力学	98		8	74	11	5	24	37	25	12
化学	389	53	89	210	26	11	154	106	63	66
地球科学	856	293	269	194	61	39	413	275	63	105
生物学	31	1		21	8	1	4	10	7	10
农业科学领域	4361	903	1446	1415	350	247	1596	1605	458	702
农学	3368	701	1152	1032	275	208	1235	1199	318	616
林学	492	146	133	159	45	9	202	206	55	29
畜牧、兽医科学	1			1					1	
水产学	500	56	161	223	30	30	159	200	84	57
医学科学领域	1007	124	440	365	57	21	289	323	212	183
基础医学	196	7	59	114	16		32	50	14	100
临床医学	79	28	32	15	3	1	25	24	29	1
预防医学与公共卫生学	374	49	155	137	30	3	121	165	67	21
药学	262	19	145	82	5	11	69	63	90	40
中医学与中药学	96	21	49	17	3	6	42	21	12	21
工程科学与技术领域	7871	1277	2423	3334	662	175	2184	2708	1626	1353
工程与技术科学基础学科	447	60	118	199	54	16	114	161	100	72
信息与系统科学相关工程与技术	694	219	178	225	60	12	161	221	194	118
自然科学相关工程与技术	117	11	66	36	4		22	43	39	13
测绘科学技术	205	10	101	78	2	14	79	105	21	
材料科学	1289	502	361	325	52	49	415	494	285	95

指标名称	科技活动人员（不含外聘的流动学者和在读研究生）	学历					职称			
		博士	硕士	本科	大专	其他	高级职称	中级职称	初级职称	其他
机械工程	1117	135	244	610	119	9	256	408	250	203
动力与电气工程	87	25	4	57	1		24	55	6	2
能源科学技术	19		6	12	1		9	8	1	1
电子与通信技术	208	46	76	72	13	1	69	42	39	58
计算机科学技术	33	3	8	16	5	1	7	3		23
化学工程	119	6	18	66	26	3	27	43	33	16
产品应用相关工程与技术	830	112	287	321	68	42	181	199	93	357
纺织科学技术	170	3	42	98	25	2	26	46	65	33
食品科学技术	698	27	155	424	88	4	118	281	233	66
土木建筑工程	63	1	16	35	9	2	19	27	8	9
水利工程	647	42	286	266	53		299	227	92	29
交通运输工程	192	7	78	90	4	13	41	67	21	63
航空、航天科学技术	75	5	26	32	12		9	14	8	44
环境科学技术及资源科学技术	669	59	274	279	52	5	236	205	98	130
安全科学技术	116	2	38	69	5	2	46	36	18	16
管理学	76	2	41	24	9		26	23	22	5
社会、人文科学领域	854	94	350	275	63	72	294	257	73	230
马克思主义	140	46	58	27	8	1	79	32	3	26
艺术学	10			5	4	1	1	4	2	3
考古学	158	3	32	35	25	63	26	24	9	99
经济学	122	19	71	30	2		72	43	3	4
社会学	101	14	45	41	1		34	31		36
图书馆、情报与文献学	298	11	134	123	23	7	78	115	54	51
体育科学	25	1	10	14			4	8	2	11
按机构从业人员规模分组										
≥ 1000 人	1044	370	281	235	101	57	383	289	32	340
500 ~ 999 人	2812	834	1136	661	134	47	1073	1108	464	167
300 ~ 499 人	2015	395	629	793	116	82	506	648	364	497
200 ~ 299 人	1488	197	527	597	132	35	484	570	233	201
100 ~ 199 人	3308	444	1070	1345	288	161	1042	1012	486	768
50 ~ 99 人	3008	338	893	1388	281	108	876	1094	572	466
30 ~ 49 人	1163	186	421	466	71	19	373	351	165	274
20 ~ 29 人	482	71	139	197	45	30	145	156	67	114
10 ~ 19 人	521	36	98	296	71	20	112	180	131	98
0 ~ 9 人	205	14	54	98	23	16	54	77	47	27

2–5　科学研究和技术服务业事业单位经费收入（2019）

单位：万元

指标名称	经费收入总额	科技活动收入	政府资金	财政拨款	承担政府科研项目收入	其他	非政府资金	# 技术性收入	# 国外资金	生产经营活动收入	其他收入
总计	**1276219**	**1156725**	**867813**	**660452**	**190696**	**16665**	**288912**	**269428**	**77**	**64051**	**55444**
按机构所属地域分组											
杭州市	693976	621618	454006	352245	93595	8166	167612	156901	52	39441	32917
宁波市	261153	255443	178485	112252	59976	6258	76958	72373	25	37	5673
温州市	119751	109493	98528	85498	12157	872	10966	9051		1305	8952
嘉兴市	73976	54300	42661	36113	6524	24	11639	9433		18498	1178
湖州市	17810	16597	14143	10524	3418	202	2454	2439		620	593
绍兴市	4783	3273	3114	2570	544		160	160		752	758
金华市	16974	16591	15791	13088	2542	161	800	761		1	382
衢州市	19684	14722	13893	12216	1288	389	829	817		2529	2434
舟山市	21191	20599	15057	9678	5142	237	5541	5541		168	425
台州市	20274	18428	9890	8214	1335	341	8538	8538		393	1452
丽水市	26649	25661	22245	18055	4176	14	3416	3416		306	682
按机构所属隶属关系分组											
中央部门属	280012	254126	196764	125754	68339	2671	57362	53634	19	10384	15501
中国科学院	95369	94351	84022	37732	43826	2465	10328	8114			1019
地方部门属	996208	902599	671049	534698	122357	13994	231549	215795	58	53667	39943
省级部门属	491005	463559	337306	267196	65241	4869	126254	115100	32	8403	19043
副省级城市属	108053	99109	85361	67541	14386	3434	13748	13436		5009	3935
地市级部门属	113297	100773	81023	64995	14067	1961	19751	17598		1788	10735
按机构从事的国民经济行业分组											
科学研究和技术服务业	1276219	1156725	867813	660452	190696	16665	288912	269428	77	64051	55444
研究和试验发展	969303	899288	701557	525494	163311	12753	197731	180078	77	24472	45543
专业技术服务业	215148	171717	87482	65843	18446	3194	84234	82480		35210	8222
科技推广和应用服务业	91768	85720	78774	69116	8940	718	6946	6871		4368	1680
按机构服务的国民经济行业分组											
农、林、牧、渔业	273475	246019	215191	144192	66061	4938	30829	23952	52	2332	25124
农业	128954	112990	106641	76336	26955	3350	6349	5513		1518	14446
林业	18933	16066	14419	10121	4283	15	1647	1246	19	81	2786
畜牧业	25	18	18	18							7
渔业	29347	27939	22499	12994	9505		5440	4880		703	705

2-5　续表 1　　　　单位：万元

指标名称	经费收入总额	科技活动收入	政府资金	财政拨款	承担政府科研项目收入	其他	非政府资金	# 技术性收入	# 国外资金	生产经营活动收入	其他收入
农、林、牧、渔专业及辅助性活动	96217	89007	71614	44723	25318	1572	17393	12314	32	30	7180
制造业	86949	81512	52985	45771	6610	604	28527	28409	25	1055	4382
农副食品加工业	2264	2212	1944	1843	101		269	269			52
食品制造业	535	535	535	535							
酒、饮料和精制茶制造业	3289	1947	750	357	198	195	1197	1197		486	855
纺织服装、服饰业	1151	1151	1151	925		226					
皮革、毛皮、羽毛及其制品和制鞋业	5873	5177	5089	5059	30		88	88			696
文教、工美、体育和娱乐用品制造业	282	282	189	189			93				
化学原料和化学制品制造业	3543	2224	964	896	53	15	1260	1260		362	957
医药制造业	5290	5217	4860	4315	544	2	357	331	25		73
非金属矿物制品业	291	291	291	291							
通用设备制造业	12206	11648	7217	6560	629	28	4431	4431		207	351
专用设备制造业	25273	24449	14037	13314	585	138	10412	10412			824
汽车制造业	521	521	479	479			42	42			
计算机、通信和其他电子设备制造业	2501	2501	2501	2501							
仪器仪表制造业	19876	19303	9307	6828	2479		9996	9996			573
其他制造业	4054	4054	3672	1680	1992		382	382			
电力、热力、燃气及水生产和供应业	5678	5066	1816	1388	428		3251	3251		420	191
电力、热力生产和供应业	5678	5066	1816	1388	428		3251	3251		420	191
批发和零售业	3098	3098	3098	3098							
批发业	3098	3098	3098	3098							
交通运输、仓储和邮政业	8952	8826	749	749			8077	8077			125
道路运输业	8952	8826	749	749			8077	8077			125
信息传输、软件和信息技术服务业	12519	12352	8030	4415	3389	226	4322	4314		34	133
软件和信息技术服务业	12519	12352	8030	4415	3389	226	4322	4314		34	133
租赁和商务服务业	5560	1654	1200	410	790		454	454		3283	623
商务服务业	5560	1654	1200	410	790		454	454		3283	623
科学研究和技术服务业	757368	692540	532263	417606	106588	8068	160277	149041		43521	21308
研究和试验发展	513932	501335	440163	348650	87121	4392	61172	51363		303	12294
专业技术服务业	185793	155296	61467	47904	10649	2914	93829	92418		22410	8087
科技推广和应用服务业	57644	35909	30633	21052	8819	762	5276	5260		20808	927
水利、环境和公共设施管理业	108081	91270	39097	30645	5623	2829	52173	51870		13406	3405

单位：万元

指标名称	经费收入总额	科技活动收入	政府资金	财政拨款	承担政府科研项目收入	其他	非政府资金	# 技术性收入	# 国外资金	生产经营活动收入	其他收入
水利管理业	54757	44960	10245	8747	1499		34715	34715		8663	1135
生态保护和环境治理业	53324	46310	28851	21898	4124	2829	17459	17156		4744	2270
卫生和社会工作	12873	12767	11766	10756	1010		1001	60			106
卫生	12873	12767	11766	10756	1010		1001	60			106
文化、体育和娱乐业	1226	1219	1219	1197	22						7
文化艺术业	189	189	189	189							
体育	1037	1030	1030	1008	22						7
公共管理、社会保障和社会组织	442	401	401	225	176						41
国家机构	442	401	401	225	176						41
按机构所属学科分组											
自然科学领域	265417	240134	201022	181238	18865	919	39113	39086		16629	8654
数学	2035	2035	2035	2035							
信息科学与系统科学	133394	131360	124867	115702	8636	529	6493	6467		81	1953
力学	4565	4565	4565	4115	450						
化学	27380	25822	8918	7876	865	177	16904	16904			1558
地球科学	96883	75193	60136	51086	8840	211	15057	15057		16548	5142
生物学	1161	1161	502	425	75	2	659	659			
农业科学领域	315531	278383	238949	161577	72190	5182	39435	31446	52	6759	30388
农学	243517	215911	185520	127307	53225	4987	30391	23363	32	2034	25573
林学	38977	30914	27365	18201	9149	15	3549	3148	19	4022	4041
畜牧、兽医科学	25	18	18	18							7
水产学	33012	31541	26046	16051	9816	179	5495	4935		703	769
医学科学领域	90020	87061	68946	56067	10031	2849	18114	13965		297	2663
基础医学	20153	19927	13525	13228	297		6402	6402		3	223
临床医学	14126	14126	14086	13877	209		39				
预防医学与公共卫生学	25962	23578	16197	8017	8180		7381	4172		294	2089
药学	19047	18761	15370	12187	335	2849	3390	3390			287
中医学与中药学	10733	10669	9768	8758	1010		902				64
工程科学与技术领域	540272	491475	311566	231984	73465	6117	179909	172684	25	37309	11488
工程与技术科学基础学科	29689	27616	22273	21701	527	45	5344	5344		950	1122
信息与系统科学相关工程与技术	40162	21655	21199	14769	6430		456	456		18498	9
自然科学相关工程与技术	10065	9510	9397	8264	1133		113	113			555
测绘科学技术	21335	18636	4655	1758	2897		13981	13981		2366	333
材料科学	114391	112484	100240	52262	45513	2465	12244	9354	25	752	1154

单位：万元

指标名称	经费收入总额	科技活动收入	政府资金	财政拨款	承担政府科研项目收入	其他	非政府资金	#技术性收入	#国外资金	生产经营活动收入	其他收入
机械工程	66463	64379	20655	17482	2776	397	43724	43574		888	1196
动力与电气工程	4324	2328	1463	1463			865			1996	
能源科学技术	969	781	781	781							189
电子与通信技术	11254	10755	6727	5477	1227	24	4028	4028			498
计算机科学技术	671	637	206	87	119		431	431		34	
化学工程	4112	3750	3604	3463	141		147	147		362	
产品应用相关工程与技术	67019	66177	43104	37572	5502	30	23073	20441			843
纺织科学技术	6002	5010	1481	1145	110	226	3530	3530			992
食品科学技术	18313	17561	5972	5627	256	89	11589	11589			752
土木建筑工程	1577	1541	1111	1111			430	430			37
水利工程	60058	49668	11702	9776	1927		37966	37966		9083	1308
交通运输工程	8952	8826	749	749			8077	8077			125
航空、航天科学技术	25632	25625	25625	25625						5	3
环境科学技术及资源科学技术	39565	37521	26762	19369	4905	2489	10759	10086		672	1372
安全科学技术	4589	4223	1238	1234	5		2985	2985			366
管理学	5130	2792	2623	2271		352	169	154		1704	634
社会、人文科学领域	64980	59672	47331	29586	16146	1599	12341	12248		3057	2251
马克思主义	7666	6738	6738	4316	1000	1422					928
艺术学	282	282	189	189			93				
考古学	10821	10645	5375	1552	3823		5270	5270			176
经济学	14817	12752	8819	1632	7187		3933	3933		1579	486
社会学	8818	7233	7233	5570	1663					1358	227
图书馆、情报与文献学	21539	20991	17946	15318	2452	177	3045	3045		120	428
体育科学	1037	1030	1030	1008	22						7
按机构从业人员规模分组											
≥ 1000 人	78404	71938	56457	34936	20127	1394	15481	10402	32		6465
500 ~ 999 人	260050	231568	177050	114788	59797	2465	54518	52303		18498	9984
300 ~ 499 人	248729	240290	192416	164497	27457	462	47874	43127		1052	7387
200 ~ 299 人	99673	82870	40769	30382	7449	2938	42101	40989		10118	6686
100 ~ 199 人	243241	211418	135665	98315	31386	5964	75753	73641		23450	8372
50 ~ 99 人	216682	200171	159000	127452	29931	1617	41171	38382	45	5416	11094
30 ~ 49 人	61666	54145	48660	39571	7889	1200	5485	5100		4415	3106
20 ~ 29 人	21256	19868	17693	13089	4590	15	2174	1299		797	592
10 ~ 19 人	31638	30484	26886	25475	1178	233	3598	3470		199	955
0 ~ 9 人	14882	13973	13217	11948	891	378	756	716		106	803

2–6 科学研究和技术服务业事业单位经费支出（2019）

单位：万元

指标名称	经费内部支出总额	科技经费内部支出	日常性支出	人员劳务费	其他日常性支出	资产性支出	仪器与设备支出	非基建的科学仪器与设备支出	基建的仪器与设备支出
总计	**1129071**	**1004263**	**703789**	**363788**	**340001**	**300474**	**146739**	**113159**	**33580**
按机构所属地域分组									
杭州市	583544	507819	386884	184677	202207	120936	77885	66173	11712
宁波市	226569	212888	135168	68535	66634	77720	36392	28763	7628
温州市	127094	118099	69078	42266	26812	49021	11026	7744	3282
嘉兴市	68203	59735	30110	16120	13991	29625	5239	1907	3332
湖州市	16919	15569	10990	5697	5293	4579	2929	1055	1875
绍兴市	4706	4432	4021	2112	1909	411	203	203	
金华市	17929	17106	11963	8879	3084	5143	3747	3473	275
衢州市	18411	14509	11559	8724	2835	2950	2533	1563	970
舟山市	22774	18418	16113	9657	6455	2305	2220	793	1427
台州市	17123	11493	11046	5650	5396	447	193	193	
丽水市	25799	24195	16858	11472	5386	7337	4372	1292	3080
按机构所属隶属关系分组									
中央部门属	277331	257205	164393	78169	86224	92812	68411	61078	7334
中国科学院	81488	81474	41643	24783	16860	39831	21677	20394	1283
地方部门属	851741	747058	539396	285620	253777	207662	78328	52081	26247
省级部门属	368254	329294	248241	119461	128780	81053	29753	24967	4786
副省级城市属	95879	80569	53669	28552	25117	26900	5509	3038	2471
地市级部门属	118088	104239	77629	49375	28254	26610	13609	10355	3254
按机构从事的国民经济行业分组									
科学研究和技术服务业	1129071	1004263	703789	363788	340001	300474	146739	113159	33580
研究和试验发展	851554	771951	538002	274142	263861	233949	114253	95258	18996
专业技术服务业	200228	161649	128707	71264	57443	32942	25004	14394	10610

2-6　续表 1

单位：万元

指标名称	经费内部支出总额	科技经费内部支出	日常性支出	人员劳务费	其他日常性支出	资产性支出	仪器与设备支出	非基建的科学仪器与设备支出	基建的仪器与设备支出
科技推广和应用服务业	77290	70663	37081	18383	18698	33583	7482	3507	3975
按机构服务的国民经济行业分组									
农、林、牧、渔业	294069	257450	187642	102513	85129	69808	41001	32036	8965
农业	147595	133792	85733	50096	35638	48059	30889	25560	5329
林业	18373	16341	14374	8726	5649	1966	324	290	34
畜牧业	25	16	16	16	1				
渔业	30278	26561	20871	10149	10723	5690	4980	2257	2723
农、林、牧、渔专业及辅助性活动	97799	80740	66647	33527	33120	14093	4809	3929	880
制造业	72808	66790	47329	27072	20258	19461	15589	10552	5037
农副食品加工业	3147	2637	2406	2043	363	231	231	171	60
食品制造业	559	540	130	122	8	410	405	15	390
酒、饮料和精制茶制造业	3166	2596	2471	1339	1133	125	125	125	
纺织服装、服饰业	3208	2751	2046	1301	746	704	698	190	508
皮革、毛皮、羽　毛及其制品和制鞋业	5768	3892	3372	2230	1142	520	520	520	
文教、工美、体育和娱乐用品制造业	281	275	275	108	167				
化学原料和化学制品制造业	3854	3340	3283	2534	749	57	39	39	
医药制造业	3126	2797	2005	1116	889	792	706	589	117
非金属矿物制品业	291	274	274	237	38				
通用设备制造业	14364	13382	5784	2520	3264	7598	4134	1239	2895
专用设备制造业	14062	13491	11916	7587	4330	1575	1517	1508	10
汽车制造业	415	415	137	93	44	278	149	149	
计算机、通信和其他电子设备制造业	2360	2360	573	362	211	1787	1785	728	1057
仪器仪表制造业	13710	13547	10199	4661	5539	3347	3347	3347	
其他制造业	4497	4495	2457	821	1636	2038	1932	1932	
电力、热力、燃气及水生产和供应业	5183	4239	4220	3008	1212	19	19	19	
电力、热力生产和供应业	5183	4239	4220	3008	1212	19	19	19	

2-6 续表 2

单位：万元

指标名称	经费内部支出总额	科技经费内部支出	日常性支出	人员劳务费	其他日常性支出	资产性支出	仪器与设备支出	非基建的科学仪器与设备支出	基建的仪器与设备支出
批发和零售业	3037	3037	2976	2693	283	61	61		61
批发业	3037	3037	2976	2693	283	61	61		61
交通运输、仓储和邮政业	8940	8804	8316	3020	5296	488	453	453	
道路运输业	8940	8804	8316	3020	5296	488	453	453	
信息传输、软件和信息技术服务业	10747	10425	8720	1908	6812	1704	97	26	71
软件和信息技术服务业	10747	10425	8720	1908	6812	1704	97	26	71
租赁和商务服务业	4458	1518	1515	1088	427	3	3		3
商务服务业	4458	1518	1515	1088	427	3	3		3
科学研究和技术服务业	624086	563376	372456	193211	179246	190920	85172	65729	19443
研究和试验发展	404791	393320	239793	120131	119663	153527	61008	51297	9710
专业技术服务业	169951	132168	103837	55789	48048	28332	19143	12646	6498
科技推广和应用服务业	49345	37888	28826	17291	11535	9062	5021	1786	3235
水利、环境和公共设施管理业	91283	75273	65297	26026	39271	9976	3548	3548	
水利管理业	41844	38891	33856	13345	20511	5035	1855	1855	
生态保护和环境治理业	49439	36381	31441	12680	18760	4941	1693	1693	
卫生和社会工作	12852	11791	4085	2417	1668	7705	570	570	
卫生	12852	11791	4085	2417	1668	7705	570	570	
文化、体育和娱乐业	1176	1130	802	479	324	327	227	227	
文化艺术业	189	172	72	49	23	100			
体育	988	958	730	430	300	227	227	227	
公共管理、社会保障和社会组织	431	431	431	354	77				
国家机构	431	431	431	354	77				
按机构所属学科分组									
自然科学领域	164822	139891	109682	47805	61876	30209	23397	21085	2312
数学	2035	2012	1741	1298	443	271	271		271
信息科学与系统科学	45439	44769	35138	15814	19324	9631	4601	4601	
力学	4521	4270	3058	2175	883	1212	1169	385	784

2–6 续表 3

单位：万元

指标名称	经费内部支出总额	科技经费内部支出	日常性支出	人员劳务费	其他日常性支出	资产性支出	仪器与设备支出	非基建的科学仪器与设备支出	基建的仪器与设备支出
化学	23916	19704	14669	7165	7504	5035	4947	4832	115
地球科学	87759	68150	54306	20738	33567	13844	12252	11249	1002
生物学	1152	987	771	615	156	216	158	18	140
农业科学领域	337699	290152	213678	121720	91958	76473	46914	37707	9208
农学	266590	231088	164905	95053	69852	66183	40792	34636	6156
林学	36915	28766	24499	14081	10418	4267	857	662	195
畜牧、兽医科学	25	16	16	16	1				
水产学	34168	30281	24258	12570	11688	6023	5266	2409	2857
医学科学领域	81806	79182	47297	22721	24576	31885	8830	8712	117
基础医学	9614	9377	7913	4723	3190	1464	1417	1417	
临床医学	14262	14262	2183	1414	770	12079			
预防医学与公共卫生学	28546	27420	24646	10516	14130	2775	2683	2683	
药学	18605	18340	10043	4410	5633	8297	4161	4043	117
中医学与中药学	10779	9782	2512	1658	854	7270	570	570	
工程科学与技术领域	489687	445984	287431	148040	139390	158553	64925	42985	21940
工程与技术科学基础学科	29783	28710	14664	7748	6916	14046	2077	380	1697
信息与系统科学相关工程与技术	36279	28243	18378	11241	7137	9865	5086	731	4355
自然科学相关工程与技术	10951	10179	4713	2012	2701	5466	1792	811	980
测绘科学技术	19561	14224	12906	8144	4762	1319	714	714	
材料科学	98332	95121	51100	30614	20486	44022	24151	21245	2906
机械工程	64882	53061	35874	14675	21199	17186	10639	4444	6195
动力与电气工程	5005	4450	3700	2848	852	750	657	610	48
能源科学技术	901	768	768	310	458				
电子与通信技术	7831	7281	4899	3123	1776	2383	2254	1051	1203
计算机科学技术	960	672	639	304	335	33	26	26	
化学工程	4099	4025	3858	3430	428	167	146		146
产品应用相关工程与技术	62320	61611	31013	13051	17962	30598	6691	5159	1533

2-6 续表 4

单位：万元

指标名称	经费内部支出总额	科技经费内部支出	日常性支出	人员劳务费	其他日常性支出	资产性支出	仪器与设备支出	非基建的科学仪器与设备支出	基建的仪器与设备支出
纺织科学技术	6364	5783	4891	2996	1894	892	886	290	596
食品科学技术	18995	17978	14960	10803	4157	3018	3011	1661	1351
土木建筑工程	1529	1493	1467	1187	281	26	26	26	
水利工程	46636	42761	37863	16142	21721	4898	1860	1860	
交通运输工程	8940	8804	8316	3020	5296	488	453	453	
航空、航天科学技术	18682	17488	1701	542	1159	15787	1155	699	456
环境科学技术及资源科学技术	38197	35557	29686	12045	17641	5872	2514	2329	185
安全科学技术	4585	4558	3739	2427	1312	820	478	478	
管理学	4855	3217	2298	1379	919	920	311	21	291
社会、人文科学领域	55058	49056	45702	23502	22200	3354	2673	2670	3
马克思主义	5734	4806	4530	3240	1290	277	277	277	
艺术学	281	275	275	108	167				
考古学	10596	9859	8752	1733	7019	1107	1007	1007	
经济学	11457	9945	9715	5639	4076	230	84	82	3
社会学	8412	6539	6539	3060	3479				
图书馆、情报与文献学	17590	16674	15161	9293	5869	1513	1078	1078	
体育科学	988	958	730	430	300	227	227	227	
按机构从业人员规模分组									
≥ 1000 人	82500	65963	54365	26743	27622	11598	4112	3520	592
500 ~ 999 人	222958	208294	142988	75847	67141	65306	37602	34284	3318
300 ~ 499 人	183380	175615	106834	46316	60518	68781	37879	31654	6225
200 ~ 299 人	93598	74973	57821	31300	26521	17152	11155	9832	1323
100 ~ 199 人	221623	184136	142817	71568	71249	41319	20939	12212	8727
50 ~ 99 人	203608	185162	118063	63984	54079	67099	18761	13006	5755
30 ~ 49 人	58882	51418	41267	23683	17584	10151	8490	4545	3945
20 ~ 29 人	23369	22310	17598	11251	6347	4712	3660	2788	873
10 ~ 19 人	30405	28128	16318	8918	7399	11810	3943	1147	2796
0 ~ 9 人	8748	8265	5720	4178	1542	2545	199	171	28

2-6　续表 5

单位：万元

指标名称	经费内部支出总额				
	资产性支出			生产经营支出	其他支出
	土建费	资本化的计算机软件支出	专利和专有技术支出		
总计	**145408**	**3115**	**5212**	**51669**	**73139**
按机构所属地域分组					
杭州市	40974	1936	140	34203	41522
宁波市	36457	464	4407	352	13328
温州市	37685	304	5	2084	6911
嘉兴市	23972	259	155	7942	526
湖州市	1650			922	428
绍兴市	199	1	8	180	94
金华市	947		449	50	773
衢州市	296	114	7	780	3123
舟山市	50	35		295	4061
台州市	220	2	33	4563	1067
丽水市	2957		8	298	1306
按机构所属隶属关系分组					
中央部门属	19776	509	4115	1823	18303
中国科学院	14146	8	4000		14
地方部门属	125632	2606	1097	49846	54837
省级部门属	50443	822	36	9080	29880
副省级城市属	21196	183	12	9707	5604
地市级部门属	12231	715	55	5345	8504
按机构从事的国民经济行业分组					
科学研究和技术服务业	145408	3115	5212	51669	73139
研究和试验发展	113095	1958	4642	26777	52825
专业技术服务业	6580	802	555	20863	17717
科技推广和应用服务业	25732	355	14	4029	2598
按机构服务的国民经济行业分组					
农、林、牧、渔业	28453	245	110	2052	34567

2–6　续表 6

单位：万元

指标名称	经费内部支出总额			生产经营支出	其他支出
	资产性支出				
	土建费	资本化的计算机软件支出	专利和专有技术支出		
农业	16868	193	110	785	13017
林业	1643			156	1876
畜牧业					9
渔业	710			670	3046
农、林、牧、渔专业及辅助性活动	9232	52		440	16619
制造业	3723	122	28	2124	3893
农副食品加工业				3	507
食品制造业	5			15	4
酒、饮料和精制茶制造业				367	203
纺织服装、服饰业			6		457
皮革、毛皮、羽　毛及其制品和制鞋业				991	885
文教、工美、体育和娱乐用品制造业					6
化学原料和化学制品制造业	18			50	463
医药制造业	72	4	10	41	289
非金属矿物制品业				17	
通用设备制造业	3464			516	466
专用设备制造业	35	13	10	124	447
汽车制造业	129				
计算机、通信和其他电子设备制造业			2		
仪器仪表制造业					163
其他制造业		106			2
电力、热力、燃气及水生产和供应业				399	545
电力、热力生产和供应业				399	545
批发和零售业					
批发业					
交通运输、仓储和邮政业		31	5	22	114

2-6 续表 7

单位：万元

指标名称	经费内部支出总额			生产经营支出	其他支出
	资产性支出				
	土建费	资本化的计算机软件支出	专利和专有技术支出		
道路运输业		31	5	22	114
信息传输、软件和信息技术服务业	1603		4	236	87
软件和信息技术服务业	1603		4	236	87
租赁和商务服务业				2927	14
商务服务业				2927	14
科学研究和技术服务业	99204	1951	4594	33044	27666
研究和试验发展	87595	887	4038	777	10694
专业技术服务业	8147	647	394	22397	15386
科技推广和应用服务业	3462	416	162	9870	1586
水利、环境和公共设施管理业	5624	332	472	10864	5146
水利管理业	3158	22		806	2148
生态保护和环境治理业	2466	310	472	10059	2999
卫生和社会工作	6700	435			1061
卫生	6700	435			1061
文化、体育和娱乐业	100			1	46
文化艺术业	100			1	16
体育					30
公共管理、社会保障和社会组织					
国家机构					
按机构所属学科分组					
自然科学领域	6153	622	37	14810	10122
数学					23
信息科学与系统科学	4947	84		17	654
力学		41	2		251
化学	59	2	27	3	4209
地球科学	1098	495		14640	4969

2-6　续表 8　　单位：万元

指标名称	经费内部支出总额				
	资产性支出			生产经营支出	其他支出
	土建费	资本化的计算机软件支出	专利和专有技术支出		
生物学	50		8	150	16
农业科学领域	29196	252	111	7413	40134
农学	25069	211	111	1495	34007
林学	3394	17		5170	2979
畜牧、兽医科学					9
水产学	732	25		749	3139
医学科学领域	22911	113	31	415	2210
基础医学	35	13		74	162
临床医学	12079				
预防医学与公共卫生学		61	31	300	826
药学	4097	39		41	224
中医学与中药学	6700				997
工程科学与技术领域	87047	1548	5033	25894	17809
工程与技术科学基础学科	11949	20		316	757
信息与系统科学相关工程与技术	4370	256	153	7942	95
自然科学相关工程与技术	3674		1		772
测绘科学技术		247	358	2512	2824
材料科学	15842	12	4018	1187	2023
机械工程	6350	152	45	9147	2674
动力与电气工程	36	57		549	6
能源科学技术					132
电子与通信技术		127	2		550
计算机科学技术	3		4	236	52
化学工程	18		3	50	23
产品应用相关工程与技术	23906				709
纺织科学技术			6	56	525

指标名称	经费内部支出总额			生产经营支出	其他支出
	资产性支出				
	土建费	资本化的计算机软件支出	专利和专有技术支出		
食品科学技术	5	1		126	891
土木建筑工程					37
水利工程	3016	22		1205	2671
交通运输工程		31	5	22	114
航空、航天科学技术	14468	163		424	771
环境科学技术及资源科学技术	2608	311	439	596	2043
安全科学技术	342				26
管理学	459	150		1526	112
社会、人文科学领域	100	581		3137	2865
马克思主义					928
艺术学					6
考古学	100			1	737
经济学		146		1471	41
社会学				1533	340
图书馆、情报与文献学		435		133	783
体育科学					30
按机构从业人员规模分组					
≥ 1000 人	7459	27		328	16209
500 ~ 999 人	22614	937	4153	7942	6722
300 ~ 499 人	30631	139	133	363	7401
200 ~ 299 人	5907	78	12	11909	6716
100 ~ 199 人	19403	581	396	22415	15072
50 ~ 99 人	47761	532	46	3290	15156
30 ~ 49 人	1448	201	12	4213	3251
20 ~ 29 人	929	118	6	343	716
10 ~ 19 人	7351	503	13	792	1485
0 ~ 9 人	1905		441	72	411

2–7 科学研究和技术服务业事业单位科研基建与固定资产（2019）

单位：万元

指标名称	科研基建	政府资金	企业资金	事业单位资金	国外资金	其他资金	年末固定资产原价	科研房屋建筑物	科研仪器设备	# 进口
总计	**178988**	**154877**	**2604**	**21251**	**14**	**242**	**1756923**	**587459**	**751891**	**236487**
按机构所属地域分组										
杭州市	52686	37732	59	14895			998267	246558	421060	147067
宁波市	44086	40401	1565	2094		26	326685	139305	156295	42543
温州市	40967	38982	330	1497	14	144	168711	87909	64562	13980
嘉兴市	27304	25858		1446			104804	51702	35672	18292
湖州市	3525	2802		652		71	22831	12784	7775	269
绍兴市	199		196	3			4643	2168	1175	28
金华市	1222	1156		66			12715	4119	6828	674
衢州市	1266	907	5	354			20489	7945	10092	2542
舟山市	1477	1252		225			44972	14728	23717	5317
台州市	220	200		20			19818	12517	5576	683
丽水市	6037	5587	450				32988	7726	19139	5092
按机构所属隶属关系分组										
中央部门属	27110	25891		1219			420761	133504	242710	94597
中国科学院	15429	15429					118394	44794	66194	31798
地方部门属	151878	128986	2604	20033	14	242	1336162	453956	509181	141891
省级部门属	55229	43341		11887			646237	181993	198483	58068
副省级城市属	23666	21460		2207			113834	37904	36275	8121
地市级部门属	15485	13322	330	1675	14	144	149489	73245	54420	7592
按机构从事的国民经济行业分组										
科学研究和技术服务业	178988	154877	2604	21251	14	242	1756923	587459	751891	236487
研究和试验发展	132091	115228	983	15722	14	144	1271301	418108	493437	158969
专业技术服务业	17190	11158	509	5524			428439	145445	241705	75566
科技推广和应用服务业	29707	28492	1112	6		97	57183	23906	16749	1952
按机构服务的国民经济行业分组										
农、林、牧、渔业	37418	31019	5	6395			347288	168713	130821	34550
农业	22197	21820	5	372			171107	99014	48805	14886
林业	1676	1534		143			34538	16753	14799	7259
畜牧业							60	59		
渔业	3433	2668		765			47292	24519	20508	4751

2-7　续表 1

单位：万元

指标名称	科研基建	政府资金	企业资金	事业单位资金	国外资金	其他资金	年末固定资产原价	科研房屋建筑物	科研仪器设备	# 进口
农、林、牧、渔专业及辅助性活动	10113	4998		5115			94291	28367	46709	7654
制造业	8760	6784	780	1038	14	144	120226	28650	86733	30835
农副食品加工业	60	60					5684	148	5282	1104
食品制造业	395	395					420	15	405	250
酒、饮料和精制茶制造业							6597	5372	1037	628
纺织服装、服饰业	508			508			8173	2258	5915	889
皮革、毛皮、羽毛及其制品和制鞋业							13479		12482	5242
文教、工美、体育和娱乐用品制造业							463	373	3	
化学原料和化学制品制造业	18	18					4786	1791	2676	1212
医药制造业	190	190					5049	117	4708	664
非金属矿物制品业							461	430	31	
通用设备制造业	6358	4891	780	529	14	144	10218	5082	4899	500
专用设备制造业	45	45					34191	12825	20414	6770
汽车制造业	129	129					278	129	149	
计算机、通信和其他电子设备制造业	1057	1057					1286		1187	1057
仪器仪表制造业							26789	110	25202	12520
其他制造业							2352		2346	
电力、热力、燃气及水生产和供应业							2011	1445	567	
电力、热力生产和供应业							2011	1445	567	
批发和零售业	61	61					5303		4303	50
批发业	61	61					5303		4303	50
交通运输、仓储和邮政业							248829	24149	7679	2401
道路运输业							248829	24149	7679	2401
信息传输、软件和信息技术服务业	1674	1600		3		71	15243	8065	319	
软件和信息技术服务业	1674	1600		3		71	15243	8065	319	
租赁和商务服务业	3			3			2514		103	
商务服务业	3			3			2514		103	
科学研究和技术服务业	118647	108472	1820	8330		26	861845	330102	433439	151404
研究和试验发展	97305	95789	653	864			469669	169728	233764	70336
专业技术服务业	14645	8909	59	5677			300100	115675	157194	63805
科技推广和应用服务业	6697	3775	1108	1789		26	92077	44699	42481	17263
水利、环境和公共设施管理业	5624	142		5482			141492	25359	79053	10289

2-7 续表 2

单位：万元

指标名称	科研基建	政府资金	企业资金	事业单位资金	国外资金	其他资金	年末固定资产原价	科研房屋建筑物	科研仪器设备	# 进口
水利管理业	3158	142		3016			43525	17051	21537	10198
生态保护和环境治理业	2466			2466			97967	8308	57516	90
卫生和社会工作	6700	6699		2			8622	745	6091	4262
卫生	6700	6699		2			8622	745	6091	4262
文化、体育和娱乐业	100	100					3258		2749	2698
文化艺术业	100	100					24		24	
体育							3235		2725	2698
公共管理、社会保障和社会组织							290	233	34	
国家机构							290	233	34	
按机构所属学科分组										
自然科学领域	8465	7270		1124		71	227153	52497	135436	35270
数学	271			271			4926		4926	
信息科学与系统科学	4947	4900		47			14969	8447	6123	
力学	784	514		270			9096	3738	4559	340
化学	174	174					53409	17954	32997	4963
地球科学	2100	1493		536		71	143507	22174	85944	29698
生物学	190	190					1246	184	888	269
农业科学领域	38404	31986	5	6414			409450	186076	155782	35433
农学	31226	26177	5	5045			286858	138411	111181	21377
林学	3589	2985		604			64810	21774	19950	9057
畜牧、兽医科学							60	59		
水产学	3589	2825		765			57722	25831	24650	4999
医学科学领域	23029	22435		594			144690	69556	66053	35926
基础医学	35	35					25802	9063	15745	8228
临床医学	12079	11852		227			23481	23185	292	
预防医学与公共卫生学							41991	16148	19696	
药学	4215	3850		365			47297	20495	24865	23437
中医学与中药学	6700	6699		2			6119	665	5454	4262
工程科学与技术领域	108988	93086	2599	13118	14	170	917676	251547	379670	127092
工程与技术科学基础学科	13646	13015		631			46529	17938	26407	13128
信息与系统科学相关工程与技术	8725	7279		1446			58165	24969	31688	17381
自然科学相关工程与技术	4654	4654					4543	438	3924	2068
测绘科学技术							9611	551	5459	1997
材料科学	18748	17899	849				148808	50862	88758	37190

2-7 续表 3

单位：万元

指标名称	科研基建	政府资金	企业资金	事业单位资金	国外资金	其他资金	年末固定资产原价	科研房屋建筑物	科研仪器设备	# 进口
机械工程	12546	7358	780	4250	14	144	63090	28029	31734	4403
动力与电气工程	84			84			11890	7498	4056	312
能源科学技术							247	98	55	
电子与通信技术	1203	1203					10920	4990	5697	3355
计算机科学技术	3			3			261		174	
化学工程	164	164					7928	470	6458	665
产品应用相关工程与技术	25439	24501	912			26	87074	29018	39776	13624
纺织科学技术	596	29	59	508			13211	2258	10952	4890
食品科学技术	1356	1020		336			46857	13225	30323	14145
土木建筑工程							786		706	139
水利工程	3016			3016			45348	18496	22085	10198
交通运输工程							248829	24149	7679	2401
航空、航天科学技术	14925	14925					1225	290	810	147
环境科学技术及资源科学技术	2793	292		2501			94161	18872	57331	1050
安全科学技术	342			342			14626	8932	4949	
管理学	749	749					3567	464	648	
社会、人文科学领域	103	100		3			57955	27783	14950	2766
马克思主义							1809		886	
艺术学							463	373	3	
考古学	100	100					4207	1419	306	69
经济学	3			3			10380	7126	914	
社会学							4850		2632	
图书馆、情报与文献学							33011	18865	7486	
体育科学							3235		2725	2698
按机构从业人员规模分组										
≥ 1000 人	8050	3397		4653			71969	22533	37958	5634
500 ~ 999 人	25932	20933		4999			381026	129300	201891	84468
300 ~ 499 人	36856	34802		2054			170262	77874	73712	23500
200 ~ 299 人	7230	4658		2572			401333	76648	95587	47551
100 ~ 199 人	28130	22365	1041	4565	14	144	274446	96081	124253	32067
50 ~ 99 人	53516	51192		2324			326189	132490	164213	31924
30 ~ 49 人	5393	4106	1108	82		97	60802	24108	23869	2701
20 ~ 29 人	1802	1794	5	3			34475	13734	19067	5900
10 ~ 19 人	10147	9697	450				26719	9195	8238	2268
0 ~ 9 人	1933	1933					9702	5498	3104	475

2–8 科学研究和技术服务业事业单位科学仪器设备（2019）

指标名称	科学仪器设备数量（台 / 套）	单台原值≥ 100 万元	科学仪器设备原值（万元）	单台原值≥ 100 万元
总计	**116893**	**977**	**751891**	**199735**
按机构所属地域分组				
杭州市	54195	520	421060	110512
宁波市	23234	298	156295	59839
温州市	20958	60	64562	11163
嘉兴市	1093	20	35672	3941
湖州市	1925	7	7775	1052
绍兴市	382		1175	
金华市	1402	2	6828	444
衢州市	2369	15	10092	2870
舟山市	5255	20	23717	3655
台州市	2021	3	5576	759
丽水市	4059	32	19139	5499
按机构所属隶属关系分组				
中央部门属	28922	448	242710	94977
中国科学院	9209	122	66194	26571
地方部门属	87971	529	509181	104758
省级部门属	33742	194	198483	39108
副省级城市属	6685	42	36275	7743
地市级部门属	18635	39	54420	6725
按机构从事的国民经济行业分组				
科学研究和技术服务业	116893	977	751891	199735
研究和试验发展	85467	633	493437	139594
专业技术服务业	26626	332	241705	58190
科技推广和应用服务业	4800	12	16749	1951
按机构服务的国民经济行业分组				
农、林、牧、渔业	36235	103	130821	20312
农业	19720	41	48805	8454
林业	3348	8	14799	1128
渔业	3450	19	20508	3224
农、林、牧、渔专业及辅助性活动	9717	35	46709	7506

2-8 续表 1

指标名称	科学仪器设备数量（台/套）	单台原值≥ 100 万元	科学仪器设备原值（万元）	单台原值≥ 100 万元
制造业	14603	122	86733	25539
农副食品加工业	1005	11	5282	2067
食品制造业	8	1	405	150
酒、饮料和精制茶制造业	461	3	1037	628
纺织服装、服饰业	568		5915	
皮革、毛皮、羽毛及其制品和制鞋业	3705	14	12482	3054
文教、工美、体育和娱乐用品制造业	5		3	
化学原料和化学制品制造业	544	2	2676	340
医药制造业	637	15	4708	3703
非金属矿物制品业	1		31	
通用设备制造业	300	11	4899	1657
专用设备制造业	3143	24	20414	6111
汽车制造业	20		149	
计算机、通信和其他电子设备制造业	34	4	1187	650
仪器仪表制造业	3429	33	25202	6135
其他制造业	743	4	2346	1043
电力、热力、燃气及水生产和供应业	337		567	
电力、热力生产和供应业	337		567	
批发和零售业	526		4303	
批发业	526		4303	
交通运输、仓储和邮政业	1200		7679	
道路运输业	1200		7679	
信息传输、软件和信息技术服务业	217		319	
软件和信息技术服务业	217		319	
租赁和商务服务业	4		103	
商务服务业	4		103	
科学研究和技术服务业	53503	687	433439	141510
研究和试验发展	28905	355	233764	83613
专业技术服务业	21360	309	157194	53483
科技推广和应用服务业	3238	23	42481	4415
水利、环境和公共设施管理业	9335	54	79053	10643
水利管理业	3910	34	21537	6559
生态保护和环境治理业	5425	20	57516	4084

2-8 续表 2

指标名称	科学仪器设备数量（台 / 套）	单台原值≥ 100 万元	科学仪器设备原值（万元）	单台原值≥ 100 万元
卫生和社会工作	703	8	6091	1381
卫生	703	8	6091	1381
文化、体育和娱乐业	194	3	2749	350
文化艺术业	3		24	
体育	191	3	2725	350
公共管理、社会保障和社会组织	36		34	
国家机构	36		34	
按机构所属学科分组				
自然科学领域	15876	226	135436	51897
数学	1381	2	4926	251
信息科学与系统科学	2318	5	6123	941
力学	1020	10	4559	1870
化学	5971	78	32997	14928
地球科学	4770	131	85944	33907
生物学	416		888	
农业科学领域	40340	135	155782	27066
农学	30781	104	111181	22108
林学	4923	12	19950	1734
水产学	4636	19	24650	3224
医学科学领域	7130	92	66053	19165
基础医学	1826	16	15745	3826
临床医学	26	1	292	279
预防医学与公共卫生学	3338	24	19696	5027
药学	1275	43	24865	8652
中医学与中药学	665	8	5454	1381
工程科学与技术领域	50982	521	379670	101257
工程与技术科学基础学科	3544	46	26407	9640
信息与系统科学相关工程与技术	921	20	31688	6424
自然科学相关工程与技术	449	2	3924	447
测绘科学技术	987	4	5459	892
材料科学	13511	168	88758	36073
机械工程	5462	71	31734	11790
动力与电气工程	1037	2	4056	513

2-8 续表 3

指标名称	科学仪器设备数量（台/套）	单台原值≥100万元	科学仪器设备原值（万元）	单台原值≥100万元
能源科学技术	15		55	
电子与通信技术	781	10	5697	1580
计算机科学技术	75		174	
化学工程	1063		6458	
产品应用相关工程与技术	5603	38	39776	6843
纺织科学技术	1192	4	10952	700
食品科学技术	4112	94	30323	14623
土木建筑工程	468		706	
水利工程	4241	34	22085	6559
交通运输工程	1200		7679	
航空、航天科学技术	144	1	810	129
环境科学技术及资源科学技术	5226	23	57331	4296
安全科学技术	662	4	4949	750
管理学	289		648	
社会、人文科学领域	2565	3	14950	350
马克思主义	211		886	
艺术学	5		3	
考古学	111		306	
经济学	214		914	
社会学	940		2632	
图书馆、情报与文献学	893		7486	
体育科学	191	3	2725	350
按机构从业人员规模分组				
≥1000人	7317	31	37958	6900
500～999人	27599	281	201891	66424
300～499人	13250	144	73712	23736
200～299人	13262	123	95587	24114
100～199人	18566	165	124253	33630
50～99人	24861	169	164213	33637
30～49人	6450	27	23869	4427
20～29人	3139	28	19067	5383
10～19人	1366	9	8238	1484
0～9人	1083		3104	

2–9　科学研究和技术服务业事业单位课题概况（2019）

指标名称	课题数（个）	#R&D 课题	课题经费内部支出（万元）	# 政府资金	#R&D 课题经费	课题人员折合全时工作量（人年）	#R&D 课题人员折合全时工作量
总计	**6130**	**4458**	**337388**	**221346**	**251337**	**11444**	**8856**
按地域分组							
杭州市	2841	1886	163792	120350	102934	5491	3990
宁波市	1457	1240	97283	47635	90577	2269	1988
温州市	801	594	22199	14445	19402	1485	1335
嘉兴市	177	85	13589	7224	6726	742	356
湖州市	181	116	3955	3238	2672	145	89
绍兴市	50	40	2117	461	1859	93	68
金华市	90	73	3675	2527	2976	208	181
衢州市	60	52	3855	3469	3557	168	156
舟山市	213	153	11684	10501	8350	302	242
台州市	148	124	6330	4032	5090	225	180
丽水市	112	95	8908	7463	7193	316	272
按隶属关系分组							
中央部门属	1732	1446	116335	68340	100877	2343	2032
中国科学院	951	922	63135	27748	61086	1074	1038
地方部门属	4398	3012	221053	153006	150461	9101	6825
省级部门属	2370	1498	111173	74698	61530	4158	2912
副省级城市属	407	226	23819	22768	17236	643	423
地市级部门属	731	615	23631	12719	20965	1499	1315
按课题来源分组							
国家科技项目	1453	1306	91412	72920	85282	2456	2181
地方科技项目	3041	2131	130785	104956	101311	4947	3770
企业委托科技项目	923	523	42232	8308	21345	1338	810
自选科技项目	398	314	34549	24099	30040	1897	1645
国际合作科技项目	13	12	259	190	229	15	12
其他科技项目	302	172	38152	10873	13131	791	438
按课题的活动类型分组							
基础研究	764	764	25942	16809	25942	1016	1016
应用研究	1469	1469	93899	68270	93899	2817	2817
试验发展	2225	2225	131496	88925	131496	5023	5023
研究与试验发展成果应用	673		27986	21404		1177	
技术推广与科技服务	999		58064	25939		1411	
按课题所属学科分组							
自然科学领域	805	567	60244	43355	48310	1429	1150

2-9 续表 1

指标名称	课题数（个）	#R&D 课题	课题经费内部支出（万元）	# 政府资金	#R&D 课题经费	课题人员折合全时工作量（人年）	#R&D 课题人员折合全时工作量
信息科学与系统科学	59	39	6489	2388	4945	227	137
力学	1	1	18	18	18	1	1
物理学	16	16	6313	5870	6313	168	168
化学	90	80	4073	1811	3805	181	167
地球科学	452	272	36598	28330	27671	508	386
生物学	187	159	6753	4937	5557	344	292
农业科学领域	2204	1493	68356	63541	49793	3105	2334
农学	1438	1010	42870	40025	31741	2096	1594
林学	217	153	7783	7753	6418	453	339
畜牧、兽医科学	136	98	3607	3326	2794	222	177
水产学	413	232	14095	12437	8840	335	224
医学科学领域	282	266	16106	12281	13272	649	591
基础医学	63	60	3469	3285	3027	116	108
临床医学	45	45	2040	918	2040	117	117
预防医学与公共卫生学	51	47	3628	2143	1725	120	90
军事医学与特种医学	1	1	14		14	2	2
药学	60	58	3720	3329	3700	171	170
中医学与中药学	62	55	3235	2607	2766	123	104
工程科学与技术领域	2604	2062	177204	92318	128556	5843	4553
工程与技术科学基础学科	41	37	3001	1741	2882	143	138
信息与系统科学相关工程与技术	57	40	4855	4413	4126	420	384
自然科学相关工程与技术	74	69	3823	2054	3469	282	273
测绘科学技术	24	14	2702	1361	1680	133	60
材料科学	1078	1026	68904	30069	65850	1415	1326
矿山工程技术	2		121	121		6	
机械工程	173	155	10929	5332	10182	557	525
动力与电气工程	55	52	3469	1816	3343	106	102
能源科学技术	68	48	4161	1972	2743	151	125
电子与通信技术	38	25	4154	3307	1296	158	70
计算机科学技术	94	66	10987	8434	9341	506	356
化学工程	14	12	387	233	332	36	14
产品应用相关工程与技术	119	111	3939	1026	3782	227	215
纺织科学技术	37	27	2395	312	2054	80	71
食品科学技术	100	81	5454	3377	4970	240	217
土木建筑工程	5	4	228	102	194	8	5
水利工程	132	77	24384	7341	1514	414	129
交通运输工程	38	19	1496	1369	1112	87	42

2–9 续表 2

指标名称	课题数（个）	#R&D课题	课题经费内部支出（万元）	# 政府资金	#R&D课题经费	课题人员折合全时工作量（人年）	#R&D 课题人员折合全时工作量
航空、航天科学技术	5	5	1115	984	1115	36	36
环境科学技术及资源科学技术	301	151	15162	13596	6663	549	329
安全科学技术	36	20	1161	543	720	100	56
管理学	113	23	4375	2814	1188	192	80
社会、人文科学领域	235	70	15478	9851	11407	419	229
马克思主义	8	8	1081	1081	1081	43	43
艺术学	3	1	17	12	6	1	
历史学	1	1	33	33	33	1	1
考古学	41	30	8680	3822	8392	152	147
经济学	119	3	2905	2277	109	111	5
政治学	2	1	100	100	100	4	4
社会学	46	26	2094	2073	1686	69	29
新闻学与传播学	1		14			1	
图书馆、情报与文献学	10		542	442		37	
体育科学	2		9	9		1	
统计学	2		2	2			
按课题的技术领域分组							
非技术领域	202	67	6601	6175	3708	244	117
信息技术	222	168	27217	20529	23400	1246	996
生物和现代农业技术	2146	1563	65090	59024	51819	3307	2657
新材料技术	1108	1061	71416	31249	68724	1491	1409
能源技术	58	39	4827	2460	3437	173	148
激光技术	27	24	1873	1081	1809	121	115
先进制造与自动化技术	276	242	18472	9427	15001	821	667
航天技术	6	6	901	781	901	36	36
资源与环境技术	901	500	58141	46549	36659	1247	783
其他技术领域	1184	788	82849	44071	45879	2758	1929
按课题的社会经济目标分组							
环境保护、生态建设及污染防治	501	268	31071	19228	10509	973	548
环境一般问题	18	13	560	353	428	29	23
环境与资源评估	88	19	1745	1692	520	86	34
环境监测	97	53	3732	1571	1651	139	78
生态建设	110	58	8140	5870	1884	235	120
环境污染预防	69	44	4770	3834	1704	162	101
环境治理	93	69	11437	5707	4072	287	173
自然灾害的预防、预报	26	12	687	200	251	35	20
能源生产、分配和合理利用	98	66	7436	3321	5865	267	230

2-9 续表 3

指标名称	课题数（个）	#R&D 课题	课题经费内部支出（万元）	# 政府资金	#R&D 课题经费	课题人员折合全时工作量（人年）	#R&D 课题人员折合全时工作量
能源一般问题研究	12	9	513	145	357	23	19
能源转换技术	3	3	186	86	186	16	16
能源输送、储存与分配技术	12	10	797	549	719	34	29
可再生能源	26	23	3048	1539	2733	70	67
能源设施和设备建造	27	8	1764	449	1024	79	63
能源安全生产管理和技术	2	1	524	67	452	17	14
节约能源的技术	14	12	560	485	395	27	23
能源生产、输送、分配、储存、利用过程中污染的防治与处理	2		45	1		1	
卫生事业发展	332	309	17611	12573	14749	887	796
卫生一般问题	29	29	1345	806	1345	46	46
诊断与治疗	136	133	4776	2805	4681	341	333
预防医学	24	21	1201	1192	759	46	38
公共卫生	21	19	1204	875	771	57	47
营养和食品卫生	36	31	1342	922	1038	73	60
药物滥用和成瘾	12	12	1190	1190	1190	24	24
社会医疗	5	3	422	19	210	17	11
卫生医疗其他研究	69	61	6131	4763	4755	284	236
基础设施以及城市和农村规划	124	42	5801	3861	1933	269	79
交通运输	62	27	1714	1306	1100	122	50
通信	6	1	557	557	50	19	6
广播与电视	1		23	23		2	
城市规划与市政工程	18	5	1638	1145	540	72	10
农村发展规划与建设	31	8	1387	830	208	50	12
交通运输、通信、城市与农村发展对环境的影响	6	1	483	1	35	4	1
基础社会发展和社会服务	384	171	25814	14191	18537	855	540
社会发展和社会服务一般问题	121	28	4523	2318	2798	173	102
社会保障	13	7	1188	125	92	27	12
公共安全	59	39	2099	1014	1593	150	102
社会管理	7	3	347	228	104	40	15
就业	1		1	1			
政府与政治	5	4	563	563	477	18	14
遗产保护	44	33	8718	3861	8430	154	149
语言与文化	2	1	45	45	33	1	1
传媒	1		82	82		1	
科技发展	79	25	4597	3397	2622	196	95
国土资源管理	5	3	472	121	351	14	9

2-9 续表 4

指标名称	课题数（个）	#R&D课题	课题经费内部支出（万元）	# 政府资金	#R&D课题经费	课题人员折合全时工作量（人年）	#R&D 课题人员折合全时工作量
其他社会发展和社会服务	47	28	3180	2436	2036	82	42
地球和大气层的探索与利用	405	283	45167	31135	28083	610	432
地壳、地幔、海底的探测和研究	63	55	5514	5328	5328	74	71
水文地理	56	34	12051	3756	569	195	65
海洋	245	159	26053	20567	20750	278	239
大气	30	29	1269	1265	1265	49	49
地球探测和开发其他研究	11	6	279	220	171	14	9
民用空间探测及开发	22	22	1986	1566	1986	82	82
飞行器和运载工具研制	4	4	896	776	896	26	26
发射与控制系统	2	2	737	524	737	25	25
卫星服务	14	14	287	266	287	15	15
空间探测和开发其他研究	2	2	67		67	16	16
农林牧渔业发展	2233	1560	70821	66331	51886	3184	2417
农林牧渔业发展一般问题	200	142	6278	5615	3275	337	242
农作物种植及培育	866	660	31963	30444	26066	1339	1103
林业和林产品	174	126	5809	5770	4647	315	234
畜牧业	126	92	3392	3220	2731	215	171
渔业	335	187	11221	10428	7149	283	186
农林牧渔业体系支撑	491	331	10762	9508	7187	636	442
农林牧渔业生产中污染的防治与处理	41	22	1396	1346	830	60	38
工商业发展	1780	1538	108313	50862	95247	3103	2549
促进工商业发展的一般问题	50	20	1652	936	924	102	54
产业共性技术	866	840	62818	28952	60527	1078	1040
食品、饮料和烟草制品业	77	46	1694	1268	1299	103	71
纺织业、服装及皮革制品业	22	20	303	66	263	28	27
化学工业	35	31	1515	341	1495	79	77
非金属与金属制品业	21	18	400	170	343	74	48
机械制造业（不包括电子设备、仪器仪表及办公机械）	142	131	8163	3978	7750	303	281
电子设备、仪器仪表及办公机械	98	87	3826	822	2925	212	139
其他制造业	58	49	3879	2624	3278	175	92
热力、水的生产和供应	11	10	632	16	134	12	8
建筑业	10	6	845	43	484	20	11
信息与通信技术（ICT）服务业	27	17	1258	864	910	78	47
技术服务业	336	246	19953	10047	13767	784	609
金融业	2	1	34	34	33	1	1
商业及其他服务业	13	8	671	160	600	35	31

指标名称	课题数（个）	#R&D课题	课题经费内部支出（万元）	#政府资金	#R&D课题经费	课题人员折合全时工作量（人年）	#R&D课题人员折合全时工作量
工商业活动中的环境保护、污染防治与处理	12	8	671	542	516	21	14
非定向研究	123	123	7679	4059	7679	221	221
自然科学领域的非定向研究	91	91	6174	2719	6174	142	142
工程与技术科学领域的非定向研究	14	14	253	98	253	21	21
医学科学领域的非定向研究	9	9	368	359	368	18	18
社会科学领域的非定向研究	9	9	883	883	883	40	40
其他民用目标	125	73	15682	14212	14857	977	945
国防	3	3	6	6	6	18	18
按课题合作形式分组							
独立完成	4505	3319	201518	121495	152526	6859	5324
与境内独立研究机构合作	353	280	21340	18128	17889	893	758
与境内高等学校合作	408	319	29250	24178	26611	1449	1305
与境内注册其他企业合作	365	234	22439	14981	17430	795	545
与境外机构合作	23	20	1085	903	770	45	40
其他	476	286	61754	41661	36112	1403	885
按课题服务的国民经济行业分组							
农、林、牧、渔业	1775	1210	65224	60677	47155	2575	1918
农业	942	691	37141	35352	28576	1507	1161
林业	170	123	5978	5958	4948	303	224
畜牧业	109	79	3048	2794	2352	188	148
渔业	348	197	12082	10527	7458	273	182
农、林、牧、渔专业及辅助性活动	206	120	6974	6046	3820	305	204
采矿业	7	4	239	87	183	18	17
石油和天然气开采业	5	3	192	87	143	16	15
黑色金属矿采选业	1		7				
开采专业及辅助性活动	1	1	41		41	2	2
制造业	862	705	49116	27082	41873	2294	1920
农副食品加工业	116	78	2107	1796	1559	116	85
食品制造业	21	15	917	638	579	42	30
酒、饮料和精制茶制造业	50	19	1017	558	350	119	55
烟草制品业	1	1	5	5	5	2	2
纺织业	17	12	1076	204	838	32	27
纺织服装、服饰业	7	5	1042	430	987	27	26
皮革、毛皮、羽毛及其制品和制鞋业	22	19	411	170	347	29	26
木材加工和木、竹、藤、棕、草制品业	19	14	619	235	447	31	21

2-9 续表 6

指标名称	课题数（个）	#R&D课题	课题经费内部支出（万元）	# 政府资金	#R&D课题经费	课题人员折合全时工作量（人年）	#R&D 课题人员折合全时工作量
造纸和纸制品业	2		60	50		2	
印刷和记录媒介复制业	1	1	39		39	4	4
文教、工美、体育和娱乐用品制造业	3	2	34	5	29	3	3
石油、煤炭及其他燃料加工业	2	1	107	9	9	2	
化学原料和化学制品制造业	59	53	4149	1355	3977	168	163
医药制造业	93	80	3235	2183	2926	219	196
化学纤维制造业	4	3	110	72	100	7	6
橡胶和塑料制品业	11	11	263	136	263	16	16
非金属矿物制品业	21	16	700	236	345	35	27
有色金属冶炼和压延加工业	7	6	87	29	68	8	7
金属制品业	17	14	969	90	891	98	72
通用设备制造业	110	106	6204	3377	6106	257	248
专用设备制造业	47	45	5945	4614	5925	196	195
汽车制造业	22	22	534	86	534	45	45
铁路、船舶、航空航天和其他运输设备制造业	14	13	1343	662	1335	68	65
电气机械和器材制造业	30	25	2632	1206	2483	105	91
计算机、通信和其他电子设备制造业	37	25	6265	3767	3041	363	236
仪器仪表制造业	92	89	2645	744	2599	139	136
其他制造业	31	27	6516	4345	6054	152	135
废弃资源综合利用业	5	2	70	70	25	7	2
金属制品、机械和设备修理业	1	1	11	10	11	1	1
电力、热力、燃气及水生产和供应业	70	33	4289	1581	1490	132	84
电力、热力生产和供应业	50	15	3757	1405	1020	85	39
燃气生产和供应业	10	10	294		294	32	32
水生产和供应业	10	8	238	176	176	16	13
建筑业	21	12	1267	645	782	38	20
房屋建筑业	4	2	303	303	137	8	4
土木工程建筑业	15	9	945	323	629	26	14
建筑装饰、装修和其他建筑业	2	1	19	19	16	4	3
批发和零售业	7	6	97	31	97	10	9
批发业	3	3	82	31	82	4	4
零售业	4	3	15		15	7	5
交通运输、仓储和邮政业	52	28	2977	2287	2536	139	94
道路运输业	36	17	1021	908	592	74	32
水上运输业	5	2	121	120	113	8	5
航空运输业	3	3	930	930	930	28	28

2-9 续表 7

指标名称	课题数（个）	#R&D课题	课题经费内部支出（万元）	#政府资金	#R&D课题经费	课题人员折合全时工作量（人年）	#R&D课题人员折合全时工作量
管道运输业	1	1	110		110	7	7
多式联运和运输代理业	3	2	330	330	329	8	8
装卸搬运和仓储业	4	3	465		463	14	14
住宿和餐饮业	1	1	12		12	1	1
餐饮业	1	1	12		12	1	1
信息传输、软件和信息技术服务业	130	92	13198	11731	11615	734	604
电信、广播电视和卫星传输服务	1	1	20		20	1	1
互联网和相关服务	14	10	2680	2529	2622	254	250
软件和信息技术服务业	115	81	10498	9202	8973	479	353
金融业	2		334			7	
资本市场服务	2		334			7	
房地产业	1	1	33		33	4	4
租赁和商务服务业	3	2	57	10	41	5	4
商务服务业	3	2	57	10	41	5	4
科学研究和技术服务业	2529	1993	149761	87610	120490	3997	3208
研究和试验发展	1585	1585	101676	65338	101676	2277	2277
专业技术服务业	706	347	41086	17634	17493	1357	839
科技推广和应用服务业	238	61	6998	4639	1321	363	92
水利、环境和公共设施管理业	418	230	30987	18506	9653	880	490
水利管理业	78	46	13740	4303	1451	223	69
生态保护和环境治理业	321	174	16539	13600	7837	627	402
公共设施管理业	19	10	708	603	365	31	19
居民服务、修理和其他服务业	1		9	9		1	
其他服务业	1		9	9		1	
教育	1		15			12	
卫生和社会工作	103	91	8029	4358	5197	289	238
卫生	102	90	8020	4350	5188	289	238
社会工作	1	1	8	8	8	1	1
文化、体育和娱乐业	44	30	8539	3681	8235	154	148
文化艺术业	42	30	8530	3672	8235	152	148
体育	2		9	9		1	
公共管理、社会保障和社会组织	102	19	3125	3049	1866	150	96
中国共产党机关	4	4	465	465	465	22	22
国家机构	87	14	2621	2556	1390	112	73
社会保障	1	1	12		12	1	1
群众团体、社会团体和其他成员组织	10		27	27		14	
国际组织	1	1	80		80	3	3

2–10 科学研究和技术服务业事业单位课题经费内部支出按活动类型分（2019）

单位：万元

指标名称	课题经费内部支出	基础研究	应用研究	试验发展	R&D 成果应用	科技服务
总计	**337388**	**25942**	**93899**	**131496**	**27986**	**58065**
按机构所属地域分组						
杭州市	163792	16918	43694	42322	12207	48651
宁波市	97283	8369	36044	46164	3684	3021
温州市	22199	397	6101	12905	1184	1612
嘉兴市	13589	68	1295	5363	4272	2592
湖州市	3955	191	411	2070	1021	262
绍兴市	2117		637	1222	191	66
金华市	3675		290	2686	261	438
衢州市	3856		886	2671	213	86
舟山市	11684		2887	5464	2622	712
台州市	6330		329	4761	1186	53
丽水市	8908		1325	5868	1145	571
按机构所属隶属关系分组						
中央部门属	116335	11976	58346	30555	4810	10649
中国科学院	63135	8221	30530	22335	1462	587
地方部门属	221053	13966	35553	100942	23176	47416
省级部门属	111173	13429	16317	31784	10080	39563
副省级城市属	23819	35	4190	13011	4010	2573
地市级部门属	23631	20	5817	15129	1710	955
按课题来源分组						
国家科技项目	91412	14976	44369	25937	3917	2213
地方科技项目	130785	4829	33779	62704	15726	13748
企业委托科技项目	42232		3373	17972	3760	17127
自选科技项目	34549	885	7620	21535	3955	553
国际合作科技项目	259	11	61	157	30	
其他科技项目	38152	5241	4698	3191	598	24423
按课题所属学科分组						
自然科学领域	60244	3497	29045	15768	1302	10632
信息科学与系统科学	6489	30	394	4522	708	836
力学	18			18		
物理学	6313		1877	4436		

单位：万元

指标名称	课题经费内部支出	基础研究	应用研究	试验发展	R&D 成果应用	科技服务
化学	4073	13	1248	2544	130	137
地球科学	36598	2887	23836	948	112	8815
生物学	6753	567	1691	3300	352	844
农业科学领域	68356	2680	9911	37201	13275	5288
农学	42870	1522	6807	23412	7912	3217
林学	7783	859	730	4829	755	611
畜牧、兽医科学	3607	95	233	2466	662	151
水产学	14096	205	2141	6494	3947	1309
医学科学领域	16106	2206	5579	5487	748	2086
基础医学	3469	708	1206	1112	442	
临床医学	2040	809	989	242		
预防医学与公共卫生学	3628	221	903	601	78	1824
军事医学与特种医学	14			14		
药学	3720	225	1237	2237	2	19
中医学与中药学	3235	242	1243	1281	226	243
工程科学与技术领域	177204	8452	47069	73035	11728	36920
工程与技术科学基础学科	3001	14	920	1949		119
信息与系统科学相关工程与技术	4855	5	30	4090	303	427
自然科学相关工程与技术	3824		2300	1169	74	281
测绘科学技术	2702			1680	965	56
材料科学	68904	8246	30529	27074	1693	1362
矿山工程技术	121					121
机械工程	10929		1351	8831	663	85
动力与电气工程	3469		1211	2132	126	
能源科学技术	4161		421	2322	383	1035
电子与通信技术	4154		1078	218	2742	116
计算机科学技术	10987	47	1147	8147	971	675
化学工程	387		217	115	50	5
产品应用相关工程与技术	3939		622	3160	132	25
纺织科学技术	2395		1156	898	327	14
食品科学技术	5455	5	1773	3192	281	203
土木建筑工程	228		106	88		34
水利工程	24384	79	773	662	1201	21669
交通运输工程	1496		468	644		384
航空、航天科学技术	1115			1115		
环境科学技术及资源科学技术	15162	38	2143	4482	1386	7113
安全科学技术	1161		144	576	115	327

2–10 续表 2

单位：万元

指标名称	课题经费内部支出	基础研究	应用研究	试验发展	R&D 成果应用	科技服务
管理学	4376	18	682	489	317	2870
社会、人文科学领域	15478	9107	2294	6	932	3139
马克思主义	1081	705	376			
艺术学	17			6		12
历史学	33		33			
考古学	8680	8392			103	185
经济学	2905		109		292	2505
政治学	100		100			
社会学	2094	10	1676		25	382
新闻学与传播学	14					14
图书馆、情报与文献学	542				512	30
体育科学	9					9
统计学	2					2
按课题的技术领域分组						
非技术领域	6601	725	2839	144	95	2799
信息技术	27217	78	4762	18560	2819	998
生物和现代农业技术	65090	3347	12523	35949	9416	3855
新材料技术	71416	8361	31123	29241	1719	973
能源技术	4827		623	2815	355	1035
激光技术	1873		788	1021	63	2
先进制造与自动化技术	18472		960	14041	2629	843
航天技术	901	4		897		
资源与环境技术	58141	2911	26508	7240	4601	16882
其他技术领域	82849	10516	13775	21589	6292	30678
按课题的社会经济目标分组						
环境保护、生态建设及污染防治	31071	217	3778	6515	2924	17637
环境一般问题	561	84	145	200	124	9
环境与资源评估	1745	3	141	375	154	1071
环境监测	3732	50	740	861	882	1199
生态建设	8140	20	1082	782	471	5785
环境污染预防	4770	3	434	1266	489	2577
环境治理	11437	57	1052	2963	576	6789
自然灾害的预防、预报	687		184	67	228	207
能源生产、分配和合理利用	7436	47	1211	4607	574	997
能源一般问题研究	513	13	59	285		157
能源转换技术	186		38	148		
能源输送、储存与分配技术	797			719	9	69

2-10 续表 3

单位：万元

指标名称	课题经费内部支出	基础研究	应用研究	试验发展	R&D 成果应用	科技服务
可再生能源	3048	34	693	2007	304	10
能源设施和设备建造	1764		422	602	102	638
能源安全生产管理和技术	524			452		72
节约能源的技术	561			395	130	36
能源生产、输送、分配、储存、利用过程中污染的防治与处理	45				30	15
卫生事业发展	17611	2243	6845	5662	1202	1661
卫生一般问题	1345	236	355	753		
诊断与治疗	4776	1452	2512	717	95	
预防医学	1201	105	529	125	442	
公共卫生	1204	169	395	206	3	431
营养和食品卫生	1342		507	531	10	294
药物滥用和成瘾	1190		323	868		
社会医疗	422		58	151		213
卫生医疗其他研究	6131	280	2166	2310	651	724
基础设施以及城市和农村规划	5801		703	1230	1128	2741
交通运输	1714		478	622	21	593
通信	557			50	68	439
广播与电视	23					23
城市规划与市政工程	1638		17	523	957	142
农村发展规划与建设	1387		208		83	1096
交通运输、通信、城市与农村发展对环境的影响	483			35		448
基础社会发展和社会服务	25814	8589	4043	5904	1151	6127
社会发展和社会服务一般问题	4523		449	2350	9	1716
社会保障	1188		82	10	46	1050
公共安全	2099	17	651	925	114	391
社会管理	347		104		110	133
就业	1					1
政府与政治	563	150	327			86
遗产保护	8719	8392	33	6	103	185
语言与文化	45		33			12
传媒	82					82
科技发展	4597	30	360	2232	41	1934
国土资源管理	472			351		121
其他社会发展和社会服务	3180		2005	31	728	416
地球和大气层的探索与利用	45167	2659	23976	1449	213	16870
地壳、地幔，海底的探测和研究	5514	518	4811			185

2-10　续表 4　　单位：万元

指标名称	课题经费内部支出	基础研究	应用研究	试验发展	R&D 成果应用	科技服务
水文地理	12051	99	141	329	112	11370
海洋	26053	1888	18012	851	23	5280
大气	1269	148	915	203		5
地球探测和开发其他研究	279	6	98	67	78	30
民用空间探测及开发	1986	83	110	1793		
飞行器和运载工具研制	896			896		
发射与控制系统	737			737		
卫星服务	287	83	110	94		
空间探测和开发其他研究	67			67		
农林牧渔业发展	70821	2832	9354	39700	12524	6411
农林牧渔业发展一般问题	6278	30	496	2750	1761	1241
农作物种植及培育	31964	1294	5306	19466	4582	1315
林业和林产品	5809	776	239	3633	747	416
畜牧业	3392	121	223	2387	539	122
渔业	11221	209	1023	5918	2763	1309
农林牧渔业体系支撑	10762	390	1794	5003	1632	1943
农林牧渔业生产中污染的防治与处理	1396	12	276	543	500	66
工商业发展	108313	7715	33608	53925	7912	5154
促进工商业发展的一般问题	1652		467	457	89	639
产业共性技术	62818	7638	25030	27859	1763	528
食品、饮料和烟草制品业	1694	29	248	1023	234	161
纺织业、服装及皮革制品业	303		157	106	40	
化学工业	1515		223	1273	5	15
非金属与金属制品业	400	33	26	284	37	20
机械制造业（不包括电子设备、仪器仪表及办公机械）	8163		1677	6072	323	90
电子设备、仪器仪表及办公机械	3826		714	2211	901	
其他制造业	3879		269	3010	270	331
热力、水的生产和供应	632		35	100	498	
建筑业	845		35	449	358	3
信息与通信技术（ICT）服务业	1258		43	867	142	206
技术服务业	19953	14	4219	9533	3169	3016
金融业	34		33			1
商业及其他服务业	671			600		71
工商业活动中的环境保护、污染防治与处理	671		434	82	84	72
非定向研究	7679	1512	6167			
自然科学领域的非定向研究	6174	714	5460			

2-10　续表 5

单位：万元

指标名称	课题经费内部支出	基础研究	应用研究	试验发展	R&D 成果应用	科技服务
工程与技术科学领域的非定向研究	253	5	248			
医学科学领域的非定向研究	368	210	159			
社会科学领域的非定向研究	883	583	300			
其他民用目标	15682	43	4104	10711	358	467
国防	6	4		2		
按课题的合作形式分组						
独立完成	201518	22903	53156	76468	17767	31225
与境内独立研究机构合作	21340	1442	2804	13643	1690	1761
与境内高等学校合作	29250	293	8116	18202	1785	854
与境内注册其他企业合作	22439		3099	14331	2567	2443
与境外机构合作	1085	66	155	550	306	10
其他	61754	1238	26570	8304	3871	21771
按课题服务的国民经济行业分组						
农、林、牧、渔业	65224	2195	8789	36171	12301	5769
农业	37141	863	5711	22003	6569	1996
林业	5978	776	298	3875	517	513
畜牧业	3048	97	168	2087	604	92
渔业	12082	77	1690	5691	3539	1086
农、林、牧、渔专业及辅助性活动	6974	382	922	2515	1072	2082
采矿业	239			183		56
石油和天然气开采业	192			143		49
黑色金属矿采选业	7					7
开采专业及辅助性活动	41			41		
制造业	49116	221	8369	33284	5571	1672
农副食品加工业	2107		250	1308	351	198
食品制造业	917		286	293	46	293
酒、饮料和精制茶制造业	1017	2	81	266	255	413
烟草制品业	5			5		
纺织业	1077		531	308	238	
纺织服装、服饰业	1042		564	424	55	
皮革、毛皮、羽毛及其制品和制鞋业	411		269	79	59	5
木材加工和木、竹、藤、棕、草制品业	619	67	119	262	171	
造纸和纸制品业	60				60	
印刷和记录媒介复制业	39			39		
文教、工美、体育和娱乐用品制造业	34		19	10		5

2-10 续表 6

单位：万元

指标名称	课题经费内部支出	基础研究	应用研究	试验发展	R&D 成果应用	科技服务
石油、煤炭及其他燃料加工业	107		9			98
化学原料和化学制品制造业	4150		801	3175	112	61
医药制造业	3235	89	1855	982	262	47
化学纤维制造业	110		20	80	10	
橡胶和塑料制品业	263		120	143		
非金属矿物制品业	700	13	107	225	267	89
有色金属冶炼和压延加工业	87		6	62	19	
金属制品业	969	5		886	18	60
通用设备制造业	6204		1482	4625	98	
专用设备制造业	5945	26	184	5715	21	
汽车制造业	534		287	247		
铁路、船舶、航空航天和其他运输设备制造业	1343	4	3	1328		8
电气机械和器材制造业	2633		173	2310	110	40
计算机、通信和其他电子设备制造业	6265		517	2524	2937	287
仪器仪表制造业	2645	14	408	2178	46	
其他制造业	6516		280	5775	393	69
废弃资源综合利用业	70			25	45	
金属制品、机械和设备修理业	11			11		
电力、热力、燃气及水生产和供应业	4289		404	1086	922	1877
电力、热力生产和供应业	3757		362	657	922	1815
燃气生产和供应业	294			294		
水的生产和供应业	238		42	135		62
建筑业	1267		216	567	355	130
房屋建筑业	303			137	130	36
土木工程建筑业	945		216	414	225	91
建筑装饰、装修和其他建筑业	19			16		3
批发和零售业	97		87	10		
批发业	82		82			
零售业	15		4	10		
交通运输、仓储和邮政业	2977		790	1746	50	391
道路运输业	1021		398	194	48	382
水上运输业	121		113			8
航空运输业	930			930		
管道运输业	110		110			
多式联运和运输代理业	330		169	160		1

2-10　续表 7

单位：万元

指标名称	课题经费内部支出	基础研究	应用研究	试验发展	R&D 成果应用	科技服务
装卸搬运和仓储业	465			463	3	
住宿和餐饮业	12			12		
餐饮业	12			12		
信息传输、软件和信息技术服务业	13198	38	4077	7500	933	650
电信、广播电视和卫星传输服务	20			20		
互联网和相关服务	2680	5	6	2610	17	42
软件和信息技术服务业	10498	32	4071	4870	916	609
金融业	334					334
资本市场服务	334					334
房地产业	33		33			
租赁和商务服务业	57			41		16
商务服务业	57			41		16
科学研究和技术服务业	149761	12940	65495	42055	5040	24231
研究和试验发展	101676	12646	59465	29565		
专业技术服务业	41086	256	5627	11610	4241	19353
科技推广和应用服务业	6998	38	402	881	800	4878
水利、环境和公共设施管理业	30987	350	2908	6395	2119	19216
水利管理业	13740	243	429	779	435	11854
生态保护和环境治理业	16539	87	2464	5286	1568	7134
公共设施管理业	708	20	15	330	116	228
居民服务、修理和其他服务业	9					9
其他服务业	9					9
教育	15					15
卫生和社会工作	8029	1302	1567	2328	445	2388
卫生	8021	1294	1567	2328	445	2388
社会工作	8	8				
文化、体育和娱乐业	8539	8172	25	37	103	201
文化艺术业	8530	8172	25	37	103	192
体育	9					9
公共管理、社会保障和社会组织	3125	725	1141		148	1111
中国共产党机关	465	465				
国家机构	2621	260	1130		148	1083
社会保障	12		12			
群众团体、社会团体和其他成员组织	27					27
国际组织	80			80		

2–11 科学研究和技术服务业事业单位课题人员折合全时工作量按活动类型分（2019）

单位：人年

指标名称	课题人员折合全时工作量					
		基础研究	应用研究	试验发展	R&D 成果应用	科技服务
总计	**11444**	**1016**	**2817**	**5023**	**1177**	**1411**
按机构所属地域分组						
杭州市	5491	727	1267	1995	571	930
宁波市	2269	241	743	1004	112	169
温州市	1485	39	436	860	69	81
嘉兴市	742	2	48	306	274	112
湖州市	145	6	23	60	23	33
绍兴市	93		33	35	11	14
金华市	208		34	147	9	19
衢州市	168		56	100	8	3
舟山市	302		93	149	39	22
台州市	225		16	163	34	12
丽水市	316		68	204	28	16
按机构所属隶属关系分组						
中央部门属	2343	455	961	616	124	187
中国科学院	1074	236	529	274	19	16
地方部门属	9101	560	1856	4408	1053	1224
省级部门属	4158	515	842	1556	428	818
副省级城市属	643	1	93	329	89	131
地市级部门属	1499	9	327	979	112	72
按课题来源分组						
国家科技项目	2456	607	812	762	196	79
地方科技项目	4947	207	1295	2268	601	575
企业委托科技项目	1338		145	665	138	391
自选科技项目	1897	80	372	1193	202	50
国际合作科技项目	15	2	3	7	3	
其他科技项目	791	118	191	129	38	316
按课题所属学科分组						
自然科学领域	1429	136	437	576	82	197
信息科学与系统科学	227	2	12	123	47	43
力学	1			1		
物理学	168		29	139		

2-11　续表 1　　单位：人年

指标名称	课题人员折合全时工作量	基础研究	应用研究	试验发展	R&D 成果应用	科技服务
化学	181	1	59	107	9	5
地球科学	508	86	252	48	4	118
生物学	344	47	85	160	22	30
农业科学领域	3105	247	529	1557	474	297
农学	2096	146	400	1048	310	192
林学	453	89	51	200	58	56
畜牧、兽医科学	222	6	20	151	40	5
水产学	335	7	59	158	67	44
医学科学领域	649	114	276	200	20	38
基础医学	116	32	48	28	8	
临床医学	117	47	55	15		
预防医学与公共卫生学	120	11	48	30	4	27
军事医学与特种医学	2			2		
药学	171	10	65	95		1
中医学与中药学	123	14	61	30	8	10
工程科学与技术领域	5843	338	1526	2690	549	741
工程与技术科学基础学科	143	1	37	100		5
信息与系统科学相关工程与技术	420	7	5	372	16	20
自然科学相关工程与技术	282		186	87	7	2
测绘科学技术	133			60	61	12
材料科学	1415	239	562	526	58	30
矿山工程技术	6					6
机械工程	557		58	467	17	15
动力与电气工程	106		45	57	4	
能源科学技术	151		34	91	6	20
电子与通信技术	158		33	37	84	4
计算机科学技术	506	44	125	187	81	69
化学工程	36		10	4	21	1
产品应用相关工程与技术	227		40	175	11	1
纺织科学技术	80		43	28	9	1
食品科学技术	240	1	85	131	14	9
土木建筑工程	8		2	3		3
水利工程	414	42	54	33	45	240
交通运输工程	87		25	17		45
航空、航天科学技术	36			36		
环境科学技术及资源科学技术	549	4	118	207	76	144

2-11 续表 2

单位：人年

指标名称	课题人员折合全时工作量	基础研究	应用研究	试验发展	R&D 成果应用	科技服务
安全科学技术	100		16	40	20	24
管理学	192	2	47	32	20	92
社会、人文科学领域	419	180	49		52	138
马克思主义	43	32	11			
艺术学	1					
历史学	1		1			
考古学	152	147			2	3
经济学	111		5		11	95
政治学	4		4			
社会学	69	1	28		4	36
新闻学与传播学	1					1
图书馆、情报与文献学	37				35	2
体育科学	1					1
按课题技术领域分组						
非技术领域	244	34	76	7	10	117
信息技术	1246	51	252	694	171	79
生物和现代农业技术	3307	292	714	1652	403	246
新材料技术	1491	246	580	583	57	26
能源技术	173		42	106	6	20
激光技术	121		26	89	6	1
先进制造与自动化技术	821		40	626	96	59
航天技术	36	2		34		
资源与环境技术	1247	106	362	316	176	288
其他技术领域	2758	285	727	917	253	576
按课题的社会经济目标分组						
环境保护、生态建设及污染防治	973	28	185	335	139	286
环境一般问题	29	2	6	14	6	0
环境与资源评估	86		16	18	7	45
环境监测	139	3	41	35	11	49
生态建设	235	5	47	68	37	79
环境污染预防	162	1	31	69	25	37
环境治理	287	17	31	124	43	71
自然灾害的预防、预报	35		12	7	11	5
能源生产、分配和合理利用	267	3	64	163	13	23
能源一般问题研究	23	1	14	4		4
能源转换技术	16		2	14		

2-11 续表 3

单位：人年

指标名称	课题人员折合全时工作量	基础研究	应用研究	试验发展	R&D 成果应用	科技服务
能源输送、储存与分配技术	34			29	2	3
可再生能源	70	2	23	43	3	
能源设施和设备建造	79		26	37	5	12
能源安全生产管理和技术	17			14		3
节约能源的技术	27			23	4	1
能源生产、输送、分配、储存、利用过程中污染的防治与处理	1					1
卫生事业发展	887	118	413	265	48	43
卫生一般问题	46	12	16	18		
诊断与治疗	341	74	195	64	8	
预防医学	46	5	27	7	8	
公共卫生	57	8	21	18	1	8
营养和食品卫生	73		29	31	3	9
药物滥用和成瘾	24		8	16		
社会医疗	17		3	8		6
卫生医疗其他研究	284	19	114	104	28	20
基础设施以及城市和农村规划	269		36	43	63	127
交通运输	122		23	27	1	71
通信	19			6	2	11
广播与电视	2					2
城市规划与市政工程	72		1	9	53	9
农村发展规划与建设	50		12		7	31
交通运输、通信、城市与农村发展对环境的影响	4			1		3
基础社会发展和社会服务	855	158	161	221	81	234
社会发展和社会服务一般问题	173		28	74	2	68
社会保障	27		10	2	3	12
公共安全	150	1	37	64	22	26
社会管理	40		15		20	5
政府与政治	18	5	9			4
遗产保护	154	147	1	2	2	3
语言与文化	1		1			
传媒	1					1
科技发展	196	5	22	68	15	87
国土资源管理	14			9		6
其他社会发展和社会服务	82		39	3	17	23
地球和大气层的探索与利用	610	121	253	59	11	166
地壳、地幔，海底的探测和研究	74	19	52			4

2-11 续表 4

单位：人年

指标名称	课题人员折合全时工作量	基础研究	应用研究	试验发展	R&D 成果应用	科技服务
水文地理	195	42	13	11	5	124
海洋	278	54	152	33	1	37
大气	49	7	33	9		
地球探测和开发其他研究	14		4	5	4	1
民用空间探测及开发	82	3	3	76		
飞行器和运载工具研制	26			26		
发射与控制系统	25			25		
卫星服务	15	3	3	9		
空间探测和开发其他研究	16			16		
农林牧渔业发展	3184	255	515	1647	454	313
农林牧渔业发展一般问题	337	5	48	189	54	40
农作物种植及培育	1339	149	220	735	155	81
林业和林产品	315	58	19	158	45	35
畜牧业	215	7	20	144	38	6
渔业	283	7	34	145	49	47
农林牧渔业体系支撑	636	28	156	258	97	97
农林牧渔业生产中污染的防治与处理	60	2	18	18	16	7
工商业发展	3103	221	795	1533	356	198
促进工商业发展的一般问题	102		21	34	8	40
产业共性技术	1078	215	423	401	23	15
食品、饮料和烟草制品业	103	2	25	45	23	9
纺织业、服装及皮革制品业	28		14	13	1	
化学工业	79		21	56	1	1
非金属与金属制品业	74	1	4	43	25	2
机械制造业（不包括电子设备、仪器仪表及办公机械）	303		37	244	19	4
电子设备、仪器仪表及办公机械	212		18	121	73	
其他制造业	175		14	78	51	32
热力、水的生产和供应	12		2	6	4	
建筑业	20		1	10	7	2
信息与通信技术（ICT）服务业	78		7	40	25	6
技术服务业	784	3	201	404	92	83
金融业	1		1			
商业及其他服务业	35			31		4
工商业活动中的环境保护、污染防治与处理	21		8	7	4	2
非定向研究	221	64	157			
自然科学领域的非定向研究	142	24	118			

2-11　续表 5　　　　单位：人年

指标名称	课题人员折合全时工作量	基础研究	应用研究	试验发展	R&D 成果应用	科技服务
工程与技术科学领域的非定向研究	21		21			
医学科学领域的非定向研究	18	11	8			
社会科学领域的非定向研究	40	30	10			
其他民用目标	977	42	237	667	12	20
国防	18	2		16		
按课题的合作形式分组						
独立完成	6859	873	1743	2707	737	798
与境内独立研究机构合作	893	28	164	566	99	37
与境内高等学校合作	1449	54	369	883	56	88
与境内注册其他企业合作	795		105	440	158	92
与境外机构合作	45	2	12	26	4	1
其他	1403	59	424	401	122	395
按课题服务的国民经济行业分组						
农、林、牧、渔业	2575	180	372	1366	390	267
农业	1507	89	231	841	226	120
林业	303	65	30	129	33	46
畜牧业	188	7	19	122	36	4
渔业	273	4	50	127	55	37
农、林、牧、渔专业及辅助性活动	305	15	42	147	41	60
采矿业	18			17		1
石油和天然气开采业	16			15		1
开采专业及辅助性活动	2			2		
制造业	2294	20	395	1505	267	106
农副食品加工业	116		16	69	21	11
食品制造业	42		12	19	3	9
酒、饮料和精制茶制造业	119		17	38	25	38
烟草制品业	2			2		
纺织业	32		17	10	6	
纺织服装、服饰业	27		14	12	1	
皮革、毛皮、羽毛及其制品和制鞋业	29		17	9	2	1
木材加工和木、竹、藤、棕、草制品业	31	8	9	5	9	
造纸和纸制品业	2				2	
印刷和记录媒介复制业	4			4		
文教、工美、体育和娱乐用品制造业	3		1	2		
石油、煤炭及其他燃料加工业	2					2

2-11 续表 6

单位：人年

指标名称	课题人员折合全时工作量	基础研究	应用研究	试验发展	R&D 成果应用	科技服务
化学原料和化学制品制造业	168		34	129	2	4
医药制造业	219	6	102	89	17	6
化学纤维制造业	7		1	5	1	
橡胶和塑料制品业	16		7	9		
非金属矿物制品业	35	1	12	14	5	3
有色金属冶炼和压延加工业	8		1	6	2	
金属制品业	98	2		70	23	3
通用设备制造业	257		47	202	9	
专用设备制造业	196	1	10	184	1	
汽车制造业	45		17	28		
铁路、船舶、航空航天和其他运输设备制造业	68	2	3	60		3
电气机械和器材制造业	105		14	77	7	7
计算机、通信和其他电子设备制造业	363		10	226	114	13
仪器仪表制造业	139	1	16	119	3	
其他制造业	152		18	117	11	6
废弃资源综合利用业	7			2	3	2
金属制品、机械和设备修理业	1			1		
电力、热力、燃气及水生产和供应业	132		22	62	13	36
电力、热力生产和供应业	85		20	19	13	33
燃气生产和供应业	32			32		
水的生产和供应业	16		2	12		2
建筑业	38		4	17	11	7
房屋建筑业	8			4	4	1
土木工程建筑业	26		4	10	7	5
建筑装饰、装修和其他建筑业	4			3		2
批发和零售业	10		7	2		2
批发业	4		4			
零售业	7		3	2		2
交通运输、仓储和邮政业	139		37	57	2	44
道路运输业	74		22	10	1	41
水上运输业	8		5			4
航空运输业	28			28		
管道运输业	7		7			
多式联运和运输代理业	8		3	5		

单位：人年

指标名称	课题人员折合全时工作量	基础研究	应用研究	试验发展	R&D 成果应用	科技服务
装卸搬运和仓储业	14			14		
住宿和餐饮业	1			1		
餐饮业	1			1		
信息传输、软件和信息技术服务业	734	23	207	375	86	44
电信、广播电视和卫星传输服务	1			1		
互联网和相关服务	254	7	4	239	2	2
软件和信息技术服务业	479	16	203	134	84	42
金融业	7					7
资本市场服务	7					7
房地产业	4		4			
租赁和商务服务业	5			4		1
商务服务业	5			4		1
科学研究和技术服务业	3997	504	1473	1231	260	530
研究和试验发展	2277	481	1132	664		
专业技术服务业	1357	19	301	520	183	335
科技推广和应用服务业	363	4	41	47	77	195
水利、环境和公共设施管理业	880	40	142	308	131	259
水利管理业	223	21	19	29	21	133
生态保护和环境治理业	627	17	120	265	105	120
公共设施管理业	31	1	3	14	6	6
居民服务、修理和其他服务业	1					1
其他服务业	1					1
教育	12					12
卫生和社会工作	289	73	93	73	8	43
卫生	289	72	93	73	8	43
社会工作	1	1				
文化、体育和娱乐业	154	144	1	3	2	4
文化艺术业	152	144	1	3	2	3
体育	1					1
公共管理、社会保障和社会组织	150	34	62		7	47
中国共产党机关	22	22				
国家机构	112	12	61		7	33
社会保障	1		1			
群众团体、社会团体和其他成员组织	14					14
国际组织	3			3		

2–12 科学研究和技术服务业事业单位 R&D 人员（2019）

单位：人

指标名称	R&D人员	# 女性	按工作量分		按学历分			
			R&D全时人员	R&D非全时人员	博士毕业	硕士毕业	本科毕业	其他
总计	**12656**	**3831**	**6993**	**5663**	**3042**	**4723**	**3906**	**985**
按机构所属地域分组								
杭州市	5712	1899	2986	2726	1656	2192	1461	403
宁波市	2813	720	1690	1123	734	1082	837	160
温州市	1908	609	956	952	387	763	605	153
嘉兴市	592	108	306	286	119	187	217	69
湖州市	193	75	76	117	36	69	71	17
绍兴市	84	32	74	10	4	23	37	20
金华市	232	67	160	72	33	75	117	7
衢州市	205	48	149	56	12	59	95	39
舟山市	287	60	207	80	33	94	118	42
台州市	221	55	141	80	20	90	86	25
丽水市	409	158	248	161	8	89	262	50
按机构所属隶属关系分组								
中央部门属	2905	734	1776	1129	967	1075	796	67
中国科学院	1440	334	890	550	420	628	368	24
地方部门属	9751	3097	5217	4534	2075	3648	3110	918
省级部门属	4171	1413	2143	2028	1075	1699	1027	370
副省级城市属	575	211	369	206	120	225	175	55
地市级部门属	1856	654	1006	850	196	773	719	168
按机构从事的国民经济行业分组								
科学研究和技术服务业	12656	3831	6993	5663	3042	4723	3906	985
研究和试验发展	10065	3082	5656	4409	2670	3900	2739	756
专业技术服务业	1736	555	822	914	168	573	860	135
科技推广和应用服务业	855	194	515	340	204	250	307	94
按机构服务的国民经济行业分组								
农、林、牧、渔业	3041	1106	1757	1284	794	1156	827	264
农业	1357	529	713	644	244	659	348	106

2–12　续表 1

单位：人

指标名称	R&D人员	# 女性	按工作量分		按学历分			
			R&D全时人员	R&D非全时人员	博士毕业	硕士毕业	本科毕业	其他
林业	311	94	209	102	90	83	115	23
渔业	293	93	136	157	39	117	116	21
农、林、牧、渔专业及辅助性活动	1080	390	699	381	421	297	248	114
制造业	1181	344	706	475	211	365	470	135
农副食品加工业	56	17	46	10	1	19	33	3
食品制造业	8	5	8			3	4	1
酒、饮料和精制茶制造业	52	24	30	22	4	25	22	1
纺织服装、服饰业	47	26	11	36		8	35	4
皮革、毛皮、羽毛及其制品和制鞋业	57	22	13	44	2	18	33	4
化学原料和化学制品制造业	101	25	82	19	2	25	45	29
医药制造业	111	31	80	31	36	29	16	30
通用设备制造业	288	85	169	119	94	83	75	36
专用设备制造业	178	55	104	74	6	74	76	22
汽车制造业	30	2	8	22	11	13	4	2
计算机、通信和其他电子设备制造业	8	2	4	4	2	1	4	1
仪器仪表制造业	108	36	60	48	18	59	31	
其他制造业	137	14	91	46	35	8	92	2
电力、热力、燃气及水生产和供应业	38	10	32	6	2	18	16	2
电力、热力生产和供应业	38	10	32	6	2	18	16	2
批发和零售业	18	2	10	8	2	4	12	
批发业	18	2	10	8	2	4	12	
交通运输、仓储和邮政业	68	6	35	33	7	38	15	8
道路运输业	68	6	35	33	7	38	15	8
信息传输、软件和信息技术服务业	154	27	107	47	34	53	59	8
软件和信息技术服务业	154	27	107	47	34	53	59	8
租赁和商务服务业	16	10	7	9		4	12	
商务服务业	16	10	7	9		4	12	
科学研究和技术服务业	7468	2089	3998	3470	1887	2735	2314	532
研究和试验发展	5550	1504	3108	2442	1653	2023	1475	399
专业技术服务业	1289	496	491	798	87	482	628	92
科技推广和应用服务业	629	89	399	230	147	230	211	41

2-12 续表 2

单位：人

指标名称	R&D人员	# 女性	按工作量分		按学历分			
			R&D全时人员	R&D非全时人员	博士毕业	硕士毕业	本科毕业	其他
水利、环境和公共设施管理业	577	184	265	312	85	303	161	28
水利管理业	211	36	39	172	33	145	27	6
生态保护和环境治理业	366	148	226	140	52	158	134	22
卫生和社会工作	90	50	75	15	20	46	16	8
卫生	90	50	75	15	20	46	16	8
文化、体育和娱乐业	5	3	1	4		1	4	
文化艺术业	5	3	1	4		1	4	
按机构所属学科分组								
自然科学领域	2322	591	1002	1320	686	875	672	89
数学	28	3	14	14		7	21	
信息科学与系统科学	1270	275	469	801	351	553	326	40
力学	74	33	42	32		8	53	13
化学	258	75	107	151	53	68	119	18
地球科学	680	201	359	321	281	239	146	14
生物学	12	4	11	1	1		7	4
农业科学领域	3601	1285	2138	1463	878	1318	1116	289
农学	2757	1012	1635	1122	694	1039	807	217
林学	470	170	305	165	139	139	159	33
水产学	374	103	198	176	45	140	150	39
医学科学领域	863	456	488	375	134	397	257	75
基础医学	82	36	73	9	7	44	28	3
临床医学	85	15	43	42	40	10	4	31
预防医学与公共卫生学	345	205	284	61	49	152	127	17
药学	261	150	13	248	18	145	82	16
中医学与中药学	90	50	75	15	20	46	16	8
工程科学与技术领域	5511	1377	3062	2449	1286	2028	1794	403
工程与技术科学基础学科	385	111	283	102	76	126	135	48
信息与系统科学相关工程与技术	508	54	316	192	180	138	150	40
自然科学相关工程与技术	69	27	15	54	10	36	18	5
测绘科学技术	51	13	18	33	3	36	12	
材料科学	1806	434	1078	728	513	721	476	96

2–12 续表 3

单位：人

指标名称	R&D人员	# 女性	按工作量分		按学历分			
			R&D全时人员	R&D非全时人员	博士毕业	硕士毕业	本科毕业	其他
机械工程	871	173	519	352	210	222	381	58
动力与电气工程	44	7	41	3	21	2	18	3
电子与通信技术	135	23	63	72	45	54	27	9
计算机科学技术	31	7	18	13	5	12	13	1
化学工程	64	15	37	27	7	18	29	10
产品应用相关工程与技术	501	148	213	288	78	187	168	68
纺织科学技术	59	34	11	48	3	14	38	4
食品科学技术	238	106	137	101	7	71	134	26
土木建筑工程	8	7	3	5		6	2	
水利工程	249	46	71	178	35	163	43	8
交通运输工程	68	6	35	33	7	38	15	8
航空、航天科学技术	90	16	34	56	26	29	25	10
环境科学技术及资源科学技术	278	132	142	136	58	123	88	9
安全科学技术	40	8	21	19	2	28	10	
管理学	16	10	7	9		4	12	
社会、人文科学领域	359	122	303	56	58	105	67	129
马克思主义	140	43	103	37	46	44	10	40
考古学	157	48	153	4	3	32	34	88
社会学	56	29	43	13	9	23	23	1
图书馆、情报与文献学	6	2	4	2		6		
按机构从业人员规模分组								
≥ 1000 人	883	325	570	313	370	238	185	90
500 ~ 999 人	2891	750	1455	1436	776	1341	708	66
300 ~ 499 人	2009	610	872	1137	552	835	515	107
200 ~ 299 人	1061	350	489	572	188	395	412	66
100 ~ 199 人	2026	679	1284	742	416	739	587	284
50 ~ 99 人	2068	675	1273	795	318	626	886	238
30 ~ 49 人	773	235	449	324	175	277	268	53
20 ~ 29 人	427	92	297	130	110	120	163	34
10 ~ 19 人	358	62	243	115	78	112	136	32
0 ~ 9 人	160	53	61	99	59	40	46	15

2–13　科学研究和技术服务业事业单位 R&D 人员折合全时工作量（2019）

单位：人年

指标名称	R&D 折合全时工作量	# 研究人员	按活动类型分组 基础研究	应用研究	试验发展
总计	**9446**	**6365**	**1111**	**3065**	**5270**
按机构所属地域分组					
杭州市	4285	2731	806	1400	2079
宁波市	2114	1624	255	805	1054
温州市	1361	945	40	448	873
嘉兴市	417	194	3	60	354
湖州市	96	86	7	24	65
绍兴市	77	28		38	39
金华市	194	133		34	160
衢州市	175	107		63	112
舟山市	249	181		95	154
台州市	181	137		17	164
丽水市	297	199		81	216
按机构所属隶属关系分组					
中央部门属	2241	1753	498	1069	674
中国科学院	1102	880	251	561	290
地方部门属	7205	4612	613	1996	4596
省级部门属	3129	1798	567	917	1645
副省级城市属	438	328	1	102	335
地市级部门属	1366	960	9	348	1009
按机构从事的国民经济行业分组					
科学研究和技术服务业	9446	6365	1111	3065	5270
研究和试验发展	7660	5231	1099	2519	4042
专业技术服务业	1174	695	4	407	763
科技推广和应用服务业	612	439	8	139	465
按机构服务的国民经济行业分组					
农、林、牧、渔业	2297	1629	275	502	1520
农业	991	739	57	187	747

2–13 续表 1

单位：人年

指标名称	R&D 折合全时工作量	# 研究人员	按活动类型分组		
			基础研究	应用研究	试验发展
林业	244	194	76	37	131
渔业	188	143	8	54	126
农、林、牧、渔专业及辅助性活动	874	553	134	224	516
制造业	915	666	2	323	590
农副食品加工业	51	47		30	21
食品制造业	8	6			8
酒、饮料和精制茶制造业	35	19		21	14
纺织服装、服饰业	29	11		29	
皮革、毛皮、羽毛及其制品和制鞋业	34	22		28	6
化学原料和化学制品制造业	92	53		30	62
医药制造业	80	75		31	49
通用设备制造业	223	174		28	195
专用设备制造业	130	105		73	57
汽车制造业	23	14		15	8
计算机、通信和其他电子设备制造业	4	3			4
仪器仪表制造业	91	49	2	2	87
其他制造业	115	88		36	79
电力、热力、燃气及水生产和供应业	32	31		22	10
电力、热力生产和供应业	32	31		22	10
批发和零售业	11	4			11
批发业	11	4			11
交通运输、仓储和邮政业	44	35		23	21
道路运输业	44	35		23	21
信息传输、软件和信息技术服务业	125	102	2	33	90
软件和信息技术服务业	125	102	2	33	90
租赁和商务服务业	8	7		6	2
商务服务业	8	7		6	2
科学研究和技术服务业	5471	3544	749	1991	2731
研究和试验发展	4201	2807	733	1601	1867
专业技术服务业	823	477	10	312	501
科技推广和应用服务业	447	260	6	78	363

2-13　续表 2

单位：人年

指标名称	R&D 折合全时工作量		按活动类型分组		
		# 研究人员	基础研究	应用研究	试验发展
水利、环境和公共设施管理业	453	276	44	135	274
水利管理业	157	50	42	61	54
生态保护和环境治理业	296	226	2	74	220
卫生和社会工作	88	70	39	28	21
卫生	88	70	39	28	21
文化、体育和娱乐业	2	1		2	
文化艺术业	2	1		2	
按机构所属学科分组					
自然科学领域	1611	894	155	661	795
数学	17	14		16	1
信息科学与系统科学	844	367	54	191	599
力学	62	34		36	26
化学	176	115	1	90	85
地球科学	501	360	100	328	73
生物学	11	4			11
农业科学领域	2732	1975	308	625	1799
农学	2126	1514	194	501	1431
林学	352	269	106	50	196
水产学	254	192	8	74	172
医学科学领域	658	478	128	299	231
基础医学	77	50		61	16
临床医学	60	47	24	36	
预防医学与公共卫生学	306	265	63	157	86
药学	127	46	2	17	108
中医学与中药学	88	70	39	28	21
工程科学与技术领域	4114	2812	308	1361	2445
工程与技术科学基础学科	327	211	7	164	156
信息与系统科学相关工程与技术	385	245		16	369
自然科学相关工程与技术	32	27		17	15
测绘科学技术	28	20			28
材料科学	1343	1052	251	621	471

2–13 续表 3

单位：人年

指标名称	R&D 折合全时工作量	# 研究人员	按活动类型分组		
			基础研究	应用研究	试验发展
机械工程	663	499		111	552
动力与电气工程	43	39		21	22
电子与通信技术	90	53		9	81
计算机科学技术	28	24		19	9
化学工程	44	24		6	38
产品应用相关工程与技术	371	168	5	49	317
纺织科学技术	33	14		29	4
食品科学技术	179	109		102	77
土木建筑工程	5	3			5
水利工程	189	81	42	83	64
交通运输工程	44	35		23	21
航空、航天科学技术	54	34			54
环境科学技术及资源科学技术	210	143	3	80	127
安全科学技术	38	24		5	33
管理学	8	7		6	2
社会、人文科学领域	331	206	212	119	
马克思主义	128	103	60	68	
考古学	154	56	152	2	
社会学	44	44		44	
图书馆、情报与文献学	5	3		5	
按机构从业人员规模分组					
≥ 1000 人	734	457	104	195	435
500 ~ 999 人	2042	1462	393	899	750
300 ~ 499 人	1437	768	158	453	826
200 ~ 299 人	696	500	107	166	423
100 ~ 199 人	1627	1197	294	281	1052
50 ~ 99 人	1611	1075	41	641	929
30 ~ 49 人	549	386	7	196	346
20 ~ 29 人	355	244		122	233
10 ~ 19 人	302	218	7	94	201
0 ~ 9 人	93	58		18	75

2–14 科学研究和技术服务业事业单位R&D经费内部支出按活动类型和经费来源分（2019）

单位：万元

指标名称	R&D经费内部支出	按活动类型分			按经费来源分			
		基础研究	应用研究	试验发展	政府资金	企业资金	国外资金	其他资金
总计	**574387**	**52038**	**205261**	**317087**	**470400**	**40944**	**86**	**62957**
按机构所属地域分组								
杭州市	273319	34674	103904	134741	235123	8736	39	29422
宁波市	137003	10640	49999	76364	103118	15941	47	17897
温州市	82722	5880	32451	44391	70127	4332		8263
嘉兴市	29506	344	5725	23437	20581	3378		5547
湖州市	5207	501	1169	3537	4098	565		544
绍兴市	2368		723	1645	1271	1030		67
金华市	8382		2025	6357	7315	1048		19
衢州市	5947		2134	3814	4519	332		1097
舟山市	10092		3487	6605	9483	609		
台州市	6422		389	6033	3342	3049		30
丽水市	13419		3256	10163	11424	1925		70
按机构所属隶属关系分组								
中央部门属	177472	20433	93272	63768	154953	14735	47	7737
中国科学院	77845	10476	38905	28463	66268	11530	47	
地方部门属	396915	31606	111989	253319	315447	26209	39	55219
省级部门属	182946	25579	54455	102912	149783	9797	39	23328
副省级城市属	31483	33	5796	25655	30774			709
地市级部门属	61290	152	16551	44587	44678	6905		9707
按机构从事的国民经济行业分组								
科学研究和技术服务业	574387	52038	205261	317087	470400	40944	86	62957
研究和试验发展	479372	51591	182651	245130	409911	34728	86	34648
专业技术服务业	53920	133	16715	37072	27082	2974		23864
科技推广和应用服务业	41094	314	5895	34885	33407	3242		4445
按机构服务的国民经济行业分组								
农、林、牧、渔业	134355	10365	24580	99410	119811	4772	39	9733

2-14　续表 1　　单位：万元

指标名称	R&D经费内部支出	按活动类型分			按经费来源分			
		基础研究	应用研究	试验发展	政府资金	企业资金	国外资金	其他资金
农业	63615	1960	11258	50397	62432	95		1088
林业	12789	2892	911	8986	12423			366
渔业	12006	558	2864	8584	10683	848		475
农、林、牧、渔专业及辅助性活动	45945	4955	9547	31443	34273	3830	39	7803
制造业	36645	100	11303	25243	23302	6345		6999
农副食品加工业	1557		846	712	1478	80		
食品制造业	540			540	540			
酒、饮料和精制茶制造业	1181		395	786	198	684		300
纺织服装、服饰业	1721		1721					1721
皮革、毛皮、羽毛及其制品和制鞋业	759		716	43				759
化学原料和化学制品制造业	3063		1105	1958	957	304		1803
医药制造业	1646		1040	606	1350	295		
通用设备制造业	11498		1171	10326	7308	3340		850
专用设备制造业	4424		2610	1814	2689	169		1566
汽车制造业	415		277	138	373	42		
计算机、通信和其他电子设备制造业	230			230	230			
仪器仪表制造业	5369	100	95	5175	4319	1050		
其他制造业	4242		1326	2917	3860	382		
电力、热力、燃气及水生产和供应业	1420		727	693	588			832
电力、热力生产和供应业	1420		727	693	588			832
批发和零售业	477			477	477			
批发业	477			477	477			
交通运输、仓储和邮政业	1145		494	651	997	148		
道路运输业	1145		494	651	997	148		
信息传输、软件和信息技术服务业	8253	38	575	7639	5889	456		1909
软件和信息技术服务业	8253	38	575	7639	5889	456		1909
租赁和商务服务业	47		36	10				47
商务服务业	47		36	10				47
科学研究和技术服务业	359693	37108	155472	167113	299852	23720	47	36075
研究和试验发展	302103	36482	138684	126937	271194	19350	47	11512
专业技术服务业	39638	350	12366	26922	19039	1618		18981

单位：万元

指标名称	R&D经费内部支出	按活动类型分			按经费来源分			
		基础研究	应用研究	试验发展	政府资金	企业资金	国外资金	其他资金
科技推广和应用服务业	17952	276	4422	13254	9618	2752		5582
水利、环境和公共设施管理业	23549	1249	9950	12350	10683	5504		7362
水利管理业	13162	1242	5455	6466	6944	2522		3697
生态保护和环境治理业	10387	7	4496	5884	3739	2983		3665
卫生和社会工作	8756	3179	2075	3502	8754			2
卫生	8756	3179	2075	3502	8754			2
文化、体育和娱乐业	48		48		48			
文化艺术业	48		48		48			
按机构所属学科分组								
自然科学领域	102674	5355	60053	37266	92133	1690		8852
数学	943		911	33				943
信息科学与系统科学	42226	259	12344	29623	38152	1354		2719
力学	2340		1082	1258	2040			299
化学	7510	23	3721	3767	3148	89		4273
地球科学	49003	5074	41995	1934	48386			616
生物学	653			653	406	247		
农业科学领域	156151	10854	32317	112980	138261	5456	39	12395
农学	123727	6265	27262	90199	109018	4608	39	10061
林学	18180	4031	1594	12555	16321			1859
水产学	14244	558	3460	10226	12921	848		475
医学科学领域	54060	12891	23306	17864	51023	82		2955
基础医学	3270		2402	868	3196	74		
临床医学	12709	5395	7314		12482			227
预防医学与公共卫生学	20570	4288	10542	5741	20570			
药学	8755	29	973	7753	6021	8		2726
中医学与中药学	8756	3179	2075	3502	8754			2
工程科学与技术领域	245839	12549	84313	148977	178421	33716	47	33656
工程与技术科学基础学科	22326	287	14005	8033	19244	68		3014
信息与系统科学相关工程与技术	19173		797	18376	16315			2858
自然科学相关工程与技术	1447		293	1154	1447			
测绘科学技术	2086			2086	272			1813

2-14 续表 3

单位：万元

指标名称	R&D经费内部支出	按活动类型分			按经费来源分			
		基础研究	应用研究	试验发展	政府资金	企业资金	国外资金	其他资金
材料科学	86324	10476	41004	34844	71268	14263	47	747
机械工程	28904		4272	24632	14625	9105		5174
动力与电气工程	1744		847	897	947			797
电子与通信技术	2246		97	2149	1598	45		603
计算机科学技术	450		344	107	29	355		67
化学工程	1106		162	943	791	314		
产品应用相关工程与技术	33836	443	5379	28013	24077	6324		3436
纺织科学技术	2029		1721	308	187	121		1721
食品科学技术	6527		3120	3407	2899	80		3548
土木建筑工程	159			159	159			
水利工程	14582	1242	6182	7158	7532	2522		4528
交通运输工程	1145		494	651	997	148		
航空、航天科学技术	10253			10253	10253			
环境科学技术及资源科学技术	9367	100	5438	3829	5329	373		3665
安全科学技术	2090		122	1969	453			1637
管理学	47		36	10				47
社会、人文科学领域	15663	10390	5273		10563			5100
马克思主义	3917	1998	1919		3917			
考古学	8440	8392	48		3582			4858
社会学	2951		2951		2709			242
图书馆、情报与文献学	355		355		355			
按机构从业人员规模分组								
≥ 1000 人	39207	3816	8424	26967	29028	3830	39	6311
500 ~ 999 人	153309	16601	88433	48276	135316	11530	47	6417
300 ~ 499 人	102688	6373	31834	64482	93912	3686		5090
200 ~ 299 人	35569	3030	8370	24169	27255	1198		7116
100 ~ 199 人	88084	15325	13318	59441	60074	10895		17115
50 ~ 99 人	99092	6213	37931	54948	79863	2719		16511
30 ~ 49 人	24790	394	8284	16113	17052	4195		3542
20 ~ 29 人	12575		3412	9163	11614	894		67
10 ~ 19 人	15214	287	4047	10880	12977	1606		631
0 ~ 9 人	3858		1208	2650	3310	392		157

2–15　科学研究和技术服务业事业单位 R&D 经费内部支出按经费类别分（2019）

单位：万元

指标名称	R&D经费内部支出	日常性支出			资产性支出				
		日常性支出	人员劳务费	其他日常性支出	资产性支出	土建费	仪器与设备支出	资本化的计算机软件支出	专利和专有技术支出
总计	**574387**	**383921**	**205724**	**178198**	**190465**	**105805**	**79389**	**1079**	**4192**
按机构所属地域分组									
杭州市	273319	214407	103939	110468	58912	26811	31487	517	98
宁波市	137003	76488	44254	32235	60515	26970	29397	181	3967
温州市	82722	43112	25274	17838	39610	31225	8152	229	5
嘉兴市	29506	10836	6731	4105	18670	16734	1770	103	61
湖州市	5207	3741	1696	2046	1466	540	926		
绍兴市	2368	1972	709	1263	396	199	189		8
金华市	8382	5462	4103	1359	2920	914	1997		10
衢州市	5947	4630	3941	689	1317	75	1216	25	2
舟山市	10092	8924	5791	3133	1168	50	1094	25	
台州市	6422	6034	3364	2670	388	220	135		33
丽水市	13419	8316	5922	2394	5103	2068	3026		8
按机构所属隶属关系分组									
中央部门属	177472	120475	59075	61400	56997	17488	35101	372	4035
中国科学院	77845	40770	23911	16859	37074	13863	19284	8	3920
地方部门属	396915	263446	146648	116798	133468	88317	44287	707	157
省级部门属	182946	134018	68564	65454	48928	34034	14759	135	
副省级城市属	31483	18849	12233	6616	12634	10996	1467	165	6
地市级部门属	61290	43809	28507	15302	17482	7975	9261	190	55
按机构从事的国民经济行业分组									
科学研究和技术服务业	574387	383921	205724	178198	190465	105805	79389	1079	4192
研究和试验发展	479372	328262	174065	154197	151110	84963	61321	745	4081
专业技术服务业	53920	36243	23289	12953	17678	4071	13354	153	100
科技推广和应用服务业	41094	19417	8370	11048	21677	16771	4713	181	12
按机构服务的国民经济行业分组									
农、林、牧、渔业	134355	110704	62965	47739	23651	14921	8494	128	110

单位：万元

指标名称	R&D经费内部支出	日常性支出	人员劳务费	其他日常性支出	资产性支出	土建费	仪器与设备支出	资本化的计算机软件支出	专利和专有技术支出
农业	63615	49563	29836	19726	14053	9493	4360	90	110
林业	12789	11404	6626	4778	1385	1082	303		
渔业	12006	10091	4666	5425	1914	295	1620		
农、林、牧、渔专业及辅助性活动	45945	39646	21836	17810	6299	4050	2211	38	
制造业	36645	23804	13947	9857	12841	3282	9415	118	26
农副食品加工业	1557	1387	1084	303	171		171		
食品制造业	540	130	122	8	410	5	405		
酒、饮料和精制茶制造业	1181	1112	744	368	69		69		
纺织服装、服饰业	1721	1257	1032	225	465		459		6
皮革、毛皮、羽毛及其制品和制鞋业	759	609	425	184	151		151		
化学原料和化学制品制造业	3063	3006	2259	747	57	18	39		
医药制造业	1646	858	658	200	787	72	706		10
通用设备制造业	11498	5271	2342	2929	6226	3023	3203		
专用设备制造业	4424	3736	2530	1206	688	35	631	13	10
汽车制造业	415	137	93	44	278	129	149		
计算机、通信和其他电子设备制造业	230	56	35	21	174		174		
仪器仪表制造业	5369	4043	1847	2195	1327		1327		
其他制造业	4242	2204	777	1428	2038		1932	106	
电力、热力、燃气及水生产和供应业	1420	1401	984	417	19		19		
电力、热力生产和供应业	1420	1401	984	417	19		19		
批发和零售业	477	416	215	201	61		61		
批发业	477	416	215	201	61		61		
交通运输、仓储和邮政业	1145	1095	967	129	50		50		
道路运输业	1145	1095	967	129	50		50		
信息传输、软件和信息技术服务业	8253	6599	1190	5410	1654	1603	46		4
软件和信息技术服务业	8253	6599	1190	5410	1654	1603	46		4
租赁和商务服务业	47	47	25	21					
商务服务业	47	47	25	21					
科学研究和技术服务业	359693	217229	114227	103002	142464	76977	60642	825	4020
研究和试验发展	302103	180504	91535	88969	121599	69601	47417	655	3926
专业技术服务业	39638	25334	16437	8897	14304	4372	9841	68	23

2–15 续表 2

单位：万元

指标名称	R&D经费内部支出	日常性支出			资产性支出				
			人员劳务费	其他日常性支出		土建费	仪器与设备支出	资本化的计算机软件支出	专利和专有技术支出
科技推广和应用服务业	17952	11391	6255	5136	6561	3003	3384	103	71
水利、环境和公共设施管理业	23549	20545	9726	10819	3003	2302	661	8	33
水利管理业	13162	11489	4739	6750	1673	1069	597	8	
生态保护和环境治理业	10387	9057	4988	4069	1330	1233	64		33
卫生和社会工作	8756	2056	1455	601	6700	6700			
卫生	8756	2056	1455	601	6700	6700			
文化、体育和娱乐业	48	27	24	3	21	21			
文化艺术业	48	27	24	3	21	21			
按机构所属学科分组									
自然科学领域	102674	78053	33169	44884	24621	5835	18297	457	32
数学	943	673	502	171	271		271		
信息科学与系统科学	42226	32606	14537	18070	9619	4947	4599	73	
力学	2340	1686	1365	322	653		627	25	2
化学	7510	4414	3185	1229	3097	59	3014	2	22
地球科学	49003	38238	13268	24970	10765	780	9628	357	
生物学	653	437	314	123	216	50	158		8
农业科学领域	156151	128351	76228	52123	27800	15663	11891	135	111
农学	123727	100377	60739	39638	23350	13512	9617	110	111
林学	18180	15885	9246	6638	2296	1834	461		
水产学	14244	12089	6242	5847	2155	317	1813	25	
医学科学领域	54060	29379	15078	14302	24681	19631	5019	30	
基础医学	3270	2701	1826	875	569	35	521	13	
临床医学	12709	1728	1060	669	10981	10981			
预防医学与公共卫生学	20570	18284	8663	9620	2287		2287		
药学	8755	4611	2074	2537	4144	1915	2211	18	
中医学与中药学	8756	2056	1455	601	6700	6700			
工程科学与技术领域	245839	132517	75240	57276	113323	64654	44162	457	4049
工程与技术科学基础学科	22326	8901	4927	3974	13425	11592	1831	2	
信息与系统科学相关工程与技术	19173	11146	6153	4993	8027	4370	3492	103	61
自然科学相关工程与技术	1447	694	549	144	753	589	164		1
测绘科学技术	2086	1462	1343	120	623		623		

2–15 续表 3

单位：万元

指标名称	R&D经费内部支出	日常性支出			资产性支出				
			人员劳务费	其他日常性支出		土建费	仪器与设备支出	资本化的计算机软件支出	专利和专有技术支出
材料科学	86324	45553	26763	18791	40771	15559	21267	8	3938
机械工程	28904	16453	8134	8319	12452	4536	7729	149	37
动力与电气工程	1744	1464	1237	227	280	36	244		
电子与通信技术	2246	1782	1053	730	464		435	29	
计算机科学技术	450	417	162	256	33	3	26		4
化学工程	1106	987	719	269	118	18	98		3
产品应用相关工程与技术	33836	12978	7007	5972	20858	16734	4123		
纺织科学技术	2029	1557	1142	415	473		467		6
食品科学技术	6527	4990	3709	1281	1537	5	1531	1	
土木建筑工程	159	159	136	23					
水利工程	14582	12889	5723	7166	1693	1069	616	8	
交通运输工程	1145	1095	967	129	50		50		
航空、航天科学技术	10253	787	479	308	9467	8568	742	156	
环境科学技术及资源科学技术	9367	7792	4129	3663	1576	1233	342	1	
安全科学技术	2090	1364	886	479	726	342	384		
管理学	47	47	25	21					
社会、人文科学领域	15663	15622	6009	9613	41	21	20		
马克思主义	3917	3897	2962	935	20		20		
考古学	8440	8419	1612	6807	21	21			
社会学	2951	2951	1282	1669					
图书馆、情报与文献学	355	355	153	202					
按机构从业人员规模分组									
≥ 1000 人	39207	33986	18357	15629	5221	3276	1933	13	
500 ~ 999 人	153309	100650	51153	49497	52659	17860	30262	556	3981
300 ~ 499 人	102688	69474	32902	36572	33214	22172	10865	77	100
200 ~ 299 人	35569	28067	17446	10621	7502	2569	4907	25	1
100 ~ 199 人	88084	61419	31033	30386	26665	16305	10300	22	38
50 ~ 99 人	99092	53470	33533	19937	45623	35321	10028	228	46
30 ~ 49 人	24790	19304	10846	8458	5486	828	4635	13	10
20 ~ 29 人	12575	8505	5407	3098	4070	870	3094	106	1
10 ~ 19 人	15214	7071	3513	3557	8144	4846	3245	40	13
0 ~ 9 人	3858	1977	1534	443	1881	1759	120		3

2-16 科学研究和技术服务业事业单位 R&D 经费外部支出（2019）

单位：万元

指标名称	R&D 经费外部支出	对境内研究机构支出	对境内高等学校支出	对境内企业支出	对境内其他单位支出
总计	**21357**	**6293**	**9906**	**4697**	**462**
按机构所属地域分组					
杭州市	15795	3643	9066	2979	106
宁波市	702	136	129	150	288
温州市	672			672	
嘉兴市	3410	2098	600	706	7
绍兴市	79		15	64	
金华市	87		20	67	
衢州市	520	400	20	45	56
舟山市	88	17	57	15	
丽水市	5				5
按机构所属隶属关系分组					
中央部门属	7350	3361	2035	1891	63
地方部门属	14007	2932	7871	2806	398
省级部门属	11665	2380	7632	1611	43
副省级城市属	488	126	74		288
地市级部门属	39			39	
按机构从事的国民经济行业分组					
科学研究和技术服务业	21357	6293	9906	4697	462
研究和试验发展	20451	5866	9772	4418	394
专业技术服务业	724	410	83	193	38
科技推广和应用服务业	182	17	51	85	30
按机构服务的国民经济行业分组					
农、林、牧、渔业	3313	1357	675	1218	63
农业	3164	1266	633	1203	63
林业	63	63			
渔业	43	12	31		
农、林、牧、渔专业及辅助性活动	43	17	12	15	
制造业	29		17	12	
农副食品加工业	5		5		
医药制造业	24		12	12	
信息传输、软件和信息技术服务业	64			64	
软件和信息技术服务业	64			64	

2-16 续表 1 单位：万元

指标名称	R&D 经费外部支出	对境内研究机构支出	对境内高等学校支出	对境内企业支出	对境内其他单位支出
科学研究和技术服务业	17794	4822	9170	3403	398
研究和试验发展	17391	4810	9054	3171	357
专业技术服务业	226	13	83	126	5
科技推广和应用服务业	177		34	106	37
水利、环境和公共设施管理业	157	114	44		
生态保护和环境治理业	157	114	44		
按机构所属学科分组					
自然科学领域	13008	2715	8454	1767	74
信息科学与系统科学	8455	282	7052	1079	43
力学	426	400			26
化学	5				5
地球科学	4123	2033	1402	688	
农业科学领域	3319	1357	675	1224	63
农学	3164	1266	633	1203	63
林学	63	63			
水产学	92	29	42	21	
工程科学与技术领域	5029	2221	777	1706	325
工程与技术科学基础学科	45		45		
信息与系统科学相关工程与技术	747			740	7
自然科学相关工程与技术	288				288
测绘科学技术	115			115	
材料科学	38		27	12	
机械工程	58	10	38	11	
动力与电气工程	128			128	
电子与通信技术	50		20		30
计算机科学技术	64			64	
产品应用相关工程与技术	3335	2098	600	638	
食品科学技术	5		5		
环境科学技术及资源科学技术	157	114	44		
按机构从业人员规模分组					
500 ~ 999 人	4195	2030	1402	756	7
300 ~ 499 人	14887	3656	8302	2824	106
50 ~ 99 人	1340	205	143	699	293
30 ~ 49 人	694	403	54	182	56
20 ~ 29 人	192			192	
10 ~ 19 人	44		5	39	
0 ~ 9 人	6			6	

2–17　科学研究和技术服务业事业单位 R&D 日常性支出（2019）

单位：万元

指标名称	R&D日常性支出	按活动类型分组			按来源分组				
		基础研究	应用研究	试验发展	政府资金	企业资金	事业单位资金	国外资金	其他资金
总计	**383921**	**35943**	**137154**	**210825**	**306173**	**31804**	**44859**	**58**	**1028**
按机构所属地域分组									
杭州市	214407	28786	83157	102465	183462	8730	21350	34	832
宁波市	76488	5631	27985	42872	54708	9109	12566	25	80
温州市	43112	1061	14162	27888	33280	3170	6642		20
嘉兴市	10836	88	1891	8858	4462	3378	2996		
湖州市	3741	377	874	2491	2730	488	428		96
绍兴市	1972		634	1338	1271	638	64		
金华市	5462		716	4745	4482	979			
衢州市	4630		1749	2881	3572	314	744		
舟山市	8924		3079	5845	8445	478			
台州市	6034		344	5690	2984	3049			
丽水市	8316		2564	5752	6775	1471	70		
按机构所属隶属关系分组									
中央部门属	120475	13570	62781	44125	106026	9244	4349	25	832
中国科学院	40770	5487	20376	14907	34707	6039		25	
地方部门属	263446	22373	74373	166700	200146	22560	40510	34	196
省级部门属	134018	21189	40920	71909	109140	9589	15236	34	20
副省级城市属	18849	31	4730	14088	18317		533		
地市级部门属	43809	112	12707	30990	29855	5869	8085		
按机构从事的国民经济行业分组									
科学研究和技术服务业	383921	35943	137154	210825	306173	31804	44859	58	1028
研究和试验发展	328262	35636	120965	171661	275706	27317	24313	58	868
专业技术服务业	36243	108	12567	23567	16826	2384	17033		
科技推广和应用服务业	19417	198	3622	15597	13641	2104	3514		159
按机构服务的国民经济行业分组									
农、林、牧、渔业	110704	8782	20603	81319	99906	4547	6197	34	20
农业	49563	1610	9098	38854	48513	77	973		

2-17 续表 1

单位：万元

指标名称	R&D日常性支出	按活动类型分组			按来源分组				
		基础研究	应用研究	试验发展	政府资金	企业资金	事业单位资金	国外资金	其他资金
林业	11404	2570	803	8031	11099		305		
渔业	10091	424	2413	7255	8976	640	455		20
农、林、牧、渔专业及辅助性活动	39646	4178	8289	27179	31318	3830	4465	34	
制造业	23804	75	8282	15448	12792	4904	6108		
农副食品加工业	1387		784	602	1307	80			
食品制造业	130			130	130				
酒、饮料和精制茶制造业	1112		372	740	198	684	230		
纺织服装、服饰业	1257		1257				1257		
皮革、毛皮、羽毛及其制品和制鞋业	609		566	43			609		
化学原料和化学制品制造业	3006		1089	1916	939	304	1764		
医药制造业	858		337	521	563	295			
通用设备制造业	5271		815	4456	2595	1899	777		
专用设备制造业	3736		2002	1734	2095	169	1472		
汽车制造业	137		91	46	95	42			
计算机、通信和其他电子设备制造业	56			56	56				
仪器仪表制造业	4043	75	72	3896	2993	1050			
其他制造业	2204		896	1308	1822	382			
电力、热力、燃气及水生产和供应业	1401		718	683	569				832
电力、热力生产和供应业	1401		718	683	569				832
批发和零售业	416			416	416				
批发业	416			416	416				
交通运输、仓储和邮政业	1095		473	623	948	148			
道路运输业	1095		473	623	948	148			
信息传输、软件和信息技术服务业	6599	30	515	6054	4289	426	1789		96
软件和信息技术服务业	6599	30	515	6054	4289	426	1789		96
租赁和商务服务业	47		36	10			47		
商务服务业	47		36	10			47		
科学研究和技术服务业	217229	25253	97588	94388	175190	16276	25659	25	80
研究和试验发展	180504	24897	85834	69773	158601	13003	8859	25	17
专业技术服务业	25334	188	8866	16280	10782	1612	12940		
科技推广和应用服务业	11391	168	2888	8335	5806	1661	3861		64

指标名称	R&D日常性支出	按活动类型分组			按来源分组				
		基础研究	应用研究	试验发展	政府资金	企业资金	事业单位资金	国外资金	其他资金
水利、环境和公共设施管理业	20545	1056	8426	11063	9981	5504	5060		
水利管理业	11489	1051	4671	5766	6339	2522	2628		
生态保护和环境治理业	9057	5	3755	5296	3642	2982	2432		
卫生和社会工作	2056	746	487	822	2056				
卫生	2056	746	487	822	2056				
文化、体育和娱乐业	27		27		27				
文化艺术业	27		27		27				
按机构所属学科分组									
自然科学领域	78053	4098	45848	28107	70683	1572	5703		96
数学	673		649	23			673		
信息科学与系统科学	32606	197	9398	23011	28603	1286	2718		
力学	1686		840	846	1686				
化学	4414	11	1992	2411	2174	40	2200		
地球科学	38238	3890	32969	1379	38030		113		96
生物学	437			437	190	247			
农业科学领域	128351	9192	26653	92506	114401	5231	8666	34	20
农学	100377	5328	22332	72717	89051	4590	6702	34	
林学	15885	3440	1398	11047	14377		1508		
水产学	12089	424	2922	8743	10974	640	455		20
医学科学领域	29379	5308	12927	11145	26865	82	2432		
基础医学	2701		1833	868	2627	74			
临床医学	1728	734	995		1728				
预防医学与公共卫生学	18284	3811	9370	5102	18284				
药学	4611	16	242	4353	2171	8	2432		
中医学与中药学	2056	746	487	822	2056				
工程科学与技术领域	132517	6966	46484	79067	83703	24919	22959	25	912
工程与技术科学基础学科	8901	177	4226	4498	6591	68	2242		
信息与系统科学相关工程与技术	11146		302	10845	8857		2289		
自然科学相关工程与技术	694		239	455	694				
测绘科学技术	1462			1462	253		1209		
材料科学	45553	5487	21353	18714	37166	7766	580	25	17

2–17 续表 3 单位：万元

指标名称	R&D日常性支出	按活动类型分组			按来源分组				
		基础研究	应用研究	试验发展	政府资金	企业资金	事业单位资金	国外资金	其他资金
机械工程	16453		3112	13341	5158	7538	3757		
动力与电气工程	1464		764	701	721		744		
电子与通信技术	1782		90	1692	1136	45	602		
计算机科学技术	417		318	99	29	325	64		
化学工程	987		135	852	673	314			
产品应用相关工程与技术	12978	163	1601	11215	6728	5626	561		64
纺织科学技术	1557		1257	300	185	115	1257		
食品科学技术	4990		2558	2432	1657	80	3254		
土木建筑工程	159			159	159				
水利工程	12889	1051	5388	6450	6908	2522	2628		832
交通运输工程	1095		473	623	948	148			
航空、航天科学技术	787			787	787				
环境科学技术及资源科学技术	7792	88	4555	3149	4987	373	2432		
安全科学技术	1364		79	1285	69		1295		
管理学	47		36	10			47		
社会、人文科学领域	15622	10380	5242		10522		5100		
马克思主义	3897	1988	1909		3897				
考古学	8419	8392	27		3561		4858		
社会学	2951		2951		2709		242		
图书馆、情报与文献学	355		355		355				
按机构从业人员规模分组									
≥ 1000 人	33986	3308	7302	23376	26862	3830	3261	34	
500 ~ 999 人	100650	10358	59452	30840	90195	6039	4392	25	
300 ~ 499 人	69474	5300	23160	41014	63663	3686	2125		
200 ~ 299 人	28067	2698	7084	18285	20423	1198	6446		
100 ~ 199 人	61419	12476	9217	39726	38056	9082	13412		868
50 ~ 99 人	53470	1390	17737	34342	39169	2543	11757		
30 ~ 49 人	19304	235	7726	11344	13493	3036	2616		159
20 ~ 29 人	8505		2841	5663	7565	876	64		
10 ~ 19 人	7071	177	2307	4587	5317	1123	631		
0 ~ 9 人	1977		328	1649	1430	392	155		

2–18　科学研究和技术服务业事业单位专利（2019）

指标名称	专利申请受理数（件）	#发明专利	专利授权数（件）	#发明专利	#国外授权	拥有有效发明专利总数（件）	专利所有权转让及许可数（件）	专利所有权转让及许可收入（万元）
总计	**2526**	**1895**	**1469**	**868**	**15**	**5378**	**135**	**6902**
按机构所属地域分组								
杭州市	721	518	483	243	7	1690	49	814
宁波市	904	765	448	340	5	1821	40	4844
温州市	306	221	153	78	1	356	24	317
嘉兴市	119	88	40	25	1	425	2	11
湖州市	46	30	20	12		113		
绍兴市	5	4	5	5		29		
金华市	105	17	92	1		62		
衢州市	18	7	20	11		52		
舟山市	198	180	150	127		667	3	83
台州市	91	53	46	17		119	17	833
丽水市	13	12	12	9	1	44		
按机构所属隶属关系分组								
中央部门属	815	680	556	377	7	2310	64	5217
中国科学院	544	478	316	266	5	1533	37	4843
地方部门属	1711	1215	913	491	8	3068	71	1685
省级部门属	646	497	409	279	7	1469	25	452
副省级城市属	80	49	45	23		183		
地市级部门属	441	242	262	86		473	40	1145
按机构从事的国民经济行业分组								
科学研究和技术服务业	2526	1895	1469	868	15	5378	135	6902
研究和试验发展	2011	1476	1184	676	14	4068	129	6884
专业技术服务业	256	194	215	142		913	4	17
科技推广和应用服务业	259	225	70	50	1	397	2	1
按机构服务的国民经济行业分组								
农、林、牧、渔业	574	472	492	329	5	1775	11	187

2-18 续表 1

指标名称	专利申请受理数（件）		专利授权数（件）			拥有有效发明专利总数（件）	专利所有权转让及许可数（件）	专利所有权转让及许可收入（万元）
		# 发明专利		# 发明专利	# 国外授权			
农业	218	152	186	84	2	456	4	49
林业	15	12	15	10		102	2	10
渔业	165	146	153	135		502	1	6
农、林、牧、渔专业及辅助性活动	176	162	138	100	3	715	4	122
制造业	287	187	119	64		291	27	370
农副食品加工业	17	17	8	7		16		
酒、饮料和精制茶制造业	5	5	2	2		30	2	55
纺织服装、服饰业	1	1	1	1		1	1	
皮革、毛皮、羽毛及其制品和制鞋业	6	1				11		
化学原料和化学制品制造业	17	6	19	8		40	1	12
医药制造业	59	50	19	15		29		
通用设备制造业	71	30	8	3		31	5	267
专用设备制造业	41	10	34	1		21		
计算机、通信和其他电子设备制造业	3	3						
仪器仪表制造业	11	8	8	7		62	2	4
其他制造业	56	56	20	20		50	16	32
电力、热力、燃气及水生产和供应业	2	1	1			7		
电力、热力生产和供应业	2	1	1			7		
批发和零售业	2	2						
批发业	2	2						
交通运输、仓储和邮政业	14	5	7	1		7		
道路运输业	14	5	7	1		7		
信息传输、软件和信息技术服务业	59	56	12	12		58	2	1
软件和信息技术服务业	59	56	12	12		58	2	1
科学研究和技术服务业	1360	1046	736	435	10	2893	77	5211
研究和试验发展	1154	939	592	389	10	2276	75	5200
专业技术服务业	106	41	97	20		219		
科技推广和应用服务业	100	66	47	26		398	2	11
水利、环境和公共设施管理业	208	118	96	22		299	18	1133

2-18　续表 2

指标名称	专利申请受理数（件）	# 发明专利	专利授权数（件）	# 发明专利	# 国外授权	拥有有效发明专利总数（件）	专利所有权转让及许可数（件）	专利所有权转让及许可收入（万元）
水利管理业	93	47	42	5		76		
生态保护和环境治理业	115	71	54	17		223	18	1133
卫生和社会工作	20	8	5	5		48		
卫生	20	8	5	5		48		
文化、体育和娱乐业			1					
文化艺术业			1					
按机构所属学科分组								
自然科学领域	257	203	111	49		347	6	32
信息科学与系统科学	132	103	21	6		33		
力学						10		
化学	48	45	21	9		128		
地球科学	77	55	67	32		163	6	32
生物学			2	2		13		
农业科学领域	727	544	644	367	8	2087	28	476
农学	467	315	425	193	7	1118	25	460
林学	67	55	56	29	1	229	2	10
水产学	193	174	163	145		740	1	6
医学科学领域	58	36	35	24	1	160	15	14
基础医学	8	4	5	1		8		
临床医学	10	9	5	4		38		
预防医学与公共卫生学	14	14	14	13	1	59	15	14
药学	6	1	6	1		7		
中医学与中药学	20	8	5	5		48		
工程科学与技术领域	1482	1111	677	427	6	2783	86	6381
工程与技术科学基础学科	52	32	33	12		59	1	12
信息与系统科学相关工程与技术	43	32	12	7		329	2	11
自然科学相关工程与技术	4	4	2	1		13		
测绘科学技术	3	3						
材料科学	647	566	341	287	5	1591	37	4843

2-18 续表 3

指标名称	专利申请受理数（件）	# 发明专利	专利授权数（件）	# 发明专利	# 国外授权	拥有有效发明专利总数（件）	专利所有权转让及许可数（件）	专利所有权转让及许可收入（万元）
机械工程	311	198	109	38		195	38	1133
动力与电气工程	5	4	3	2		6		
电子与通信技术	14	12	7	3		18		
计算机科学技术			2	2		16	2	1
化学工程	7	7	10	10		32		
产品应用相关工程与技术	191	132	74	38	1	223	4	81
纺织科学技术	3	1	3	3		12	1	
食品科学技术	36	31	13	12		70		
土木建筑工程						1		
水利工程	95	48	43	5		83		
交通运输工程	14	5	7	1		7		
航空、航天科学技术	21	11						
环境科学技术及资源科学技术	36	25	18	6		127	1	300
安全科学技术						1		
社会、人文科学领域	2	1	2	1		1		
考古学			1	1		1		
社会学	2	1						
图书馆、情报与文献学			1					
按机构从业人员规模分组								
≥ 1000 人	99	92	90	72	2	366	4	122
500 ~ 999 人	750	595	472	316	5	2046	45	4886
300 ~ 499 人	311	233	136	65	2	377	17	57
200 ~ 299 人	119	71	109	45	2	341	19	248
100 ~ 199 人	493	361	290	194	1	1082	24	1407
50 ~ 99 人	394	258	228	88	3	763	6	73
30 ~ 49 人	229	171	79	34		186	2	77
20 ~ 29 人	87	81	37	34		120	16	32
10 ~ 19 人	31	22	19	13		47	2	1
0 ~ 9 人	13	11	9	7		50		

2-19 科学研究和技术服务业事业单位论文、著作及其他科技产出（2019）

指标名称	科技论文（篇）	# 国外发表	科技著作（种）	形成国家或行业标准数（项）	集成电路布图设计登记数（件）	植物新品种权授予数（项）	软件著作权数（件）
总计	**6603**	**2478**	**244**	**144**	**15**	**89**	**467**
按机构所属地域分组							
杭州市	3737	1025	179	91		74	322
宁波市	1688	1154	30	16		6	76
温州市	354	134	11	10	4	5	20
嘉兴市	125	60		9	11	1	14
湖州市	113	42	3	3			18
绍兴市	15			1			1
金华市	81	14	3	1		1	9
衢州市	51	2	4	6		2	4
舟山市	217	38	5	4			3
台州市	93		5	2			
丽水市	129	9	4	1			
按机构所属隶属关系分组							
中央部门属	1991	1403	42	37		18	61
中国科学院	968	865	16	5			16
地方部门属	4612	1075	202	107	15	71	406
省级部门属	2655	533	154	32		55	260
副省级城市属	446	24	12	4		10	21
地市级部门属	486	76	10	15	4	6	21
按机构从事的国民经济行业分组							
科学研究和技术服务业	6603	2478	244	144	15	89	467
研究和试验发展	5792	2339	227	74	4	89	364
专业技术服务业	593	90	10	64	2		65
科技推广和应用服务业	218	49	7	6	9		38
按机构服务的国民经济行业分组							
农、林、牧、渔业	1919	549	60	31		78	161
农业	707	209	15	9		21	16

2-19 续表 1

指标名称	科技论文（篇）	# 国外发表	科技著作（种）	形成国家或行业标准数（项）	集成电路布图设计登记数（件）	植物新品种权授予数（项）	软件著作权数（件）
林业	200	74	4	8		7	15
渔业	227	51	8	6			7
农、林、牧、渔专业及辅助性活动	785	215	33	8		50	123
制造业	319	112	6	25	13		18
农副食品加工业	41	8					
酒、饮料和精制茶制造业	17	4	1	13			
纺织服装、服饰业	1						
皮革、毛皮、羽毛及其制品和制鞋业	35			2			
化学原料和化学制品制造业	2			1			
医药制造业	86	79	5				5
通用设备制造业	75	12		5	4		5
专用设备制造业	45	1		3			5
计算机、通信和其他电子设备制造业					9		
仪器仪表制造业	9	2		1			3
其他制造业	8	6					
电力、热力、燃气及水生产和供应业	37	2		3			
电力、热力生产和供应业	37	2		3			
批发和零售业				1			
批发业				1			
交通运输、仓储和邮政业	32	2	1				19
道路运输业	32	2	1				19
信息传输、软件和信息技术服务业	50	28	2				26
软件和信息技术服务业	50	28	2				26
租赁和商务服务业	5			2			
商务服务业	5			2			
科学研究和技术服务业	3601	1650	147	80	2	9	169
研究和试验发展	3001	1594	128	8		9	80
专业技术服务业	510	41	13	66			73
科技推广和应用服务业	90	15	6	6	2		16
水利、环境和公共设施管理业	267	18	5	2		2	68
水利管理业	161	9	1				65
生态保护和环境治理业	106	9	4	2		2	3

2-19 续表 2

指标名称	科技论文（篇）	# 国外发表	科技著作（种）	形成国家或行业标准数（项）	集成电路布图设计登记数（件）	植物新品种权授予数（项）	软件著作权数（件）
卫生和社会工作	346	117	23				5
卫生	346	117	23				5
文化、体育和娱乐业	5						1
文化艺术业	3						
体育	2						1
公共管理、社会保障和社会组织	22						
国家机构	22						
按机构所属学科分组							
自然科学领域	549	286	19	9			76
数学	5						1
信息科学与系统科学	46	28	3				21
力学	6	2	1	1			
化学	101	25	2	6			1
地球科学	390	231	13	2			53
生物学	1						
农业科学领域	2235	654	72	44		89	171
农学	1634	488	55	29		72	146
林学	325	99	9	9		17	18
水产学	276	67	8	6			7
医学科学领域	571	222	36	34			5
基础医学	26	10	1	3			
临床医学	15	12	6				
预防医学与公共卫生学	141	76	6	1			
药学	49	7		30			
中医学与中药学	340	117	23				5
工程科学与技术领域	2276	1313	38	51	15		202
工程与技术科学基础学科	96	55	1	6			4
信息与系统科学相关工程与技术	41	26			2		4
自然科学相关工程与技术	37	8	2				1
测绘科学技术	55		2				24
材料科学	1162	1002	21	5			21
机械工程	226	25	4	11	4		29

2-19　续表 3

指标名称	科技论文（篇）		科技著作（种）	形成国家或行业标准数（项）	集成电路布图设计登记数（件）	植物新品种权授予数（项）	软件著作权数（件）
		# 国外发表					
动力与电气工程	83	79					2
能源科学技术	3						
电子与通信技术	7		4	7	9		6
计算机科学技术							1
化学工程	8	4		7			
产品应用相关工程与技术	108	56	1	1			20
纺织科学技术	13	1		2			
食品科学技术	72	9		5			
土木建筑工程	5						1
水利工程	198	11	1	3			65
交通运输工程	32	2	1				19
航空、航天科学技术	103	35	1	2			3
环境科学技术及资源科学技术	19						2
安全科学技术	8			2			
管理学	972	3	79	6			13
社会、人文科学领域	671		68				
马克思主义	47		3				
考古学	22						
社会学	159		4				
图书馆、情报与文献学	71	3	4	6			12
体育科学	2						1
按机构从业人员规模分组							
≥ 1000 人	629	175	31	8		42	122
500 ~ 999 人	1411	1062	27	7	2	3	115
300 ~ 499 人	556	318	14	7		4	41
200 ~ 299 人	536	173	13	39		14	45
100 ~ 199 人	1963	292	115	17	4	18	56
50 ~ 99 人	789	245	28	42		5	37
30 ~ 49 人	363	55	8	4	9	3	35
20 ~ 29 人	214	130	3	3			4
10 ~ 19 人	122	28	4	14			7
0 ~ 9 人	20		1	3			5

2–20 科学研究和技术服务业事业单位对外科技服务（2019）

单位：人年

指标名称	合计	科技成果的示范性推广工作	为用户提供可行性报告、技术方案、建议及进行技术论证等技术咨询工作	地形、地质和水文考察、天文、气象和地震的日常观察	为社会和公众提供的检验、检疫、测试、标准化、计量、计算、质量控制和专利服务	科技信息文献服务	提供孵化、平台搭建等科技服务活动	科学普及	其他科技服务活动
总计	**6061**	**987**	**1252**	**159**	**2340**	**218**	**173**	**353**	**579**
按机构所属地域分组									
杭州市	3372	513	847	148	1226	142	63	160	273
宁波市	1008	92	143		534	32	43	82	82
温州市	539	113	88	1	183	24	27	28	75
嘉兴市	316	70	70		116		11	8	41
湖州市	91	27	15	3	7	5	5	10	19
绍兴市	61	18	7		3	1	1	2	29
金华市	69	26	19		2	3	2	12	5
衢州市	172	18	7	5	98	3	11	16	14
舟山市	136	29	26		57	2	5	8	9
台州市	64	21	5	1	14	3	3	3	14
丽水市	233	60	25	1	100	3	2	24	18
按机构所属隶属关系分组									
中央部门属	1013	174	301	39	308	30	24	76	61
中国科学院	46	11	15		12	1	1	1	5
地方部门属	5048	813	951	120	2032	188	149	277	518
省级部门属	2248	365	536	110	767	110	35	89	236
副省级城市属	400	59	66		205	13	4	20	33
地市级部门属	588	159	120	1	80	34	43	50	101
按机构从事的国民经济行业分组									
科学研究和技术服务业	6061	987	1252	159	2340	218	173	353	579
研究和试验发展	3999	753	869	150	1272	185	114	237	419
专业技术服务业	1608	103	301		1016	4	18	85	81
科技推广和应用服务业	454	131	82	9	52	29	41	31	79
按机构服务的国民经济行业分组									
农、林、牧、渔业	1538	557	194	33	314	38	35	139	228
农业	637	268	113	2	80	25	18	51	80
林业	122	21	8	24	2		6	34	27

单位：人年

指标名称	合计	科技成果的示范性推广工作	为用户提供可行性报告、技术方案、建议及进行技术论证等技术咨询工作	地形、地质和水文考察、天文、气象和地震的日常观察	为社会和公众提供的检验、检疫、测试、标准化、计量、计算、质量控制和专利服务	科技信息文献服务	提供孵化、平台搭建等科技服务活动	科学普及	其他科技服务活动
畜牧业	1	1							
渔业	96	28	21		24			8	15
农、林、牧、渔专业及辅助性活动	682	239	52	7	208	13	11	46	106
制造业	697	32	80		413	8	28	65	71
农副食品加工业	48	2	8		30				8
食品制造业	2				2				
酒、饮料和精制茶制造业	45	8	10		13	2	3	3	6
纺织服装、服饰业	45		10		19				16
皮革、毛皮、羽毛及其制品和制鞋业	136		1		110		1	3	21
化学原料和化学制品制造业	20		3		10		7		
医药制造业	3	2							1
通用设备制造业	55	11	13		7	6	8	4	6
专用设备制造业	150	3	30		50		3	52	12
汽车制造业	1	1							
计算机、通信和其他电子设备制造业	15	2	3		2		6	1	1
仪器仪表制造业	170				170				
其他制造业	7	3	2					2	
电力、热力、燃气及水生产和供应业	61	3	31		12	2			13
电力、热力生产和供应业	61	3	31		12	2			13
交通运输、仓储和邮政业	96	3	24		6	63			
道路运输业	96	3	24		6	63			
信息传输、软件和信息技术服务业	32	5	9	3	1	1	4	2	7
软件和信息技术服务业	32	5	9	3	1	1	4	2	7
租赁和商务服务业	19	2	15		2				
商务服务业	19	2	15		2				
科学研究和技术服务业	2940	339	619	28	1459	84	78	117	216
研究和试验发展	926	203	243	16	238	39	34	44	109
专业技术服务业	1646	88	300	12	1126	10	15	45	50
科技推广和应用服务业	368	48	76		95	35	29	28	57
水利、环境和公共设施管理业	589	45	265	90	113	12	28	13	23
水利管理业	421	26	166	90	88	8	22	11	10
生态保护和环境治理业	168	19	99		25	4	6	2	13

2–20　续表 2

单位：人年

指标名称	合计	科技成果的示范性推广工作	为用户提供可行性报告、技术方案、建议及进行技术论证等技术咨询工作	地形、地质和水文考察、天文、气象和地震的日常观察	为社会和公众提供的检验、检疫、测试、标准化、计量、计算、质量控制和专利服务	科技信息文献服务	提供孵化、平台搭建等科技服务活动	科学普及	其他科技服务活动
卫生和社会工作	74	1	15		20	10		17	11
卫生	74	1	15		20	10		17	11
文化、体育和娱乐业	5			5					
文化艺术业	5			5					
公共管理、社会保障和社会组织	10								10
国家机构	10								10
按机构所属学科分组									
自然科学领域	466	34	74	31	267	14	14	11	21
数学	1				1				
信息科学与系统科学	56	16	8		5	4	7	3	13
力学	36	1			30		1	1	3
化学	240	13	18		192	6	5	3	3
地球科学	128	2	47	31	39	4	1	3	1
生物学	5	2	1					1	1
农业科学领域	1802	666	236	33	372	48	38	169	240
农学	1456	565	184	9	328	47	31	109	183
林学	220	58	28	24	20	1	6	47	36
畜牧、兽医科学	1	1							
水产学	125	42	24		24		1	13	21
医学科学领域	222	13	15		162	13		17	2
基础医学	3				3				
临床医学	5							5	
预防医学与公共卫生学	43	10			30	3			
药学	111	2			109				
中医学与中药学	60	1	15		20	10		12	2
工程科学与技术领域	3235	259	772	90	1524	113	111	136	230
工程与技术科学基础学科	103	4	30		47	1	4	9	8
信息与系统科学相关工程与技术	85	23	13		32	2	3	4	8
自然科学相关工程与技术	63	9	15		1	2	7	5	24
测绘科学技术	50	17	15		1		5	7	5
材料科学	221	12	21		143	2	6	5	32
机械工程	633	38	36		495	6	25	15	18

单位：人年

指标名称	合计	科技成果的示范性推广工作	为用户提供可行性报告、技术方案、建议及进行技术论证等技术咨询工作	地形、地质和水文考察、天文、气象和地震的日常观察	为社会和公众提供的检验、检疫、测试、标准化、计量、计算、质量控制和专利服务	科技信息文献服务	提供孵化、平台搭建等科技服务活动	科学普及	其他科技服务活动
动力与电气工程	60		3		57				
能源科学技术	3	2							1
电子与通信技术	93	6	11		56	1	8	4	7
计算机科学技术	16	2	6				1	1	6
化学工程	26	1	3		12	1	7		2
产品应用相关工程与技术	392	32	57		246	14	13		30
纺织科学技术	101	36	10		29	2	1	2	21
食品科学技术	484	15	189		203		5	51	21
土木建筑工程	5		4		1				
水利工程	475	26	197	90	100	10	22	11	19
交通运输工程	96	3	24		6	63			
航空、航天科学技术	22	5	6		5	4		2	
环境科学技术及资源科学技术	188	15	102		42	4	4	12	9
安全科学技术	79	10	30		16			8	15
管理学	40	3			32	1			4
社会、人文科学领域	336	15	155	5	15	30	10	20	86
马克思主义	15	3	10					1	1
考古学	5			5					
经济学	84		74						10
社会学	28	2	2		2	1	1	3	17
图书馆、情报与文献学	204	10	69		13	29	9	16	58
按机构从业人员规模分组									
≥ 1000 人	555	185	30	7	190	13	10	30	90
500 ~ 999 人	604	84	237	107	110	11	19	9	27
300 ~ 499 人	906	91	233		508	13	4	17	40
200 ~ 299 人	939	99	63	23	541	70	8	99	36
100 ~ 199 人	1146	175	295	12	393	37	30	71	133
50 ~ 99 人	1065	191	234	1	438	26	34	62	79
30 ~ 49 人	399	47	83	3	120	21	36	33	56
20 ~ 29 人	170	47	39		17	9	17	11	30
10 ~ 19 人	186	51	31	1	18	15	11	12	47
0 ~ 9 人	91	17	7	5	5	3	4	9	41

2–21　转制为企业的研究机构机构、人员和经费概况（2019）

指标名称	单位数（个）	从业人员（人）	# 专业技术人员	# 本科及以上学历	技术性收入（万元）	# 技术开发收入	科技活动经费支出（万元）
总计	**34**	**6213**	**3771**	**3264**	**207305**	**7726**	**68220**
按机构所属地域分组							
杭州市	27	5614	3289	2828	186665	6161	64888
宁波市	2	457	394	371	18928	1066	2618
温州市	1	30	15	12	5		66
嘉兴市	2	37	12	7	489	433	435
绍兴市	1	50	44	39	894	66	54
金华市	1	25	17	7	324		160
按机构所属隶属关系分组							
中央属	5	631	451	385	8239	957	12501
地方属	16	2614	1496	1316	117518	4720	25738
其他	13	2968	1824	1563	81549	2049	29981
按机构从事的国民经济行业分组							
制造业	19	4625	2549	2223	96121	2669	43240
纺织业	1	182	38	24	164		684
化学原料和化学制品制造业	4	1702	677	594	1421	1091	17488
医药制造业	1	55	42	32	1199		919
有色金属冶炼和压延加工业	1	131	92	85	2448		3453
通用设备制造业	4	230	136	99	1837	79	361
专用设备制造业	2	155	101	74	1243	433	1343
电气机械和器材制造业	1	1082	904	841	70737		8410
计算机、通信和其他电子设备制造业	2	114	29	20			587
仪器仪表制造业	3	974	530	454	17072	1066	9994
电力、热力、燃气及水生产和供应业	1	13	11	11	294		267
电力、热力生产和供应业	1	13	11	11	294		267
建筑业	1	281	255	216	3806		1671
房屋建筑业	1	281	255	216	3806		1671
信息传输、软件和信息技术服务业	4	195	125	86	3782	1967	2656

2-21 续表 1

指标名称	单位数（个）	从业人员（人）	# 专业技术人员	# 本科及以上学历	技术性收入（万元）	# 技术开发收入	科技活动经费支出（万元）
软件和信息技术服务业	4	195	125	86	3782	1967	2656
房地产业	1	8					
房地产业	1	8					
科学研究和技术服务业	7	935	698	607	98839	2901	19150
研究和试验发展	1	51	35	32	2132	2132	2116
专业技术服务业	4	747	558	479	94667	769	15505
科技推广和应用服务业	2	137	105	96	2040		1530
水利、环境和公共设施管理业	1	156	133	121	4462	188	1236
生态保护和环境治理业	1	156	133	121	4462	188	1236
按机构服务的国民经济行业分组							
采矿业	1	156	133	121	4462	188	1236
煤炭开采和洗选业	1	156	133	121	4462	188	1236
制造业	19	3351	1495	1224	13661	3736	43571
纺织业	1	182	38	24	164		684
造纸和纸制品业	2	494	251	210	2071	82	11076
化学原料和化学制品制造业	3	1367	551	493	1018	1010	13630
医药制造业	2	106	77	64	3331	2132	3036
非金属矿物制品业	1	58	39	20	1282		1069
通用设备制造业	3	151	91	65	1767	79	255
专用设备制造业	2	155	101	74	1243	433	1343
计算机、通信和其他电子设备制造业	2	158	100	92	2448		3680
仪器仪表制造业	3	680	247	182	337		8799
电力、热力、燃气及水生产和供应业	3	1241	992	920	72153	769	11571
电力、热力生产和供应业	2	1095	915	852	71031		8678
水的生产和供应业	1	146	77	68	1122	769	2893
建筑业	1	281	255	216	3806		1671
房屋建筑业	1	281	255	216	3806		1671
信息传输、软件和信息技术服务业	4	241	129	87	3621	1967	2915
电信、广播电视和卫星传输服务	1	87	21	13			359
软件和信息技术服务业	3	154	108	74	3621	1967	2556

2-21 续表 2

指标名称	单位数（个）	从业人员（人）	# 专业技术人员	# 本科及以上学历	技术性收入（万元）	# 技术开发收入	科技活动经费支出（万元）
房地产业	1	8					
科学研究和技术服务业	4	856	722	662	109532	1066	7150
专业技术服务业	3	841	711	653	109523	1066	6943
科技推广和应用服务业	1	15	11	9	9		207
文化、体育和娱乐业	1	79	45	34	70		106
广播、电视、电影和录音制作业	1	79	45	34	70		106
按机构所属学科分组							
自然科学领域	2	390	168	133	1602	82	4778
化学	1	335	126	101	403	82	3858
生物学	1	55	42	32	1199		919
医学科学领域	1	51	35	32	2132	2132	2116
中医学与中药学	1	51	35	32	2132	2132	2116
工程科学与技术领域	31	5772	3568	3099	203571	5512	61326
工程与技术科学基础学科	1	50	44	39	894	66	54
材料科学	2	204	116	88	2404	769	3962
冶金工程技术	1	131	92	85	2448		3453
机械工程	8	1926	1515	1350	165292	446	21646
动力与电气工程	2	92	56	45	364		373
电子与通信技术	5	1084	555	468	17057	1066	10533
计算机科学技术	3	154	108	74	3621	1967	2556
化学工程	4	1489	645	580	3049	1010	14952
纺织科学技术	2	190	38	24	164		684
食品科学技术	1	15	11	9	9		207
土木建筑工程	1	281	255	216	3806		1671
环境科学技术及资源科学技术	1	156	133	121	4462	188	1236
按机构登记注册类型分组							
国有	6	1859	1027	871	8752	1010	19599
有限责任公司	22	3352	2338	2079	195892	6716	33122
股份有限公司	3	827	274	207	3		13986
私营	3	175	132	107	2658		1514

2–22　转制为企业的研究机构技术性收入情况（2019）

单位：万元

指标名称	技术性收入	技术转让收入	技术承包收入	技术咨询与服务收入	技术开发收入			
						政府委托	企业委托	其他
总计	**207305**	**15995**	**11272**	**172312**	**7726**	**2588**	**4624**	**515**
按机构所属地域分组								
杭州市	186665	142	11272	169090	6161	2566	3514	82
宁波市	18928	15597		2265	1066		1066	
温州市	5			5				
嘉兴市	489			56	433			433
绍兴市	894			828	66	22	44	
金华市	324	257		67				
按机构所属隶属关系分组								
中央属	8239			7281	957	769	188	
地方属	117518	15738		97060	4720	22	4265	433
其他	81549	257	11272	67971	2049	1797	171	82
按机构从事的国民经济行业分组								
制造业	96121	15597	11272	66583	2669	22	2133	515
纺织业	164			164				
化学原料和化学制品制造业	1421			329	1091		1010	82
医药制造业	1199			1199				
有色金属冶炼和压延加工业	2448			2448				
通用设备制造业	1837			1758	79	22	57	
专用设备制造业	1243			810	433			433
电气机械和器材制造业	70737		11272	59465				
仪器仪表制造业	17072	15597		410	1066		1066	
电力、热力、燃气及水生产和供应业	294			294				
电力、热力生产和供应业	294			294				
建筑业	3806			3806				
房屋建筑业	3806			3806				

2-22 续表 1

单元：万元

指标名称	技术性收入	技术转让收入	技术承包收入	技术咨询与服务收入	技术开发收入			
						政府委托	企业委托	其他
信息传输、软件和信息技术服务业	3782	398		1416	1967	1797	171	
软件和信息技术服务业	3782	398		1416	1967	1797	171	
科学研究和技术服务业	98839			95938	2901	769	2132	
研究和试验发展	2132				2132		2132	
专业技术服务业	94667			93898	769	769		
科技推广和应用服务业	2040			2040				
水利、环境和公共设施管理业	4462			4274	188		188	
生态保护和环境治理业	4462			4274	188		188	
按机构服务的国民经济行业分组								
采矿业	4462			4274	188		188	
煤炭开采和洗选业	4462			4274	188		188	
制造业	13661	142		9784	3736	22	3199	515
纺织业	164			164				
造纸和纸制品业	2071			1989	82			82
化学原料和化学制品制造业	1018			8	1010		1010	
医药制造业	3331			1199	2132		2132	
非金属矿物制品业	1282			1282				
有色金属冶炼和压延加工业	8752			7742	1010		1010	
汽车制造业	195892	15995	11272	161909	6716	2588	3614	515
铁路、船舶、航空航天和其他运输设备制造业	3			3				
电气机械和器材制造业	2658			2658				
电力、热力、燃气及水生产和供应业	72153		11272	60112	769	769		
电力、热力生产和供应业	71031		11272	59759				
水的生产和供应业	1122			353	769	769		
建筑业	3806			3806				
房屋建筑业	3806			3806				
信息传输、软件和信息技术服务业	3621	257		1397	1967	1797	171	
软件和信息技术服务业	3621	257		1397	1967	1797	171	
科学研究和技术服务业	109532	15597		92869	1066		1066	

2–22 续表 2

单元：万元

指标名称	技术性收入	技术转让收入	技术承包收入	技术咨询与服务收入	技术开发收入			
						政府委托	企业委托	其他
专业技术服务业	109523	15597		92860	1066		1066	
科技推广和应用服务业	9			9				
文化、体育和娱乐业	70			70				
广播、电视、电影和录音制作业	70			70				
按机构所属学科分组								
自然科学领域	1602			1521	82			82
化学	403			321	82			82
生物学	1199			1199				
医学科学领域	2132				2132		2132	
中医学与中药学	2132				2132		2132	
工程科学与技术领域	203571	15995	11272	170791	5512	2588	2492	433
工程与技术科学基础学科	894			828	66	22	44	
材料科学	2404			1635	769	769		
冶金工程技术	2448			2448				
机械工程	165292		11272	153574	446		13	433
动力与电气工程	364			364				
电子与通信技术	17057	15738		253	1066		1066	
计算机科学技术	3621	257		1397	1967	1797	171	
化学工程	3049			2040	1010		1010	
纺织科学技术	164			164				
食品科学技术	9			9				
土木建筑工程	3806			3806				
环境科学技术及资源科学技术	4462			4274	188		188	
按机构登记注册类型分组								
国有	8752			7742	1010		1010	
有限责任公司	195892	15995	11272	161909	6716	2588	3614	515
股份有限公司	3			3				
私营	2658			2658				

2–23 转制为企业的研究机构科技活动经费支出与固定资产情况（2019）

单位：万元

指标名称	科技活动经费支出	人员人工费用（包含各种补贴）	直接投入费用	折旧费用与长期摊销费用	无形资产摊销费用	设计费用	装备调试费用与试验费用	委托外单位开展科技活动的经费支出	其他费用	年末固定资产原价	#科学仪器设备
总计	**68220**	**31143**	**19660**	**3744**	**570**	**217**	**429**	**1576**	**10882**	**329350**	**58899**
按机构所属地域分组											
杭州市	64888	29003	19508	3661	551	217	429	1576	9944	318248	57476
宁波市	2618	1708	10	42	12				845	7321	448
温州市	66	25	34						7	469	279
嘉兴市	435	223	93	36	7				76	778	321
绍兴市	54	39	15							1142	360
金华市	160	146		5					10	1393	14
按机构所属隶属关系分组											
中央属	12501	3789	7433	180		191	154	478	277	22631	4452
地方属	25738	10829	5522	2388	39		231	968	5763	187083	26908
其他	29981	16525	6705	1177	531	26	45	131	4842	119636	27539
按机构从事的国民经济行业分组											
制造业	43240	21303	11791	3156	552	26	151	517	5745	268718	45062
纺织业	684	281	315	81					8	6435	2020
化学原料和化学制品制造业	17488	7328	5613	2164	329		92	429	1533	153450	19798
医药制造业	919	776							143	2538	764
有色金属冶炼和压延加工业	3453	1670	1117	34					632	20976	7727
通用设备制造业	361	262	93						7	9605	1689
专用设备制造业	1343	960	280	48	1			5	50	2079	832
电气机械和器材制造业	8410	4515	560	296	10		24	83	2924	36826	3724
计算机、通信和其他电子设备制造业	587	306	132	33	26	22			68	4236	1348
仪器仪表制造业	9994	5205	3682	501	187	3	36		381	32573	7160
电力、热力、燃气及水生产和供应业	267	73		2					192	32	32
电力、热力生产和供应业	267	73		2					192	32	32
建筑业	1671	1515	52	25				30	49	3642	2003
房屋建筑业	1671	1515	52	25				30	49	3642	2003
信息传输、软件和信息技术服务业	2656	2288	176	10	6				176	6489	618

2-23 续表 1

单元：万元

指标名称	科技活动经费支出	人员人工费用（包含各种补贴）	直接投入费用	折旧费用与长期摊销费用	无形资产摊销费用	设计费用	装备调试费用与试验费用	委托外单位开展科技活动的经费支出	其他费用	年末固定资产原价	#科学仪器设备
软件和信息技术服务业	2656	2288	176	10	6				176	6489	618
房地产业										1740	1010
房地产业										1740	1010
科学研究和技术服务业	19150	5651	6831	549	12	191	279	987	4650	48730	10173
研究和试验发展	2116	748	211					557	601	2878	2556
专业技术服务业	15505	4334	6550	507		191	279	431	3213	45529	7469
科技推广和应用服务业	1530	569	71	41	12				836	323	149
水利、环境和公共设施管理业	1236	313	809	3				42	69		
生态保护和环境治理业	1236	313	809	3				42	69		
按机构服务的国民经济行业分组											
采矿业	1236	313	809	3				42	69		
煤炭开采和洗选业	1236	313	809	3				42	69		
制造业	43571	19043	16260	2996	542	195	141	991	3405	237093	43556
纺织业	684	281	315	81					8	6435	2020
造纸和纸制品业	11076	4246	5496	289	329	191	22	18	486	31987	4355
化学原料和化学制品制造业	13630	5205	4942	1955			70	411	1047	133744	15909
医药制造业	3036	1525	211					557	744	5416	3320
非金属矿物制品业	1069	812	146	83			14		14	863	682
通用设备制造业	255	224	25						7	4506	1268
专用设备制造业	1343	960	280	48	1			5	50	2079	832
计算机、通信和其他电子设备制造业	3680	1800	1159	35	26				662	22539	8175
仪器仪表制造业	8799	3991	3688	505	187	3	36		389	29522	6994
电力、热力、燃气及水生产和供应业	11571	5091	2139	378	10		142	514	3299	41937	6727
电力、热力生产和供应业	8678	4588	560	297	10		24	83	3117	36858	3756
水生产和供应业	2893	502	1579	80			118	431	183	5079	2971
建筑业	1671	1515	52	25				30	49	3642	2003
房屋建筑业	1671	1515	52	25				30	49	3642	2003
信息传输、软件和信息技术服务业	2915	2403	250	36	6	22			197	4990	1236
电信、广播电视和卫星传输服务	359	177	90	31		22			38	2672	899
软件和信息技术服务业	2556	2226	160	5	6				159	2318	336
房地产业										1740	1010

2-23 续表 2

单元：万元

指标名称	科技活动经费支出	人员人工费用（包含各种补贴）	直接投入费用	折旧费用与长期摊销费用	无形资产摊销费用	设计费用	装备调试费用与试验费用	委托外单位开展科技活动的经费支出	其他费用	年末固定资产原价	#科学仪器设备
房地产业										1740	1010
科学研究和技术服务业	7150	2741	81	307	12		147		3862	34851	3947
专业技术服务业	6943	2605	10	307	12		147		3862	34626	3798
科技推广和应用服务业	207	136	71							225	149
文化、体育和娱乐业	106	38	68							5099	421
广播、电视、电影和录音制作业	106	38	68							5099	421
按机构所属学科分组											
自然科学领域	4778	2900	671	209	329		22	18	629	22244	4653
化学	3858	2123	671	209	329		22	18	486	19706	3889
生物学	919	776							143	2538	764
医学科学领域	2116	748	211					557	601	2878	2556
中医学与中药学	2116	748	211					557	601	2878	2556
工程科学与技术领域	61326	27495	18778	3535	241	216	408	1002	9652	304229	51690
工程与技术科学基础学科	54	39	15							1142	360
材料科学	3962	1314	1725	164			132	431	196	5942	3653
冶金工程技术	3453	1670	1117	34					632	20976	7727
机械工程	21646	8728	5708	693	10	191	206	87	6023	85743	9785
动力与电气工程	373	111	68	2					192	5131	453
电子与通信技术	10533	5524	3797	534	212	25			441	37093	8285
计算机科学技术	2556	2226	160	5	6				159	2318	336
化学工程	14952	5638	4942	1996	12		70	411	1883	133843	15909
纺织科学技术	684	281	315	81					8	8175	3030
食品科学技术	207	136	71							225	149
土木建筑工程	1671	1515	52	25				30	49	3642	2003
环境科学技术及资源科学技术	1236	313	809	3				42	69		
按机构登记注册类型分组											
国有	19599	9669	6271	1841		191	119	437	1072	145413	15785
有限责任公司	33122	16019	5781	1017	365		310	1130	8500	148660	31420
股份有限公司	13986	4870	7609	845	187	25		10	441	34055	11118
私营	1514	586		41	18				869	1222	576

2–24 转制为企业的研究机构科技项目概况（2019）

指标名称	项目数（个）	项目经费内部支出（万元）	#政府资金	项目人员折合全时工作量（人年）	#研究人员
总计	**362**	**46503**	**5840**	**1396.7**	**1083**
按机构所属地域分组					
杭州市	332	44137	5774	1262.7	988
宁波市	23	1791		102	84
温州市	2	66	66	3	3
嘉兴市	3	300		11	4
绍兴市	1	54		6	3
金华市	1	156		12	1
按机构所属隶属关系分组					
中央属	52	4589	175	161.8	129.1
地方属	143	18322	2164	487.8	331
其他	167	23592	3501	747.1	622.9
按项目来源分组					
国家科技项目	31	4638	1759	144.5	110
地方科技项目	112	10719	3530	364.3	241
企业委托科技项目	29	2460	57	98	50.5
自选科技项目	177	28224	173	729.4	642.8
国际合作科技项目	1	7		3	3
其他科技项目	12	456	322	57.5	35.7
按项目的活动类型分组					
应用研究	52	5736	1624	218.1	128.8
试验发展	249	35534	3798	940.5	767.2
试制与工程化	37	3408	333	148.2	119.4
技术咨询与技术服务	24	1825	85	89.9	67.6
按项目所属学科分组					
自然科学领域	18	1500	186	101.7	67.7
信息科学与系统科学	1	156		12	1
物理学	5	86		16.7	12.7
化学	6	1072		33	31

2-24 续表 1

指标名称	项目数（个）	项目经费内部支出（万元）		项目人员折合全时工作量（人年）	
			# 政府资金		# 研究人员
生物学	6	186	186	40	23
农业科学领域	7	620	66	19	16
农学	7	620	66	19	16
医学科学领域	16	1839	747	58.3	12.1
中医学与中药学	16	1839	747	58.3	12.1
工程科学与技术领域	320	42358	4841	1212.6	982.1
信息与系统科学相关工程与技术	4	162		12.5	7
材料科学	58	4091	885	99.3	69.1
冶金工程技术	1	89		5	4
机械工程	34	2837	368	91.9	65.7
动力与电气工程	7	1106	3	52.5	51.6
能源科学技术	11	1473	2	68.3	68.3
电子与通信技术	21	9451	1306	257	228
计算机科学技术	30	4248	999	93.3	40.8
化学工程	62	10350	479	194.3	165
产品应用相关工程与技术	11	776	5	26.2	26.2
纺织科学技术	8	514	4	37	37
食品科学技术	6	227	80	9	9
土木建筑工程	20	1521	201	122	90
环境科学技术及资源科学技术	47	5513	510	144.3	120.4
社会、人文科学领域	1	186		5.1	5.1
经济学	1	186		5.1	5.1
按项目的社会经济目标分组					
环境保护、生态建设及污染防治	53	5288	509	150.8	125.7
环境一般问题	13	1877	40	31.4	28.4
环境与资源评估	7	945	232	25.8	17.6
环境监测	2	26	6	5	4
环境污染预防	8	706	98	25	17.9
环境治理	23	1734	134	63.6	57.8
能源生产、分配和合理利用	30	5269	295	172	163.8
能源一般问题研究	1	239		9.7	9.7

2-24 续表 2

指标名称	项目数（个）	项目经费内部支出（万元）		项目人员折合全时工作量（人年）	
			# 政府资金		# 研究人员
能源矿物的开采和加工技术	1	46		1	1
能源转换技术	1	200		2.9	2.9
能源输送、储存与分配技术	2	86	28	2.6	1.8
可再生能源	2	342	5	12.3	12.3
能源设施和设备建造	1	182	23	0.5	0.3
能源安全生产管理和技术	4	705		36.6	36.6
节约能源的技术	13	2802	239	78.8	71.6
能源生产、输送、分配、储存、利用过程中污染的防治与处理	5	667	1	27.6	27.6
卫生事业发展	13	819	381	64.8	27.8
诊断与治疗	6	573	135	22.8	3.5
营养和食品卫生	1	60	60	2	1.3
卫生医疗其他研究	6	186	186	40	23
基础设施以及城市和农村规划	12	2267	222	40.1	25.1
交通运输	5	1792	115	16.8	12.3
通信	1	116		4.3	0.8
广播与电视	6	359	107	19	12
基础社会发展和社会服务	3	196	38	12.8	7
公共安全	1	72	13	3	2
其他社会发展和社会服务	2	124	25	9.8	5
民用空间探测及开发	1	768		18	16
发射与控制系统	1	768		18	16
农林牧渔业发展	17	1398	569	41.3	24.8
农作物种植及培育	7	745	508	18.3	4.8
农林牧渔业体系支撑	9	651	61	22	19
农林牧渔业生产中污染的防治与处理	1	1		1	1
工商业发展	204	24999	3628	787.4	613.5
促进工商业发展的一般问题	2	57		4.5	
产业共性技术	2	37		3	2
食品、饮料和烟草制品业	3	405	48	13	6
纺织业、服装及皮革制品业	8	514	4	37	37
化学工业	57	6316	398	174	152

2-24 续表 3

指标名称	项目数（个）	项目经费内部支出（万元）		项目人员折合全时工作量（人年）	
			# 政府资金		# 研究人员
非金属与金属制品业	12	814	92	40	34
机械制造业（不包括电子设备、仪器仪表及办公机械）	28	1958	170	57	38
电子设备、仪器仪表及办公机械	32	9199	1472	231	206
其他制造业	5	1014	231	3	2
热力、水的生产和供应	1	521	41	4	2
建筑业	23	1738	288	138	101
信息与通信技术（ICT）服务业	19	2176	796	60	20
技术服务业	4	43	5	7	6
房地产业	3	6	6	3	1
商业及其他服务业	1	31		1	1
工商业活动中的环境保护、污染防治与处理	4	171	77	11	7
其他民用目标	27	5428	153	105	77
国防	2	71	45	5	2
按项目合作形式分组					
独立完成	246	33544	3375	910	710
与境内独立研究机构合作	11	1795	202	65	58
与境内高等学校合作	20	1912	159	76	61
与境内注册其他企业合作	19	1882	711	63	47
与境外机构合作	7	1821	132	31	23
其他	59	5548	1262	252	185
按项目服务的国民经济行业分组					
农、林、牧、渔业	9	901	572	27	6
农业	8	879	563	25	5
林业	1	22	9	2	1
采矿业	15	1138		36	34
煤炭开采和洗选业	15	1138		36	34
制造业	210	30140	3436	798	632
农副食品加工业	5	293		9	8
食品制造业	11	970	108	35	27
酒、饮料和精制茶制造业	1	30		2	
纺织业	8	514	4	37	37

2-24 续表 4

指标名称	项目数（个）	项目经费内部支出（万元）	# 政府资金	项目人员折合全时工作量（人年）	# 研究人员
纺织服装、服饰业	1	49		4	4
木材加工和木、竹、藤、棕、草制品业	1	221	5	8	8
造纸和纸制品业	5	104	5	9	7
石油、煤炭及其他燃料加工业	1	46		1	1
化学原料和化学制品制造业	64	11393	465	203	168
医药制造业	16	1340	434	65	28
非金属矿物制品业	8	147	134	27	20
黑色金属冶炼和压延加工业	1	91	91	2	1
金属制品业	6	1235	206	17	12
通用设备制造业	16	996	247	41	27
专用设备制造业	16	1300		67	50
汽车制造业	2	1	1	1	1
电气机械和器材制造业	5	480	172	9	6
计算机、通信和其他电子设备制造业	34	10774	1565	241	211
仪器仪表制造业	9	156		21	16
电力、热力、燃气及水生产和供应业	40	6050	378	214	199
电力、热力生产和供应业	28	3800	179	175	175
水生产和供应业	12	2250	199	39	24
建筑业	15	2522	302	91	66
房屋建筑业	9	654	188	69	51
土木工程建筑业	6	1868	115	22	15
信息传输、软件和信息技术服务业	24	2453	802	79	23
软件和信息技术服务业	24	2453	802	79	23
科学研究和技术服务业	35	1888	165	109	90
研究和试验发展	4	96	45	7	4
专业技术服务业	25	1552	40	94	78
科技推广和应用服务业	6	240	80	8	8
水利、环境和公共设施管理业	14	1411	184	42	33
生态保护和环境治理业	13	1392	181	42	33
公共设施管理业	1	19	4	1	

2–25　转制为企业的研究机构科技项目经费内部支出按活动类型分类（2019）

单位：万元

指标名称	项目经费内部支出	应用研究	试验发展	试制与工程化	技术咨询与技术服务
总计	**46503**	**5736**	**35534**	**3408**	**1825**
按机构所属地域分组					
杭州市	44137	5414	34615	2668	1439
宁波市	1791	166	799	440	386
温州市	66		66		
嘉兴市	300			300	
绍兴市	54		54		
金华市	156	156			
按机构所属隶属关系分组					
中央属	4589	373	4210	6	
地方属	18322	1065	15790	850	617
其他	23592	4298	15534	2552	1208
按课题来源分布					
国家科技项目	4638	516	3450	537	134
地方科技项目	10719	2969	6397	1349	4
企业委托科技项目	2460	161	781	327	1191
自选科技项目	28224	1875	24729	1195	425
国际合作科技项目	7		7		
其他科技项目	456	215	170		71
按课题所属学科分组					
自然科学领域	1500	306	116	1078	
信息科学与系统科学	156	156			
物理学	86		80	6	
化学	1072			1072	
生物学	186	150	36		
农业科学领域	620	55	565		
农学	620	55	565		

2–25 续表 1

单位：万元

指标名称	项目经费内部支出	应用研究	试验发展	试制与工程化	技术咨询与技术服务
医学科学领域	1839	508	1111		219
中医学与中药学	1839	508	1111		219
工程科学与技术领域	42358	4866	33556	2330	1606
信息与系统科学相关工程与技术	162		72	90	
材料科学	4091	367	3171	478	74
冶金工程技术	89		89		
机械工程	2837		2537	300	
动力与电气工程	1106	506	396	37	167
能源科学技术	1473	799	630	42	1
电子与通信技术	9451		8994	457	
计算机科学技术	4248	2321	1927		
化学工程	10350	190	10071	89	
产品应用相关工程与技术	776		776		
纺织科学技术	514		475		39
食品科学技术	227		218		9
土木建筑工程	1521	166	588	381	386
环境科学技术及资源科学技术	5513	516	3612	455	930
社会、人文科学领域	186		186		
经济学	186		186		
按课题的社会经济目标分组					
环境保护、生态建设及污染防治	5288	200	3520	504	1064
环境一般问题	1877		1624	253	
环境与资源评估	945	175		2	769
环境监测	26	26	1		
环境污染预防	706		362	49	295
环境治理	1734		1534	200	
能源生产、分配和合理利用	5269	1743	3058	300	168
能源一般问题研究	239	239			
能源矿物的开采和加工技术	46		46		
能源转换技术	200		200		
能源输送、储存与分配技术	86		86		

2-25　续表 2　　单位：万元

指标名称	项目经费内部支出	应用研究	试验发展	试制与工程化	技术咨询与技术服务
可再生能源	342	120		221	
能源设施和设备建造	182		182		
能源安全生产管理和技术	705	633	72		
节约能源的技术	2802	751	1842	42	167
能源生产、输送、分配、储存、利用过程中污染的防治与处理	667		629	37	1
卫生事业发展	819	333	376	60	51
诊断与治疗	573	183	340		51
营养和食品卫生	60			60	
卫生医疗其他研究	186	150	36		
基础设施以及城市和农村规划	2267	116	2151		
交通运输	1792		1792		
通信	116	116			
广播与电视	359		359		
基础社会发展和社会服务	196		125		71
公共安全	72		72		
其他社会发展和社会服务	124		54		71
民用空间探测及开发	768		768		
发射与控制系统	768		768		
农林牧渔业发展	1398	382	951	27	39
农作物种植及培育	745	326	385		35
农林牧渔业体系支撑	651	56	565	27	4
农林牧渔业生产中污染的防治与处理	1		1		
工商业发展	24999	2735	19430	2409	425
促进工商业发展的一般问题	57			57	
产业共性技术	37		4	33	
食品、饮料和烟草制品业	405		405		
纺织业、服装及皮革制品业	514		475		39
化学工业	6316	364	4880	1072	
非金属与金属制品业	814		720	94	
机械制造业（不包括电子设备、仪器仪表及办公机械）	1958		1657	301	

2–25 续表 3 单位：万元

指标名称	项目经费内部支出	应用研究	试验发展	试制与工程化	技术咨询与技术服务
电子设备、仪器仪表及办公机械	9199		8735	465	
其他制造业	1014		1014		
热力、水的生产和供应	521		521		
建筑业	1738	166	805	381	386
信息与通信技术（ICT）服务业	2176	2174	2		
技术服务业	43		37	6	
房地产业	6		6		
商业及其他服务业	31	31			
工商业活动中的环境保护、污染防治与处理	171	1	171		
其他民用目标	5428	156	5155	109	9
国防	71	71			
按课题合作形式分组					
独立完成	33544	1037	28435	2628	1444
与境内独立研究机构合作	1795	791	966	37	1
与境内高等学校合作	1912	326	1172	280	134
与境内注册其他企业合作	1882	326	1459	89	9
与境外机构合作	1821		1821		
其他	5548	3256	1680	374	238
按课题服务的国民经济行业分组					
农、林、牧、渔业	901	326	407		168
农业	879	326	385		168
林业	22		22		
采矿业	1138		1138		
煤炭开采和洗选业	1138		1138		
制造业	30140	759	26889	2398	94
农副食品加工业	293	27	240	27	
食品制造业	970		911	60	
酒、饮料和精制茶制造业	30			30	
纺织业	514		475		39
纺织服装、服饰业	49			49	

2-25 续表 4　　　　单位：万元

指标名称	项目经费内部支出	应用研究	试验发展	试制与工程化	技术咨询与技术服务
木材加工和木、竹、藤、棕、草制品业	221			221	
造纸和纸制品业	104	95	8		
石油、煤炭及其他燃料加工业	46		46		
化学原料和化学制品制造业	11393	304	9984	1105	
医药制造业	1340	333	956		51
非金属矿物制品业	147		123	20	4
黑色金属冶炼和压延加工业	91			91	
金属制品业	1235		1232	3	
通用设备制造业	996		996		
专用设备制造业	1300		973	327	
汽车制造业	1		1	1	
电气机械和器材制造业	480		480		
计算机、通信和其他电子设备制造业	10774		10309	465	
仪器仪表制造业	156		156		
电力、热力、燃气及水生产和供应业	6050	1918	3558	407	168
电力、热力生产和供应业	3800	1576	1649	407	168
水生产和供应业	2250	341	1909		
建筑业	2522		2104	106	311
房屋建筑业	654		312	30	311
土木工程建筑业	1868		1792	76	
信息传输、软件和信息技术服务业	2453	2445	8		
软件和信息技术服务业	2453	2445	8		
科学研究和技术服务业	1888	288	1076	370	154
研究和试验发展	96	65	31		
专业技术服务业	1552	192	845	370	145
科技推广和应用服务业	240	31	200		9
水利、环境和公共设施管理业	1411		353	128	930
生态保护和环境治理业	1392		334	128	930
公共设施管理业	19		19		

2–26 转制为企业的研究机构科技项目投入人员全时工作量按活动类型分（2019）

单位：人年

指标名称	项目人员折合全时工作量	应用研究	试验发展	试制与工程化	技术咨询与技术服务
总计	**1397**	**218**	**941**	**148**	**90**
按机构所属地域分组					
杭州市	1263	198	882	112	71
宁波市	102	8	50	25	19
温州市	3		3		
嘉兴市	11			11	
绍兴市	6		6		
金华市	12	12			
按机构所属隶属关系分组					
中央属	162	6	152	3	
地方属	488	69	336	45	39
其他	747	143	453	101	51
按课题来源分组					
国家科技项目	145	8	100	22	14
地方科技项目	364	92	209	57	7
企业委托科技项目	98	13	32	13	40
自选科技项目	729	74	574	56	26
国际合作科技项目	3		3		
其他科技项目	58	32	22		4
按课题所属学科分组					
自然科学领域	102	45	21	36	
信息科学与系统科学	12	12			
物理学	17		14	3	
化学	33			33	
生物学	40	33	7		
农业科学领域	19	7	12		
农学	19	7	12		

单位：人年

指标名称	项目人员折合全时工作量	应用研究	试验发展	试制与工程化	技术咨询与技术服务
医学科学领域	58	9	38		12
中医学与中药学	58	9	38		12
工程科学与技术领域	1213	157	865	112	78
信息与系统科学相关工程与技术	13		7	6	
材料科学	99	18	49	23	10
冶金工程技术	5		5		
机械工程	92		81	11	
动力与电气工程	53	23	18	1	11
能源科学技术	68	25	34	2	8
电子与通信技术	257		242	15	
计算机科学技术	93	63	30		
化学工程	194	13	175	6	
产品应用相关工程与技术	26		26		
纺织科学技术	37		30		7
食品科学技术	9		7		2
土木建筑工程	122	8	69	26	19
环境科学技术及资源科学技术	144	8	92	23	22
社会、人文科学领域	5		5		
经济学	5		5		
按课题的社会经济目标分组					
环境保护、生态建设及污染防治	151	5	91	27	28
环境一般问题	31		22	9	
环境与资源评估	26	3		2	21
环境监测	5	2	3		
环境污染预防	25		14	4	7
环境治理	64		52	12	
能源生产、分配和合理利用	172	57	87	11	19
能源一般问题研究	10	10			
能源矿物的开采和加工技术	1		1		
能源转换技术	3		3		
能源输送、储存与分配技术	3		3		

2-26 续表 2

单位：人年

指标名称	项目人员折合全时工作量	应用研究	试验发展	试制与工程化	技术咨询与技术服务
可再生能源	12	4		8	
能源设施和设备建造	1		1		
能源安全生产管理和技术	37	30	7		
节约能源的技术	79	13	53	2	11
能源生产、输送、分配、储存、利用过程中污染的防治与处理	28		20	1	8
卫生事业发展	65	38	22	2	4
诊断与治疗	23	5	15		4
营养和食品卫生	2			2	
卫生医疗其他研究	40	33	7		
基础设施以及城市和农村规划	40	4	36		
交通运输	17		17		
通信	4	4			
广播与电视	19		19		
基础社会发展和社会服务	13		9		4
公共安全	3		3		
其他社会发展和社会服务	10		6		4
民用空间探测及开发	18		18		
发射与控制系统	18		18		
农林牧渔业发展	41	11	26	2	3
农作物种植及培育	18	4	13		2
农林牧渔业体系支撑	22	7	12	2	1
农林牧渔业生产中污染的防治与处理	1		1		
工商业发展	787	87	577	97	26
促进工商业发展的一般问题	5			5	
产业共性技术	3		2	1	
食品、饮料和烟草制品业	13		13		
纺织业、服装及皮革制品业	37		30		7
化学工业	174	18	123	33	
非金属与金属制品业	40		38	3	
机械制造业（不包括电子设备、仪器仪表及办公机械）	57		46	11	
电子设备、仪器仪表及办公机械	231		216	16	

2-26 续表 3 单位：人年

指标名称	项目人员折合全时工作量	应用研究	试验发展	试制与工程化	技术咨询与技术服务
其他制造业	3		3		
热力、水的生产和供应	4		4		
建筑业	138	8	85	26	19
信息与通信技术（ICT）服务业	60	58	2		
技术服务业	7		4	3	
房地产业	3		3		
商业及其他服务业	1	1			
工商业活动中的环境保护、污染防治与处理	11	2	9		
其他民用目标	105	12	76	9	8
国防	5	5			
按课题合作形式分组					
独立完成	910	79	668	104	59
与境内独立研究机构合作	65	13	44	1	8
与境内高等学校合作	76	11	44	14	7
与境内注册其他企业合作	63	4	51	6	2
与境外机构合作	31		31		
其他	252	112	103	24	15
按课题服务的国民经济行业分组					
农、林、牧、渔业	27	4	15		8
农业	25	4	13		8
林业	2		2		
采矿业	36		36		
煤炭开采和洗选业	36		36		
制造业	798	66	629	87	17
农副食品加工业	9	2	5	2	
食品制造业	35		33	2	
酒、饮料和精制茶制造业	2			2	
纺织业	37		30		7
纺织服装、服饰业	4			4	

2–26 续表 4

单位：人年

指标名称	项目人员折合全时工作量	应用研究	试验发展	试制与工程化	技术咨询与技术服务
木材加工和木、竹、藤、棕、草制品业	8			8	
造纸和纸制品业	9	5	4		
石油、煤炭及其他燃料加工业	1		1		
化学原料和化学制品制造业	203	21	148	34	
医药制造业	65	38	24		4
非金属矿物制品业	27		18	3	7
黑色金属冶炼和压延加工业	2			2	
金属制品业	17		16	1	
通用设备制造业	41		41		
专用设备制造业	67		54	13	
汽车制造业	1				
电气机械和器材制造业	9		9		
计算机、通信和其他电子设备制造业	241		225	16	
仪器仪表制造业	21		21		
电力、热力、燃气及水生产和供应业	214	59	114	23	19
电力、热力生产和供应业	175	54	80	23	19
水生产和供应业	39	5	34		
建筑业	91		65	12	14
房屋建筑业	69		48	7	14
土木工程建筑业	22		17	5	
信息传输、软件和信息技术服务业	79	74	5		
软件和信息技术服务业	79	74	5		
科学研究和技术服务业	109	15	60	23	11
研究和试验发展	7	4	3		
专业技术服务业	94	10	53	23	9
科技推广和应用服务业	8	1	5		2
水利、环境和公共设施管理业	42		18	3	22
生态保护和环境治理业	42		17	3	22
公共设施管理业	1		1		

2–27 转制为企业的研究机构 R&D 人员（2019）

指标名称	R&D 人员（人）	# 女性	# 高中级职称	按工作量分		按学历分				R&D 人员折合全时工作量（人年）
				R&D 全时人员	R&D 非全时人员	博士毕业	硕士毕业	本科毕业	其他	
总计	**2199**	**522**	**1250**	**983**	**1216**	**109**	**998**	**836**	**256**	**1285**
按机构所属地域分组										
杭州市	2105	505	1207	918	1187	106	969	783	247	1204
宁波市	67	13	32	47	20	2	25	36	4	60
温州市	9	2	9		9		2	7		3
绍兴市	6	2	2	6		1	1	3	1	6
金华市	12			12			1	7	4	12
按机构所属隶属关系分组										
中央属	268	61	177	139	129	4	54	178	32	159
地方属	634	188	318	280	354	30	256	301	47	433
其他	1297	273	755	564	733	75	688	357	177	693
按机构从事的国民经济行业分组										
制造业	1480	337	813	664	816	94	807	427	152	832
纺织业	35	11	23	35			6	18	11	35
化学原料和化学制品制造业	340	100	154	148	192	21	153	135	31	232
医药制造业	44	25	4	37	7	5	19	10	10	40
有色金属冶炼和压延加工业	64	11	23	15	49	4	25	22	13	29
通用设备制造业	31	3	17	9	22	2	5	17	7	20
专用设备制造业	86	13	40	56	30		15	54	17	56
电气机械和器材制造业	612	115	452	120	492	56	513	40	3	165
计算机、通信和其他电子设备制造业	27	6	15	17	10			12	15	19
仪器仪表制造业	241	53	85	227	14	6	71	119	45	236
建筑业	175	47	128	50	125	7	70	57	41	97
房屋建筑业	175	47	128	50	125	7	70	57	41	97
信息传输、软件和信息技术服务业	105	20	21	85	20		6	69	30	95

2–27 续表 1

指标名称	R&D人员（人）	#女性	#高中级职称	按工作量分		按学历分				R&D人员折合全时工作量（人年）
				R&D全时人员	R&D非全时人员	博士毕业	硕士毕业	本科毕业	其他	
软件和信息技术服务业	105	20	21	85	20		6	69	30	95
科学研究和技术服务业	395	112	274	155	240	8	100	256	31	222
研究和试验发展	56	33	32	31	25	3	18	34	1	47
专业技术服务业	290	68	230	91	199	5	73	188	24	134
科技推广和应用服务业	49	11	12	33	16		9	34	6	41
水利、环境和公共设施管理业	44	6	14	29	15		15	27	2	39
生态保护和环境治理业	44	6	14	29	15		15	27	2	39
按单位类型分组										
采矿业	44	6	14	29	15		15	27	2	39
煤炭开采和洗选业	44	6	14	29	15		15	27	2	39
制造业	929	254	412	555	374	39	308	443	139	692
纺织业	35	11	23	35			6	18	11	35
造纸和纸制品业	123	25	81	56	67	4	26	69	24	70
化学原料和化学制品制造业	264	83	119	100	164	17	137	101	9	176
医药制造业	100	58	36	68	32	8	37	44	11	87
非金属矿物制品业	13	2	8	6	7		4	7	2	9
通用设备制造业	31	3	17	9	22	2	5	17	7	20
专用设备制造业	86	13	40	56	30		15	54	17	56
计算机、通信和其他电子设备制造业	64	11	23	15	49	4	25	22	13	29
仪器仪表制造业	213	48	65	210	3	4	53	111	45	210
电力、热力、燃气及水生产和供应业	684	145	513	150	534	60	524	89	11	199
电力、热力生产和供应业	612	115	452	120	492	56	513	40	3	165
水的生产和供应业	72	30	61	30	42	4	11	49	8	34
建筑业	175	47	128	50	125	7	70	57	41	97
房屋建筑业	175	47	128	50	125	7	70	57	41	97
信息传输、软件和信息技术服务业	132	26	36	102	30		6	81	45	114
电信、广播电视和卫星传输服务	27	6	15	17	10			12	15	19

2–27 续表 2

指标名称	R&D人员（人）	#女性	#高中级职称	按工作量分		按学历分				R&D人员折合全时工作量（人年）
				R&D全时人员	R&D非全时人员	博士毕业	硕士毕业	本科毕业	其他	
软件和信息技术服务业	105	20	21	85	20		6	69	30	95
科学研究和技术服务业	235	44	147	97	138	3	75	139	18	144
专业技术服务业	225	41	147	94	131	3	73	133	16	137
科技推广和应用服务业	10	3		3	7		2	6	2	7
按机构所属学科分组										
自然科学领域	120	42	39	85	35	9	35	44	32	96
化学	76	17	35	48	28	4	16	34	22	56
生物学	44	25	4	37	7	5	19	10	10	40
医学科学领域	56	33	32	31	25	3	18	34	1	47
中医学与中药学	56	33	32	31	25	3	18	34	1	47
工程科学与技术领域	2023	447	1179	867	1156	97	945	758	223	1142
工程与技术科学基础学科	6	2	2	6		1	1	3	1	6
材料科学	85	32	69	36	49	4	15	56	10	43
冶金工程技术	64	11	23	15	49	4	25	22	13	29
机械工程	947	169	684	250	697	58	593	253	43	342
电子与通信技术	249	55	84	228	21	6	68	118	57	239
计算机科学技术	105	20	21	85	20		6	69	30	95
化学工程	303	91	131	130	173	17	144	129	13	210
纺织科学技术	35	11	23	35			6	18	11	35
食品科学技术	10	3		3	7		2	6	2	7
土木建筑工程	175	47	128	50	125	7	70	57	41	97
环境科学技术及资源科学技术	44	6	14	29	15		15	27	2	39
按机构登记注册类型分组										
国有	551	136	318	205	346	22	223	237	69	330
有限责任公司	1332	309	819	506	826	80	702	429	121	667
股份有限公司	265	69	94	242	23	6	64	133	62	248
私营	51	8	19	30	21	1	9	37	4	40

2–28 转制为企业的研究机构 R&D 经费支出（2019）

单位：万元

指标名称	R&D 经费内部支出	政府资金	企业资金	R&D 经费外部支出	# 对国内研究机构支出	对国内高等学校支出	对国内企业支出
总计	**48316**	**6511**	**41805**	**1081**	**449**	**416**	**140**
按机构所属地域分组							
杭州市	46224	6445	39779	1081	449	416	140
宁波市	1817		1817				
温州市	66	66					
绍兴市	54		54				
金华市	156		156				
按机构所属隶属关系分组							
中央属	4948	175	4773	478	149	282	5
地方属	19672	2525	17147	521	301	86	135
其他	23696	3811	19885	83		48	
按机构从事的国民经济行业分组							
制造业	34346	3113	31233	87		53	
纺织业	475	4	471				
化学原料和化学制品制造业	12282	548	11734				
医药制造业	919	226	694				
有色金属冶炼和压延加工业	3139	1010	2129				
通用设备制造业	255		255				
专用设备制造业	989		989	5		5	
电气机械和器材制造业	6407		6407	83		48	
计算机、通信和其他电子设备制造业	359	135	224				
仪器仪表制造业	9521	1190	8331				
建筑业	872	557	314				
房屋建筑业	872	557	314				
信息传输、软件和信息技术服务业	2468	808	1660				

指标名称	R&D 经费内部支出			R&D 经费外部支出			
		政府资金	企业资金		# 对国内研究机构支出	对国内高等学校支出	对国内企业支出
软件和信息技术服务业	2468	808	1660				
科学研究和技术服务业	9440	2033	7407	952	449	363	140
研究和试验发展	1783	1032	751	521	301	86	135
专业技术服务业	6917	921	5996	431	149	277	5
科技推广和应用服务业	741	80	661				
水利、环境和公共设施管理业	1191		1191	42			
生态保护和环境治理业	1191		1191	42			
按机构服务的国民经济行业分组							
采矿业	1191		1191	42			
煤炭开采和洗选业	1191		1191	42			
制造业	28741	4085	24656	526	301	91	135
纺织业	475	4	471				
造纸和纸制品业	2304	63	2241				
化学原料和化学制品制造业	10465	503	9962				
医药制造业	2702	1257	1445	521	301	86	135
非金属矿物制品业	177	58	119				
通用设备制造业	255		255				
专用设备制造业	989		989	5		5	
计算机、通信和其他电子设备制造业	3139	1010	2129				
仪器仪表制造业	8235	1190	7046				
电力、热力、燃气及水生产和供应业	8546	152	8394	514	149	326	5
电力、热力生产和供应业	6407		6407	83		48	
水的生产和供应业	2140	152	1987	431	149	277	5
建筑业	872	557	314				
房屋建筑业	872	557	314				
信息传输、软件和信息技术服务业	2827	944	1884				
电信、广播电视和卫星传输服务	359	135	224				

单位：万元

指标名称	R&D经费内部支出	政府资金	企业资金	R&D经费外部支出	#对国内研究机构支出	对国内高等学校支出	对国内企业支出
软件和信息技术服务业	2468	808	1660				
科学研究和技术服务业	6139	773	5366				
专业技术服务业	5930	693	5237				
科技推广和应用服务业	209	80	129				
按机构所属学科分组							
自然科学领域	2737	271	2466				
化学	1817	45	1772				
生物学	919	226	694				
医学科学领域	1783	1032	751	521	301	86	135
中医学与中药学	1783	1032	751	521	301	86	135
工程科学与技术领域	43797	5209	38588	560	149	330	5
工程与技术科学基础学科	54		54				
材料科学	2317	210	2107	431	149	277	5
冶金工程技术	3139	1010	2129				
机械工程	12339	716	11623	87		53	
电子与通信技术	9738	1320	8418				
计算机科学技术	2468	808	1660				
化学工程	10996	503	10493				
纺织科学技术	475	4	471				
食品科学技术	209	80	129				
土木建筑工程	872	557	314				
环境科学技术及资源科学技术	1191		1191	42			
按机构登记注册类型分组							
国有	7989	1061	6928	5		5	
有限责任公司	26173	4116	22057	1076	449	412	140
股份有限公司	13529	1335	12195				
私营	626		626				

2–29 转制为企业的研究机构R&D经费内部支出按经费类型分（2019）

单位：万元

指标名称	R&D经费内部支出	经常费支出				基本建设费		
			劳务费	设备购置费	其他日常支出		仪器设备费	土建费
总计	**48316**	**43471**	**22351**	**17738**	**3382**	**4846**	**4420**	**425**
按机构所属地域分组								
杭州市	46224	41406	20456	17634	3317	4818	4392	425
宁波市	1817	1791	1685	57	48	27	27	
温州市	66	66	25	34	7			
绍兴市	54	52	39	13		1	1	
金华市	156	156	146		10			
按机构所属隶属关系分组								
中央属	4948	4633	1940	2129	564	316	316	
地方属	19672	17851	7340	8915	1597	1821	1395	425
其他	23696	20987	13071	6695	1221	2709	2709	
按机构从事的国民经济行业分组								
制造业	34346	30915	16687	12510	1718	3430	3005	425
纺织业	475	392	252	136	4	83	83	
化学原料和化学制品制造业	12282	11040	3921	6311	808	1242	816	425
医药制造业	919	919	776		143			
有色金属冶炼和压延加工业	3139	2469	1022	1103	344	670	670	
通用设备制造业	255	248	224	24		8	8	
专用设备制造业	989	989	803	186				
电气机械和器材制造业	6407	5741	4515	1184	42	666	666	
计算机、通信和其他电子设备制造业	359	288	177	90	21	71	71	
仪器仪表制造业	9521	8830	4998	3477	355	691	691	
建筑业	872	403	224	32	147	468	468	
房屋建筑业	872	403	224	32	147	468	468	
信息传输、软件和信息技术服务业	2468	2453	2161	160	133	15	15	

单位：万元

指标名称	R&D经费内部支出	经常费支出				基本建设费		
			劳务费	设备购置费	其他日常支出		仪器设备费	土建费
软件和信息技术服务业	2468	2453	2161	160	133	15	15	
科学研究和技术服务业	9440	8508	2966	4227	1315	932	932	
研究和试验发展	1783	1443	728	186	529	340	340	
专业技术服务业	6917	6352	1691	3915	746	564	564	
科技推广和应用服务业	741	712	546	127	39	28	28	
水利、环境和公共设施管理业	1191	1191	313	809	69			
生态保护和环境治理业	1191	1191	313	809	69			
按机构服务的国民经济行业分组								
采矿业	1191	1191	313	809	69			
煤炭开采和洗选业	1191	1191	313	809	69			
制造业	28741	25700	11880	11456	2365	3041	2616	425
纺织业	475	392	252	136	4	83	83	
造纸和纸制品业	2304	2254	1327	513	414	50	50	
化学原料和化学制品制造业	10465	9273	2900	5798	576	1192	766	425
医药制造业	2702	2363	1505	186	673	340	340	
非金属矿物制品业	177	169	126	35	8	8	8	
通用设备制造业	255	248	224	24		8	8	
专用设备制造业	989	989	803	186				
计算机、通信和其他电子设备制造业	3139	2469	1022	1103	344	670	670	
仪器仪表制造业	8235	7544	3722	3476	346	691	691	
电力、热力、燃气及水生产和供应业	8546	7570	4986	2284	300	977	977	
电力、热力生产和供应业	6407	5741	4515	1184	42	666	666	
水生产和供应业	2140	1829	471	1101	257	311	311	
建筑业	872	403	224	32	147	468	468	
房屋建筑业	872	403	224	32	147	468	468	
信息传输、软件和信息技术服务业	2827	2742	2338	250	154	86	86	
电信、广播电视和卫星传输服务	359	288	177	90	21	71	71	

2–29 续表 2 单位：万元

指标名称	R&D经费内部支出	经常费支出	劳务费	设备购置费	其他日常支出	基本建设费	仪器设备费	土建费
软件和信息技术服务业	2468	2453	2161	160	133	15	15	
科学研究和技术服务业	6139	5865	2611	2907	347	274	274	
专业技术服务业	5930	5658	2475	2836	347	272	272	
科技推广和应用服务业	209	207	136	71		2	2	
按机构所属学科分组								
自然科学领域	2737	2687	1798	513	376	50	50	
化学	1817	1767	1022	513	232	50	50	
生物学	919	919	776		143			
医学科学领域	1783	1443	728	186	529	340	340	
中医学与中药学	1783	1443	728	186	529	340	340	
工程科学与技术领域	43797	39341	19824	17040	2477	4456	4030	425
工程与技术科学基础学科	54	52	39	13		1	1	
材料科学	2317	1998	597	1136	265	319	319	
冶金工程技术	3139	2469	1022	1103	344	670	670	
机械工程	12339	11416	6646	4191	579	923	923	
电子与通信技术	9738	8981	5126	3535	321	757	757	
计算机科学技术	2468	2453	2161	160	133	15	15	
化学工程	10996	9778	3309	5854	615	1218	793	425
纺织科学技术	475	392	252	136	4	83	83	
食品科学技术	209	207	136	71		2	2	
土木建筑工程	872	403	224	32	147	468	468	
环境科学技术及资源科学技术	1191	1191	313	809	69			
按机构登记注册类型分组								
国有	7989	6645	3570	2169	906	1344	919	425
有限责任公司	26173	23790	13622	8099	2069	2383	2383	
股份有限公司	13529	12444	4662	7414	368	1085	1085	
私营	626	593	497	56	39	33	33	

2–30 转制为企业的研究机构R&D经费内部支出按活动类型分（2019）

单位：万元

指标名称	R&D经费内部支出	应用研究	试验发展
总计	**48316**	**7822**	**40494**
按机构所属地域分组			
杭州市	46224	7278	38946
宁波市	1817	389	1428
温州市	66		66
绍兴市	54		54
金华市	156	156	
按机构所属隶属关系分组			
中央属	4948	373	4575
地方属	19672	1959	17714
其他	23696	5491	18205
按机构从事的国民经济行业分组			
制造业	34346	4871	29475
纺织业	475		475
化学原料和化学制品制造业	12282	566	11716
医药制造业	919	745	175
有色金属冶炼和压延加工业	3139		3139
通用设备制造业	255		255
专用设备制造业	989		989
电气机械和器材制造业	6407	3139	3267
计算机、通信和其他电子设备制造业	359		359
仪器仪表制造业	9521	420	9100
建筑业	872		872
房屋建筑业	872		872
信息传输、软件和信息技术服务业	2468	2075	393

2–30 续表 1 单位：万元

指标名称	R&D 经费内部支出	应用研究	试验发展
软件和信息技术服务业	2468	2075	393
科学研究和技术服务业	9440	876	8563
研究和试验发展	1783	535	1248
专业技术服务业	6917	342	6575
科技推广和应用服务业	741		741
水利、环境和公共设施管理业	1191		1191
生态保护和环境治理业	1191		1191
按机构服务的国民经济行业分组			
采矿业	1191		1191
煤炭开采和洗选业	1191		1191
制造业	28741	1877	26864
纺织业	475		475
造纸和纸制品业	2304	276	2028
化学原料和化学制品制造业	10465	290	10175
医药制造业	2702	1280	1423
非金属矿物制品业	177		177
通用设备制造业	255		255
专用设备制造业	989		989
计算机、通信和其他电子设备制造业	3139		3139
仪器仪表制造业	8235	31	8204
电力、热力、燃气及水生产和供应业	8546	3481	5066
电力、热力生产和供应业	6407	3139	3267
水生产和供应业	2140	342	1798
建筑业	872		872
房屋建筑业	872		872
信息传输、软件和信息技术服务业	2827	2075	752
电信、广播电视和卫星传输服务	359		359

2–30 续表 2 单位：万元

指标名称	R&D 经费内部支出		
		应用研究	试验发展
软件和信息技术服务业	2468	2075	393
科学研究和技术服务业	6139	389	5750
专业技术服务业	5930	389	5541
科技推广和应用服务业	209		209
按机构所属学科分组			
自然科学领域	2737	1021	1716
化学	1817	276	1541
生物学	919	745	175
医学科学领域	1783	535	1248
中医学与中药学	1783	535	1248
工程科学与技术领域	43797	6267	37530
工程与技术科学基础学科	54		54
材料科学	2317	342	1975
冶金工程技术	3139		3139
机械工程	12339	3171	9168
电子与通信技术	9738	389	9349
计算机科学技术	2468	2075	393
化学工程	10996	290	10706
纺织科学技术	475		475
食品科学技术	209		209
土木建筑工程	872		872
环境科学技术及资源科学技术	1191		1191
按机构登记注册类型分组			
国有	7989	322	7667
有限责任公司	26173	7501	18672
股份有限公司	13529		13529
私营	626		626

2–31 转制为企业的研究机构专利（2019）

指标名称	专利申请受理数（件）		专利授权数（件）			有效发明专利数（件）
		# 发明专利		# 发明专利	国外授权	
总计	**995**	**504**	**386**	**91**	**4**	**811**
按机构所属地域分组						
杭州市	965	498	359	90	4	778
宁波市	5	3	4	1		27
温州市						5
嘉兴市						1
绍兴市	25	3	23			
按机构所属隶属关系分组						
中央属	34	25	29	16		114
地方属	178	118	68	20	4	350
其他	783	361	289	55		347
按机构从事的国民经济行业分组						
制造业	899	457	331	71	4	589
纺织业	3	3				12
化学原料和化学制品制造业	96	86	24	16	4	274
医药制造业	1	1	1	1		7
有色金属冶炼和压延加工业	9	8	1			34
通用设备制造业	31	6	32	6		20
专用设备制造业	12	10	2	1		11
电气机械和器材制造业	736	340	256	44		196
计算机、通信和其他电子设备制造业	5	1	3			2
仪器仪表制造业	6	2	12	3		33
建筑业	15	3	13	2		30
房屋建筑业	15	3	13	2		30
信息传输、软件和信息技术服务业			1	1		8
软件和信息技术服务业			1	1		8

2–31　续表 1

指标名称	专利申请受理数（件）	# 发明专利	专利授权数（件）	# 发明专利	国外授权	有效发明专利数（件）
科学研究和技术服务业	73	36	30	9		158
研究和试验发展	2	2				16
专业技术服务业	64	31	28	8		122
科技推广和应用服务业	7	3	2	1		20
水利、环境和公共设施管理业	8	8	11	8		26
生态保护和环境治理业	8	8	11	8		26
按机构服务的国民经济行业分布						
采矿业	8	8	11	8		26
煤炭开采和洗选业	8	8	11	8		26
制造业	162	119	71	25	4	412
纺织业	3	3				12
造纸和纸制品业	12	5	7	3		48
化学原料和化学制品制造业	89	82	22	15	4	237
医药制造业	3	3	1	1		23
非金属矿物制品业	1	1	2			2
通用设备制造业	27	5	25	1		14
专用设备制造业	12	10	2	1		11
计算机、通信和其他电子设备制造业	9	8	1			34
仪器仪表制造业	6	2	11	4		31
电力、热力、燃气及水生产和供应业	743	345	264	49		259
电力、热力生产和供应业	736	340	256	44		196
水生产和供应业	7	5	8	5		63
建筑业	15	3	13	2		30
房屋建筑业	15	3	13	2		30
信息传输、软件和信息技术服务业	5	1	3			5
电信、广播电视和卫星传输服务	5	1	3			2
软件和信息技术服务业						3
科学研究和技术服务业	58	27	17	2		73

2-31 续表 2

指标名称	专利申请受理数（件）	# 发明专利	专利授权数（件）	# 发明专利	国外授权	有效发明专利数（件）
专业技术服务业	56	27	17	2		73
科技推广和应用服务业	2					
文化、体育和娱乐业	4	1	7	5		6
广播、电视、电影和录音制作业	4	1	7	5		6
按机构所属学科分组						
自然科学领域	8	5	3	2		44
化学	7	4	2	1		37
生物学	1	1	1	1		7
医学科学领域	2	2				16
中医学与中药学	2	2				16
工程科学与技术领域	985	497	383	89	4	751
工程与技术科学基础学科	25	3	23			
材料科学	8	6	10	5		65
冶金工程技术	9	8	1			34
机械工程	808	378	281	49		282
动力与电气工程	4	1	7	5		6
电子与通信技术	9	2	13	4		36
计算机科学技术						3
化学工程	94	85	24	16	4	257
纺织科学技术	3	3				12
食品科学技术	2					
土木建筑工程	15	3	13	2		30
环境科学技术及资源科学技术	8	8	11	8		26
按机构登记注册类型分组						
国有	109	88	40	19	4	239
有限责任公司	855	399	327	67		470
股份有限公司	24	12	17	4		74
私营	7	5	2	1		28

2–32 转制为企业的研究机构论文、著作及其他科技产出（2019）

指标名称	科技论文（篇）	# 国外发表	科技著作（种）	形成国家或行业标准（项）	集成电路布图设计登记数（件）	软件著作权数（件）
总计	**715**	**27**	**17**	**56**	**1**	**99**
按机构所属地域分组						
杭州市	704	27	17	56	1	95
宁波市	10					3
温州市	1					
金华市						1
按机构所属隶属关系分组						
中央属	50	2		14		12
地方属	198	19	4	8		53
其他	467	6	13	34	1	34
按机构从事的国民经济行业分组						
制造业	550	23	11	41	1	47
纺织业	4			7		
化学原料和化学制品制造业	112	14	1	3		
医药制造业	9	6				11
有色金属冶炼和压延加工业	25	2		2		
通用设备制造业	15			2		
专用设备制造业	2					12
电气机械和器材制造业	371		10	20		12
计算机、通信和其他电子设备制造业						8
仪器仪表制造业	12	1		7	1	4
建筑业	40		3	5		5
房屋建筑业	40		3	5		5
信息传输、软件和信息技术服务业						9
软件和信息技术服务业						9

2-32　续表 1

指标名称	科技论文（篇）	# 国外发表	科技著作（种）	形成国家或行业标准（项）	集成电路布图设计登记数（件）	软件著作权数（件）
科学研究和技术服务业	93	4	3	10		38
研究和试验发展	22	1	2	3		
专业技术服务业	66	3	1	7		38
科技推广和应用服务业	5					
水利、环境和公共设施管理业	32					
生态保护和环境治理业	32					
按机构服务的国民经济行业分组						
采矿业	32					
煤炭开采和洗选业	32					
制造业	200	24	3	31	1	25
纺织业	4			7		
造纸和纸制品业	33	4		7		
化学原料和化学制品制造业	86	10	1	3		
医药制造业	31	7	2	3		11
非金属矿物制品业	2					
通用设备制造业	15			2		
专用设备制造业	2					12
计算机、通信和其他电子设备制造业	25	2		2		1
仪器仪表制造业	2	1		7	1	1
电力、热力、燃气及水生产和供应业	378	1	10	20		12
电力、热力生产和供应业	371		10	20		12
水生产和供应业	7	1				
建筑业	40		3	5		5
房屋建筑业	40		3	5		5
信息传输、软件和信息技术服务业						16
电信、广播电视和卫星传输服务						7

2-32 续表 2

指标名称	科技论文（篇）	# 国外发表	科技著作（种）	形成国家或行业标准（项）	集成电路布图设计登记数（件）	软件著作权数（件）
软件和信息技术服务业						9
科学研究和技术服务业	65	2	1			41
专业技术服务业	60	2	1			41
科技推广和应用服务业	5					
按机构所属学科分组						
自然科学领域	35	10				11
化学	26	4				
生物学	9	6				11
医学科学领域	22	1	2	3		
中医学与中药学	22	1	2	3		
工程科学与技术领域	658	16	15	53	1	88
材料科学	9	1				
冶金工程技术	25	2		2		
机械工程	447	3	11	36		62
电子与通信技术	10				1	12
计算机科学技术						9
化学工程	86	10	1	3		
纺织科学技术	4			7		
食品科学技术	5					
土木建筑工程	40		3	5		5
环境科学技术及资源科学技术	32					
按机构登记注册类型分组						
国有	99	11	3	22		17
有限责任公司	562	16	13	32		74
股份有限公司	39		1		1	8
私营	15			2		

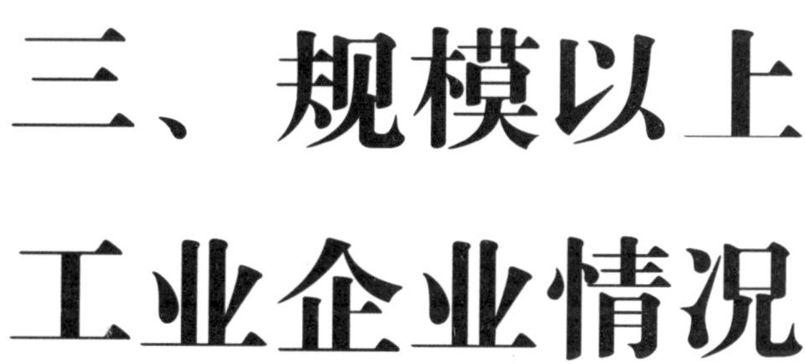

三、规模以上工业企业情况

3-1 规模以上工业企业研发活动情况（2017—2019）

指标名称	单位	2017	2018	2019
有 R&D 活动的企业数	个	15517	16505	20217
企业有研发机构	个	10893	10141	13850
从业人员年平均人数	万人	667	662	671
研发活动人员	万人	44.43	51.35	57.46
参加项目人员	万人	43.60	47.91	53.75
企业内部的日常研发经费支出	亿元	1293.05	1476.95	1746.07
人工费	亿元	477.01	559.60	682.66
直接投入费用	亿元	565.16	666.41	776.50
委托外单位开发经费支出	亿元	47.69	82.17	83.72
折合全时 R&D 人员	万人年	33.36	39.41	45.18
R&D 经费支出	亿元	1030.14	1147.39	1274.23
新产品开发经费支出	亿元	1107.40	1270.04	1531.68
新产品销售收入	亿元	21150.15	23308.16	26099.37
出口	亿元	4155.25	4531.86	5142.15
专利申请数	项	85639	100254	114326
发明专利	项	21817	27998	30914
拥有发明专利数	项	49158	62341	75770
技术改造经费支出	亿元	185.53	227.16	203.32
引进境外技术经费支出	亿元	7.58	9.47	9.43
引进境外技术的消化吸收经费支出	亿元	1.89	1.56	0.85
购买境内技术经费支出	亿元	14.08	20.72	24.71

3-2 规模以上工业企业基本情况（2019）

指标名称	单位数（个）	有R&D活动	有研发机构	#有新产品销售	主营业务收入（万元）	利润总额（万元）	资产总计（万元）
总计	**45694**	**20217**	**13274**	**20966**	**730416281.3**	**50608604.1**	**854421849.7**
按企业规模分组							
大型	576	485	418	515	182524597.4	18579981.6	242411623.3
中型	3752	2800	2278	2997	218193413.0	15439481.5	263440799.6
小型	38437	16538	10413	17065	311858694.6	15469185.9	320335194.5
微型	2929	394	165	389	17839576.3	1119955.1	28234232.3
按登记注册类型分组							
内资企业	41259	18231	11646	18763	582256813.3	39965537.0	680397086.3
国有企业	32	9	5	4	3454805.3	34077.6	2615021.3
集体企业	24	2	1	1	241692.5	1192.1	254521.6
股份合作企业	319	138	59	143	1716985.9	78956.5	1477079.7
联营企业	1				2321.2	56.7	1800.0
其他联营企业	1				2321.2	56.7	1800.0
有限责任公司	3065	1374	930	1355	159294108.8	11284234.8	202850120.8
国有独资公司	194	39	18	21	39354519.2	1382352.1	44083415.5
其他有限责任公司	2871	1335	912	1334	119939589.6	9901882.7	158766705.3
股份有限公司	1028	763	640	769	75542103.3	9645316.9	137622696.5
私营企业	36790	15945	10011	16491	342004796.3	18921702.4	335575846.4
私营独资企业	1143	211	85	218	3993608.7	139333.1	2902443.5
私营合伙企业	216	57	17	54	784412.1	32118.3	528614.4
私营有限责任公司	33301	14386	9037	14873	302584124.3	15671021.0	287188967.0
私营股份有限公司	2130	1291	872	1346	34642651.2	3079230.0	44955821.5
港、澳、台商投资企业	2066	975	776	1068	70081313.6	5077998.2	82865406.5
合资经营企业（港或澳、台资）	1008	538	407	564	38550158.5	2389923.0	45402882.3
合作经营企业（港或澳、台资）	22	11	11	11	1166023.8	179976.8	676513.4
港、澳、台商独资经营企业	986	400	336	464	28019377.5	2343329.8	32196925.5
港、澳、台商投资股份有限公司	39	23	20	25	2270542.6	167079.3	4503065.6
其他港、澳、台投资企业	11	3	2	4	75211.2	-2310.7	86019.7

3-2 续表 1

指标名称	单位数（个）	有 R&D 活动	有研发机构	# 有新产品销售	主营业务收入（万元）	利润总额（万元）	资产总计（万元）
外商投资企业	2369	1011	852	1135	78078154.4	5565068.9	91159356.9
中外合资经营企业	1041	510	415	554	32758799.6	2409142.4	38282573.3
中外合作经营企业	17	4	3	7	268234.5	31012.4	280675.6
外资企业	1235	445	383	518	40481825.1	2521426.8	42073721.8
外商投资股份有限公司	60	46	47	49	4057944.4	572631.3	9615270.9
其他外商投资企业	16	6	4	7	511350.8	30856.0	907115.3
按国民经济行业大类分组							
采矿业	145	17	12	12	1765937.4	328353.2	3458988.9
煤炭开采和洗选业	1				2771.2	60.0	2932.8
黑色金属矿采选业	3				19608.9	-5058.4	72367.8
有色金属矿采选业	13			1	74646.6	2830.8	247683.3
非金属矿采选业	128	17	12	11	1668910.7	330520.8	3136005.0
制造业	44820	20091	13208	20916	665660806.9	46620499.6	761438718.4
农副食品加工业	676	232	193	212	8913880.7	304431.5	8734703.7
食品制造业	339	123	94	147	5255908.9	514366.3	6179712.8
酒、饮料和精制茶制造业	204	63	40	69	4557126.6	537755.0	5707580.5
烟草制品业	1	1	1	1	5321938.3	525822.4	6235839.3
纺织业	4915	1549	972	1751	43480035.1	1969600.4	44937719.7
纺织服装、服饰业	2539	858	365	901	21201406.3	1028304.5	22498009.9
皮革、毛皮、羽毛及其制品和制鞋业	1737	870	447	1016	10693074.6	348264.6	9550812.0
木材加工和木、竹、藤、棕、草制品业	775	160	109	177	4505946.7	306072.7	4345724.6
家具制造业	995	331	195	389	9640167.8	551465.4	10191668.7
造纸和纸制品业	962	334	204	363	14358376.3	744018.1	15794864.8
印刷和记录媒介复制业	723	257	161	259	4876154.2	303416.2	5615959.2
文教、工美、体育和娱乐用品制造业	1336	564	309	612	12434924.3	693669.1	11557657.8
石油加工、炼焦和核燃料加工业	79	21	14	20	18190110.1	1100573.6	23004206.4
化学原料和化学制品制造业	1661	880	670	850	57845083.2	6400247.1	67127632.6
医药制造业	456	357	275	298	15171555.6	2554145.4	27182828.3
化学纤维制造业	631	243	152	233	31936504.8	1212843.3	31910972.1
橡胶和塑料制品业	2817	1137	730	1210	26364337.5	1432063.4	26313591.3

3-2 续表 2

指标名称	单位数（个）	有 R&D 活动	有研发机构	# 有新产品销售	主营业务收入（万元）	利润总额（万元）	资产总计（万元）
非金属矿物制品业	1991	623	431	579	33151652.7	2799163.2	32884007.9
黑色金属冶炼和压延加工业	599	203	111	210	18568526.4	677468.2	12905668.7
有色金属冶炼和压延加工业	736	243	138	247	24237150.9	495014.9	13045430.8
金属制品业	3233	1295	780	1322	31444909.7	1457218.8	27900289.4
通用设备制造业	5124	2752	1784	2813	49691714.3	3711570.0	61751780.8
专用设备制造业	2147	1345	867	1327	20030970.5	1648275.9	27199237.4
汽车制造业	2266	1326	882	1354	49189124.3	4548282.8	77704914.6
铁路、船舶、航空航天和其他运输设备制造业	565	300	175	274	6957812.7	54493.5	12537715.9
电气机械和器材制造业	4428	2414	1818	2573	72564455.2	4667181.7	82748024.4
计算机、通信和其他电子设备制造业	1630	947	775	1032	48246442.3	4021187.2	62978533.5
仪器仪表制造业	680	461	378	479	10635839.9	1582578.1	16325413.9
其他制造业	395	152	99	168	2447383.6	127090.5	2354273.0
废弃资源综合利用业	136	34	24	25	3006402.9	238020.8	2612395.4
金属制品、机械和设备修理业	44	16	15	5	741890.5	65895.0	1601549.0
电力、热力、燃气及水生产和供应业	729	109	54	38	62989537.0	3659751.3	89524142.4
电力、热力生产和供应业	439	83	40	29	53382368.5	3030463.9	70394049.3
燃气生产和供应业	111	6	4	1	7296437.2	470811.4	5157401.7
水生产和供应业	179	20	10	8	2310731.3	158476.0	13972691.4
按地区分组							
杭州市	5696	2075	1716	2611	150382564.2	11385331.8	183378985.1
宁波市	8240	3832	3146	3773	168981523.6	13141117.7	171433727.3
温州市	5937	3559	2333	3636	50000251.9	3641455.8	55911546.1
嘉兴市	6451	2167	2566	2917	99941743.2	6103269.8	111961692.4
湖州市	3608	1248	877	1214	45293583.7	3136210.4	46812526.5
绍兴市	4768	2412	799	2041	64108828.7	5054608.1	80032740.9
金华市	4161	1750	566	1747	40346338.9	2037290.3	48163410.1
衢州市	1043	433	268	463	17965307.5	1320487.5	21617199.2
舟山市	376	219	206	105	8304361.2	162715.6	29577954.9
台州市	4309	1949	581	1927	49129181.2	3359075.6	68714552.2
丽水市	1104	573	216	532	13836997.1	906494.2	14758213.2

3-3 规模以上工业企业 R&D 人员情况（2019）

指标名称	R&D 人员合计（人）	# 女性	# 研究人员	# 全时人员	R&D 人员折合全时当量合计（人年）
总计	**574571**	**129214**	**123197**	**416144**	**451752**
按企业规模分组					
大型	126900	30047	37771	91121	101438
中型	176530	40269	35798	128369	140702
小型	268976	58327	49094	195200	208175
微型	2165	571	534	1454	1436
按登记注册类型分组					
内资企业	482176	107032	99105	348050	377251
国有企业	255	57	94	140	159
集体企业	7	2	2	2	7
股份合作企业	1633	294	274	1126	1294
有限责任公司	56585	12364	14777	39903	44108
国有独资公司	1407	237	461	666	939
其他有限责任公司	55178	12127	14316	39237	43169
股份有限公司	76921	17729	23442	58548	62770
私营企业	346775	76586	60516	248331	268912
私营独资企业	1611	409	286	1081	1182
私营合伙企业	319	90	62	176	205
私营有限责任公司	298125	66381	50864	213695	230961
私营股份有限公司	46720	9706	9304	33379	36565
港、澳、台商投资企业	48107	11658	12593	35794	39589
合资经营企业（港或澳、台资）	25154	6325	5868	17955	19978
合作经营企业（港或澳、台资）	387	63	84	290	323
港、澳、台商独资经营企业	20693	4700	6186	16229	17811
港、澳、台商投资股份有限公司	1840	566	448	1299	1456
其他港、澳、台投资企业	33	4	7	21	21
外商投资企业	44288	10524	11499	32300	34913

3-3 续表 1

指标名称	R&D 人员合计（人）	# 女性	# 研究人员	# 全时人员	R&D 人员折合全时当量合计（人年）
中外合资经营企业	22651	5451	5622	16768	17725
中外合作经营企业	86	14	12	76	69
外资企业	16883	4175	4596	12201	13306
外商投资股份有限公司	4345	835	1226	3102	3547
其他外商投资企业	323	49	43	153	266
按国民经济行业大类分组					
采矿业	283	31	46	218	226
非金属矿采选业	283	31	46	218	226
制造业	571732	128922	122386	414500	449929
农副食品加工业	3999	1181	813	2490	2954
食品制造业	3028	1094	658	1799	2204
酒、饮料和精制茶制造业	1607	450	316	1044	1190
烟草制品业	64	25	30	38	15
纺织业	42081	14224	5534	27480	31890
纺织服装、服饰业	17775	8837	2709	13017	14359
皮革、毛皮、羽毛及其制品和制鞋业	14044	4567	1479	9670	11044
木材加工和木、竹、藤、棕、草制品业	4223	1114	592	2782	3293
家具制造业	11381	2998	1759	8035	8834
造纸和纸制品业	8742	1748	1117	6175	6512
印刷和记录媒介复制业	4876	1264	732	3575	3915
文教、工美、体育和娱乐用品制造业	13279	4135	2031	9678	10574
石油加工、炼焦和核燃料加工业	1440	140	413	852	815
化学原料和化学制品制造业	23485	5442	6505	17465	18419
医药制造业	18321	7383	6816	13894	14563
化学纤维制造业	10945	2887	1276	6977	6886
橡胶和塑料制品业	23340	5059	3775	16758	17889
非金属矿物制品业	12173	2198	2259	8132	9263
黑色金属冶炼和压延加工业	4869	615	981	3298	3781

3-3　续表 2

指标名称	R&D 人员合计（人）	# 女性	# 研究人员	# 全时人员	R&D 人员折合全时当量合计（人年）
有色金属冶炼和压延加工业	5276	741	809	3274	3889
金属制品业	28826	5245	4372	20692	21980
通用设备制造业	68183	11020	13851	49533	53538
专用设备制造业	33860	4804	7612	25523	26851
汽车制造业	46844	7473	10668	34935	36798
铁路、船舶、航空航天和其他运输设备制造业	7566	1114	1507	5495	5940
电气机械和器材制造业	76569	15269	15907	57023	61530
计算机、通信和其他电子设备制造业	61345	13426	20773	47130	51838
仪器仪表制造业	19441	3546	6503	14956	16092
其他制造业	2835	714	346	1800	2036
废弃资源综合利用业	856	177	138	667	694
金属制品、机械和设备修理业	459	32	105	313	341
电力、热力、燃气及水生产和供应业	2556	261	765	1426	1597
电力、热力生产和供应业	2159	203	626	1136	1300
燃气生产和供应业	139	7	44	94	113
水生产和供应业	258	51	95	196	185
按地区分组					
杭州市	96847	22378	31582	76653	80631
宁波市	115649	24390	25742	85581	92265
温州市	73380	14898	12158	55313	59819
嘉兴市	62213	15766	10476	42964	45538
湖州市	32952	7316	6650	24610	26072
绍兴市	60610	14624	12739	40361	47427
金华市	47285	12011	8124	33080	37118
衢州市	11296	2614	1943	7360	7357
舟山市	6220	1130	1441	4111	4512
台州市	55523	11324	10354	37621	41512
丽水市	12596	2763	1988	8490	9501

3-4 规模以上工业企业 R&D 经费情况（2019）

单位：万元

指标名称	R&D 经费内部支出合计	按支出用途分组			
		日常性支出	# 人员劳务费	资产性支出	# 仪器和设备
总计	**12742260.3**	**12107556.3**	**4745606.6**	**634704.0**	**614201.5**
按企业规模分组					
大型	3765611.3	3591894.5	1609781.5	173716.8	168972.2
中型	4030082.3	3826346.8	1458814.6	203735.5	195462.5
小型	4899833.2	4644702.4	1666222.5	255130.8	247703.3
微型	46733.5	44612.6	10788.0	2120.9	2063.5
按登记注册类型分组					
内资企业	10258151.9	9743494.7	3740938.2	514657.2	498452.6
国有企业	3279.0	3274.2	1079.1	4.8	
集体企业	74.3	74.3	51.1		
股份合作企业	28187.6	27373.6	9746.8	814.0	765.2
有限责任公司	1550277.8	1476319.6	503241.5	73958.2	71571.5
国有独资公司	24572.1	24316.3	10434.0	255.8	254.3
其他有限责任公司	1525705.7	1452003.3	492807.5	73702.4	71317.2
股份有限公司	2210799.7	2127981.8	1010749.8	82817.9	79457.4
私营企业	6465533.5	6108471.2	2216069.9	357062.3	346658.5
私营独资企业	23286.7	21864.1	7264.0	1422.6	1395.3
私营合伙企业	4886.4	3976.1	957.5	910.3	909.4
私营有限责任公司	5499866.7	5202658.1	1859351.9	297208.6	288291.8
私营股份有限公司	937493.7	879972.9	348496.5	57520.8	56062.0
港、澳、台商投资企业	1379214.0	1309861.4	561162.9	69352.6	65812.4
合资经营企业（港或澳、台资）	656461.2	617460.0	214416.2	39001.2	36611.3
合作经营企业（港或澳、台资）	10701.3	10621.3	3831.4	80.0	78.5
港、澳、台商独资经营企业	659149.2	631120.8	326085.5	28028.4	26892.6
港、澳、台商投资股份有限公司	52327.5	50084.5	16728.1	2243.0	2230.0
其他港、澳、台投资企业	574.8	574.8	101.7		

3-4 续表 1

单位：万元

指标名称	R&D经费内部支出合计	按支出用途分组			
		日常性支出	#人员劳务费	资产性支出	#仪器和设备
外商投资企业	1104894.4	1054200.2	443505.5	50694.2	49936.5
中外合资经营企业	541907.7	519153.4	204325.6	22754.3	22294.0
中外合作经营企业	2490.7	2251.0	1098.8	239.7	238.4
外资企业	442476.3	418905.0	188596.3	23571.3	23339.4
外商投资股份有限公司	107834.6	103709.3	46067.4	4125.3	4061.1
其他外商投资企业	10185.1	10181.5	3417.4	3.6	3.6
按国民经济行业大类分组					
采矿业	9489.0	8340.6	1742.8	1148.4	1094.1
非金属矿采选业	9489.0	8340.6	1742.8	1148.4	1094.1
制造业	12667512.0	12036798.8	4722066.8	630713.2	610399.5
农副食品加工业	74629.7	70942.8	19270.1	3686.9	3460.3
食品制造业	52437.0	50498.4	17527.4	1938.6	1856.8
酒、饮料和精制茶制造业	24848.7	23601.0	9613.8	1247.7	1201.0
烟草制品业	3870.2	3870.2	2743.2		
纺织业	799961.8	759695.9	252242.9	40265.9	38915.1
纺织服装、服饰业	242404.8	236124.3	109404.4	6280.5	6104.9
皮革、毛皮、羽毛及其制品和制鞋业	152773.6	149748.7	56759.3	3024.9	2952.0
木材加工和木、竹、藤、棕、草制品业	70110.7	67499.1	18429.0	2611.6	2480.2
家具制造业	178688.8	172936.2	70572.3	5752.6	5579.9
造纸和纸制品业	229476.9	215160.4	53802.5	14316.5	13902.7
印刷和记录媒介复制业	83660.3	79638.3	31196.5	4022.0	3820.1
文教、工美、体育和娱乐用品制造业	205960.8	199783.6	72407.1	6177.2	5848.8
石油加工、炼焦和核燃料加工业	60136.6	56053.0	10587.0	4083.6	4080.5
化学原料和化学制品制造业	841062.4	803183.4	216335.0	37879.0	36400.9
医药制造业	486423.8	447901.6	174163.7	38522.2	37482.6
化学纤维制造业	403971.8	395787.5	58451.4	8184.3	7719.8
橡胶和塑料制品业	456460.4	432589.2	139730.2	23871.2	23106.2
非金属矿物制品业	284453.9	271682.5	74088.6	12771.4	12299.2

单位：万元

指标名称	R&D 经费内部支出合计	按支出用途分组			
		日常性支出	# 人员劳务费	资产性支出	# 仪器和设备
黑色金属冶炼和压延加工业	195031.9	189584.0	34453.6	5447.9	5267.8
有色金属冶炼和压延加工业	150637.5	144021.0	33259.9	6616.5	6388.9
金属制品业	531581.2	489517.0	166371.0	42064.2	41538.6
通用设备制造业	1320213.7	1248936.1	503370.7	71277.6	69539.4
专用设备制造业	665106.5	637233.0	288357.0	27873.5	26783.0
汽车制造业	973841.9	892338.4	402233.2	81503.5	78250.5
铁路、船舶、航空航天和其他运输设备制造业	158542.4	149392.4	50045.0	9150.0	8697.0
电气机械和器材制造业	1707378.2	1626998.2	606059.0	80380.0	78139.5
计算机、通信和其他电子设备制造业	1821913.1	1758824.5	1015686.8	63088.6	60534.8
仪器仪表制造业	425788.7	400258.4	210420.9	25530.3	25061.7
其他制造业	35217.7	34527.8	13912.0	689.9	649.4
废弃资源综合利用业	20948.5	19171.8	6061.8	1776.7	1772.1
金属制品、机械和设备修理业	9978.5	9300.1	4511.5	678.4	565.8
电力、热力、燃气及水生产和供应业	65259.3	62416.9	21797.0	2842.4	2707.9
电力、热力生产和供应业	57068.3	54369.3	18311.3	2699.0	2571.0
燃气生产和供应业	2149.9	2149.9	824.8		
水生产和供应业	6041.1	5897.7	2660.9	143.4	136.9
按地区分组					
杭州市	2969029.8	2863387.7	1476816.0	105642.1	102278.8
宁波市	2631024.2	2484692.3	1085429.6	146331.9	142062.4
温州市	1121672.0	1076486.5	405116.1	45185.5	43263.2
嘉兴市	1530136.9	1471537.0	476355.9	58599.9	56064.6
湖州市	809843.8	768394.9	188061.5	41448.9	39628.3
绍兴市	1439591.5	1373731.8	444781.1	65859.7	63468.0
金华市	746539.1	703344.4	206058.0	43194.7	41870.4
衢州市	233000.9	205444.3	50398.0	27556.6	27159.7
舟山市	112645.9	99165.1	30390.1	13480.8	12993.0
台州市	935122.8	862997.1	329131.8	72125.7	70608.4
丽水市	213653.4	198375.2	53068.5	15278.2	14804.7

3-4　续表 3

单位：万元

指标名称	R&D 经费内部支出合计			
	按资金来源分组			
	政府资金	企业资金	境外资金	其他资金
总计	**210359.1**	**12531745.7**	**155.1**	**0.4**
按企业规模分组				
大型	78052.6	3687558.3		0.4
中型	67276.6	3962788.9	16.8	
小型	64187.7	4835507.2	138.3	
微型	842.2	45891.3		
按登记注册类型分组				
内资企业	164938.6	10093070.4	142.9	
国有企业		3279.0		
集体企业		74.3		
股份合作企业	332.3	27855.3		
有限责任公司	21041.9	1529097.6	138.3	
国有独资公司	4574.1	19998.0		
其他有限责任公司	16467.8	1509099.6	138.3	
股份有限公司	53439.9	2157355.2	4.6	
私营企业	90124.5	6375409.0		
私营独资企业	33.5	23253.2		
私营合伙企业	6.8	4879.6		
私营有限责任公司	66308.3	5433558.4		
私营股份有限公司	23775.9	913717.8		
港、澳、台商投资企业	9312.9	1369900.7		0.4
合资经营企业（港或澳、台资）	7365.6	649095.2		0.4
合作经营企业（港或澳、台资）		10701.3		
港、澳、台商独资经营企业	750.2	658399.0		
港、澳、台商投资股份有限公司	1197.1	51130.4		
其他港、澳、台投资企业		574.8		
外商投资企业	36107.6	1068774.6	12.2	
中外合资经营企业	21161.0	520746.7		

单位：万元

指标名称	R&D经费内部支出合计			
	按资金来源分组			
	政府资金	企业资金	境外资金	其他资金
中外合作经营企业		2490.7		
外资企业	2820.5	439643.6	12.2	
外商投资股份有限公司	12125.0	95709.6		
其他外商投资企业	1.1	10184.0		
按国民经济行业大类分组				
采矿业	0.1	9488.9		
非金属矿采选业	0.1	9488.9		
制造业	208969.6	12458386.9	155.1	0.4
农副食品加工业	2463.0	72166.7		
食品制造业	874.3	51562.7		
酒、饮料和精制茶制造业	326.4	24522.3		
烟草制品业	3870.2			
纺织业	4067.9	795893.9		
纺织服装、服饰业	2878.9	239525.9		
皮革、毛皮、羽毛及其制品和制鞋业	1185.3	151588.3		
木材加工和木、竹、藤、棕、草制品业	523.2	69582.9	4.6	
家具制造业	876.9	177811.9		
造纸和纸制品业	2603.4	226873.5		
印刷和记录媒介复制业	811.1	82849.2		
文教、工美、体育和娱乐用品制造业	3773.0	202187.8		
石油加工、炼焦和核燃料加工业	858.3	59278.3		
化学原料和化学制品制造业	9268.2	831794.2		
医药制造业	35235.5	451188.3		
化学纤维制造业	3484.7	400487.1		
橡胶和塑料制品业	5495.9	450964.1		0.4
非金属矿物制品业	2360.8	282093.1		
黑色金属冶炼和压延加工业	65.1	194966.8		
有色金属冶炼和压延加工业	10618.9	140018.6		

3-4　续表 5　　单位：万元

指标名称	R&D 经费内部支出合计			
	按资金来源分组			
	政府资金	企业资金	境外资金	其他资金
金属制品业	6952.6	524628.6		
通用设备制造业	16939.4	1303274.3		
专用设备制造业	10683.7	654422.8		
汽车制造业	25067.2	948636.4	138.3	
铁路、船舶、航空航天和其他运输设备制造业	544.6	157985.6	12.2	
电气机械和器材制造业	14886.1	1692492.1		
计算机、通信和其他电子设备制造业	30551.4	1791361.7		
仪器仪表制造业	11405.2	414383.5		
其他制造业	273.0	34944.7		
废弃资源综合利用业	22.4	20926.1		
金属制品、机械和设备修理业	3.0	9975.5		
电力、热力、燃气及水生产和供应业	1389.4	63869.9		
电力、热力生产和供应业	1389.4	55678.9		
燃气生产和供应业		2149.9		
水生产和供应业		6041.1		
按地区分组				
杭州市	56566.6	2912462.8		0.4
宁波市	55425.2	2575599.0		
温州市	14657.0	1107015.0		
嘉兴市	13283.9	1516853.0		
湖州市	5268.5	804570.7	4.6	
绍兴市	13610.8	1425980.7		
金华市	21030.1	725509.0		
衢州市	5132.7	227868.2		
舟山市	2761.0	109872.7	12.2	
台州市	19553.0	915431.5	138.3	
丽水市	3070.3	210583.1		

3-4 续表 6

单位：万元

指标名称	R&D 经费外部支出合计	对境内研究机构支出	对境内高等学校支出	对境内企业支出	对境外支出
总计	**521834.9**	**94820.4**	**48621.1**	**323503.3**	**54890.1**
按企业规模分组					
大型	290666.4	62297.4	14825.2	187458.4	26085.4
中型	129386.5	15119.9	13441.0	81337.6	19488.0
小型	100778.9	16645.1	20310.3	54506.8	9316.7
微型	1003.1	758.0	44.6	200.5	
按登记注册类型分组					
内资企业	328810.5	52283.3	40587.5	210066.4	25873.3
国有企业	78.6	71.3		7.3	
集体企业					
股份合作企业	101.9	2.8	99.1		
有限责任公司	52337.8	11946.4	7097.5	32425.9	868.0
国有独资公司	554.7	87.3	150.7	316.7	
其他有限责任公司	51783.1	11859.1	6946.8	32109.2	868.0
股份有限公司	123344.6	21709.5	14597.5	78936.0	8101.6
私营企业	152947.6	18553.3	18793.4	98697.2	16903.7
私营独资企业	71.1	28.6		25.0	17.5
私营合伙企业	41.1			41.1	
私营有限责任公司	121720.0	12262.8	14010.9	85718.7	9727.6
私营股份有限公司	31115.4	6261.9	4782.5	12912.4	7158.6
港、澳、台商投资企业	74588.0	20010.2	5775.1	37960.3	10842.4
合资经营企业（港或澳、台资）	33613.1	18424.5	4411.5	9965.8	811.3
合作经营企业（港或澳、台资）	3.0		3.0		
港、澳、台商独资经营企业	31783.7	1331.8	1210.4	20945.0	8296.5
港、澳、台商投资股份有限公司	9188.2	253.9	150.2	7049.5	1734.6
其他港、澳、台投资企业					
外商投资企业	118436.4	22526.9	2258.5	75476.6	18174.4
中外合资经营企业	63716.5	18635.9	1310.6	43000.4	769.6

3-4 续表 7

单位：万元

指标名称	R&D 经费外部支出合计	对境内研究机构支出	对境内高等学校支出	对境内企业支出	对境外支出
中外合作经营企业					
外资企业	51757.7	3346.0	339.1	31647.3	16425.3
外商投资股份有限公司	2751.3	545.0	541.8	685.0	979.5
其他外商投资企业	210.9		67.0	143.9	
按国民经济行业大类分组					
采矿业	174.6		5.0	169.6	
非金属矿采选业	174.6		5.0	169.6	
制造业	514228.7	91075.4	48325.4	320023.0	54804.9
农副食品加工业	912.2	243.9	384.7	243.9	39.7
食品制造业	1989.2	392.9	1282.6	253.2	60.5
酒、饮料和精制茶制造业	1409.6	290.4	486.9	632.3	
烟草制品业	261.6	87.3	100.6	73.7	
纺织业	9459.4	617.8	759.3	7763.4	318.9
纺织服装、服饰业	2702.0	2179.1	233.2	238.0	51.7
皮革、毛皮、羽毛及其制品和制鞋业	230.2	33.2	107.4	89.6	
木材加工和木、竹、藤、棕、草制品业	278.9		88.7	190.2	
家具制造业	3103.5	89.7	997.4	1651.4	365.0
造纸和纸制品业	954.9	271.5	304.7	378.7	
印刷和记录媒介复制业	2165.6	67.7	136.7	229.2	1732.0
文教、工美、体育和娱乐用品制造业	1329.5	31.5	105.7	931.2	261.1
石油加工、炼焦和核燃料加工业	8509.7	2340.7	5559.8	609.2	
化学原料和化学制品制造业	20580.8	1766.8	5821.6	12256.3	736.1
医药制造业	128178.5	28693.9	7525.4	83052.8	8906.4
化学纤维制造业	1509.8	52.9	1301.9	132.1	22.9
橡胶和塑料制品业	3774.1	380.6	1820.5	1521.1	51.9
非金属矿物制品业	1789.8	189.1	675.9	924.8	
黑色金属冶炼和压延加工业	1853.2	401.0	170.6	1281.6	
有色金属冶炼和压延加工业	1182.4	419.3	297.6	465.5	

单位：万元

指标名称	R&D 经费外部支出合计	对境内研究机构支出	对境内高等学校支出	对境内企业支出	对境外支出
金属制品业	4280.1	1607.0	598.3	1430.3	644.5
通用设备制造业	22091.0	4725.0	3535.3	11193.4	2637.3
专用设备制造业	10688.4	1442.4	2315.1	4282.0	2648.9
汽车制造业	128587.7	37019.9	2683.6	66388.9	22495.3
铁路、船舶、航空航天和其他运输设备制造业	8578.8	258.7	150.3	7279.2	890.6
电气机械和器材制造业	48616.3	3100.2	5473.6	35247.6	4794.9
计算机、通信和其他电子设备制造业	79355.0	3792.4	1936.6	69061.0	4565.0
仪器仪表制造业	19424.9	468.3	3184.4	12190.0	3582.2
其他制造业	333.7	78.3	223.0	32.4	
废弃资源综合利用业	90.8	31.2	59.6		
金属制品、机械和设备修理业	7.1	2.7	4.4		
电力、热力、燃气及水生产和供应业	7431.6	3745.0	290.7	3310.7	85.2
电力、热力生产和供应业	7034.7	3745.0	290.7	2913.8	85.2
燃气生产和供应业					
水的生产和供应业	396.9			396.9	
按地区分组					
杭州市	123755.6	16197.7	10574.3	91580.0	5403.6
宁波市	146862.9	39036.0	12971.3	63546.3	31309.3
温州市	37720.1	3799.5	2426.3	29849.6	1644.7
嘉兴市	34262.7	4296.4	1618.8	25041.3	3306.2
湖州市	12153.5	1075.4	4243.9	5859.5	974.7
绍兴市	35690.8	4863.8	4123.0	24532.3	2171.7
金华市	24253.5	2592.7	3134.2	18278.0	248.6
衢州市	6939.8	651.2	1002.2	5220.1	66.3
舟山市	1806.5	30.4	172.9	1603.2	
台州市	92112.5	22164.9	7777.6	53305.5	8864.5
丽水市	6277.0	112.4	576.6	4687.5	900.5

3–5 规模以上工业企业全部 R&D 项目情况 (2019)

指标名称	项目数（项）	参加项目人员（人）	项目人员折合全时当量（人年）	项目经费内部支出（万元）	
					政府资金
总计	**98501**	**537452**	**423060**	**13414951.3**	**95826.0**
按企业规模分组					
大型	8684	120898	96785	4174865.1	26032.0
中型	22722	165884	132314	4189492.3	35194.1
小型	66311	248658	192628	5002511.5	34336.4
微型	784	2012	1332	48082.4	263.5
按登记注册类型分组					
内资企业	86308	450005	352474	10708945.5	82698.8
国有企业	27	225	140	3564.8	
集体企业	2	6	6	74.3	
股份合作企业	419	1524	1215	29396.0	332.3
有限责任公司	8551	52455	40948	1618126.2	11017.4
国有独资公司	183	1244	823	22942.5	888.7
其他有限责任公司	8368	51211	40125	1595183.7	10128.7
股份有限公司	7969	72859	59559	2444048.4	30662.5
私营企业	69340	322936	250607	6613735.8	40686.6
私营独资企业	313	1482	1087	22561.8	3.5
私营合伙企业	75	293	187	3943.4	6.8
私营有限责任公司	60599	277500	215133	5626567.8	30914.5
私营股份有限公司	8353	43661	34199	960662.8	9761.8
港、澳、台商投资企业	5919	45849	37770	1465114.6	2818.1
合资经营企业(港或澳、台资)	3344	23848	18918	694902.8	1514.1
合作经营企业(港或澳、台资)	42	370	308	11325.3	
港、澳、台商独资经营企业	2274	19870	17158	700954.3	583.0
港、澳、台商投资股份有限公司	250	1732	1368	57274.8	721.0
其他港、澳、台投资企业	9	29	19	657.4	
外商投资企业	6274	41598	32815	1240891.2	10309.1

3-5　续表 1

指标名称	项目数（项）	参加项目人员（人）	项目人员折合全时当量（人年）	项目经费内部支出（万元）	
					政府资金
中外合资经营企业	3156	21149	16538	610683.0	5829.5
中外合作经营企业	17	82	65	1992.6	
外资企业	2488	15861	12525	502552.6	1162.6
外商投资股份有限公司	568	4198	3433	114421.3	3317.0
其他外商投资企业	45	308	253	11241.7	
按国民经济行业大类分组					
采矿业	75	255	205	10017.8	0.1
非金属矿采选业	75	255	205	10017.8	0.1
制造业	97922	534835	421374	13333479.0	94546.5
农副食品加工业	778	3619	2675	75929.6	2011.0
食品制造业	620	2802	2037	54880.8	556.9
酒、饮料和精制茶制造业	214	1427	1049	26561.8	144.6
烟草制品业	19	60	14	1028.4	
纺织业	5904	39295	29749	809619.4	1941.1
纺织服装、服饰业	2180	16698	13472	247741.6	2231.4
皮革、毛皮、羽毛及其制品和制鞋业	1878	13126	10312	153400.6	371.7
木材加工和木、竹、藤、棕、草制品业	682	3897	3028	70317.8	442.7
家具制造业	1663	10429	8102	180126.3	708.2
造纸和纸制品业	1505	8043	6005	229857.8	1504.9
印刷和记录媒介复制业	1007	4587	3684	87918.4	202.0
文教、工美、体育和娱乐用品制造业	2278	12362	9858	209071.6	1358.8
石油加工、炼焦和核燃料加工业	237	1222	720	77595.7	170.0
化学原料和化学制品制造业	5153	21816	17110	859446.4	6408.3
医药制造业	3479	17149	13633	608336.3	10127.9
化学纤维制造业	1205	10462	6533	418435.9	1948.6
橡胶和塑料制品业	4961	21656	16587	461148.3	2660.7
非金属矿物制品业	2559	11253	8573	289748.0	881.9
黑色金属冶炼和压延加工业	1013	4508	3494	205990.6	45.1

3-5　续表 2

指标名称	项目数（项）	参加项目人员（人）	项目人员折合全时当量（人年）	项目经费内部支出（万元）	
					政府资金
有色金属冶炼和压延加工业	1012	4839	3590	153124.4	1290.0
金属制品业	5390	26472	20214	525897.3	1965.1
通用设备制造业	14144	63517	49925	1338917.5	11148.2
专用设备制造业	7472	31876	25332	685343.5	8014.0
汽车制造业	8065	44001	34573	1111933.5	6852.2
铁路、船舶、航空航天和其他运输设备制造业	1438	7032	5528	161831.6	317.4
电气机械和器材制造业	13385	71663	57690	1750765.8	7186.4
计算机、通信和其他电子设备制造业	6026	58750	49779	2041400.2	17844.0
仪器仪表制造业	2956	18443	15266	428175.8	6027.0
其他制造业	485	2619	1888	36986.6	181.0
废弃资源综合利用业	153	781	634	21907.3	2.4
金属制品、机械和设备修理业	61	431	319	10040.2	3.0
电力、热力、燃气及水生产和供应业	504	2362	1480	71454.5	1279.4
电力、热力生产和供应业	417	2007	1213	62408.0	1279.4
燃气生产和供应业	26	129	104	2192.3	
水生产和供应业	61	226	163	6854.2	
按地区分组					
杭州市	12430	91281	76252	3221843.7	28487.8
宁波市	21673	109878	87731	2776691.2	10103.4
温州市	13773	68703	56050	1163113.6	9029.0
嘉兴市	10580	59220	43305	1604952.8	5028.2
湖州市	7242	30556	24166	822401.7	3451.4
绍兴市	8527	56201	43967	1493148.0	8620.9
金华市	8065	43100	33813	778897.6	17075.5
衢州市	2279	10275	6702	229023.1	2222.3
舟山市	883	5587	4116	108160.6	2471.6
台州市	10511	51224	38343	998357.2	6942.4
丽水市	2538	11427	8615	218361.8	2393.5

3–6 规模以上工业企业办研发机构情况（2019）

指标名称	机构数（个）	机构人员数（人）	# 博士	# 硕士	机构经费支出（万元）	仪器和设备原价(万元)
总计	**13850**	**453819**	**3098**	**27653**	**12898512.4**	**8336365.2**
按企业规模分组						
大型	561	117891	1012	15003	4615521.7	2142140.0
中型	2515	149649	957	7165	4186228.6	2865977.3
小型	10608	185204	1117	5449	4071768.6	3309579.9
微型	166	1075	12	36	24993.5	18668.0
按登记注册类型分组						
内资企业	12127	365563	2479	19754	9888437.3	6580353.9
国有企业	5	183		3	3648.4	1944.9
集体企业	1	5			43.2	50.0
股份合作企业	61	1057		25	21284.8	20540.1
有限责任公司	1020	45578	422	3916	1557779.2	1026102.7
国有独资公司	24	1056	20	161	36641.0	55158.0
其他有限责任公司	996	44522	402	3755	1521138.2	970944.7
股份有限公司	809	70977	832	9489	2597492.3	1241246.1
私营企业	10231	247763	1225	6321	5708189.4	4290470.1
私营独资企业	85	667		5	10934.4	9449.0
私营合伙企业	17	113			1637.7	1053.2
私营有限责任公司	9179	211063	848	4791	4817394.6	3553515.4
私营股份有限公司	950	35920	377	1525	878222.7	726452.5
港、澳、台商投资企业	809	45879	244	4454	1605729.4	988274.1
合资经营企业（港或澳、台资）	424	23364	166	1139	798380.1	512137.6
合作经营企业（港或澳、台资）	11	362	2	10	9841.2	2278.7
港、澳、台商独资经营企业	349	20624	67	3169	743292.3	382697.9
港、澳、台商投资股份有限公司	23	1509	9	133	53559.0	90730.1
其他港、澳、台投资企业	2	20		3	656.8	429.8
外商投资企业	914	42377	375	3445	1404345.7	767737.2

3-6 续表 1

指标名称	机构数（个）	机构人员数（人）	# 博士	# 硕士	机构经费支出（万元）	仪器和设备原价（万元）
中外合资经营企业	439	20344	228	1597	703963.7	313866.9
中外合作经营企业	3	70		3	1441.8	771.0
外资企业	414	17334	87	1486	553012.5	367905.1
外商投资股份有限公司	54	4364	60	356	135990.0	84703.1
其他外商投资企业	4	265		3	9937.7	491.1
按国民经济行业大类分组						
采矿业	12	190	4	5	6577.8	17684.7
非金属矿采选业	12	190	4	5	6577.8	17684.7
制造业	13778	452182	3082	27575	12845031.9	8219796.4
农副食品加工业	196	3280	41	210	71284.1	50947.8
食品制造业	113	2491	68	189	60196.0	54250.1
酒、饮料和精制茶制造业	48	704	5	65	19280.7	12641.3
烟草制品业	1	138	10	72	13819.0	37248.5
纺织业	994	26516	53	315	571138.2	457642.4
纺织服装、服饰业	368	10393	12	162	194514.4	75825.0
皮革、毛皮、羽毛及其制品和制鞋业	449	9586	18	33	132411.3	56957.7
木材加工和木、竹、藤、棕、草制品业	116	3105	19	68	60127.6	35365.1
家具制造业	201	7456	6	89	143867.7	50820.4
造纸和纸制品业	209	6521	32	114	225402.7	150322.4
印刷和记录媒介复制业	162	3519	14	42	70366.5	70799.6
文教、工美、体育和娱乐用品制造业	320	9123	32	96	165350.7	94585.8
石油加工、炼焦和核燃料加工业	14	1368	13	62	103795.8	267156.4
化学原料和化学制品制造业	727	20718	341	1929	931520.5	551488.3
医药制造业	336	16695	449	2519	653731.9	466869.5
化学纤维制造业	162	10738	90	178	498178.6	260454.7
橡胶和塑料制品业	738	17654	63	404	478757.6	392089.3
非金属矿物制品业	454	9297	71	336	261030.9	180584.4
黑色金属冶炼和压延加工业	112	2724	14	50	160316.5	71062.6

3-6 续表 2

指标名称	机构数（个）	机构人员数（人）	# 博士	# 硕士	机构经费支出（万元）	仪器和设备原价（万元）
有色金属冶炼和压延加工业	146	3742	37	194	121597.3	126239.2
金属制品业	798	19314	51	276	451481.0	397123.7
通用设备制造业	1839	51594	283	2026	1208284.6	941189.5
专用设备制造业	904	25494	168	1408	595534.8	398086.9
汽车制造业	910	39161	250	1722	1101759.1	807166.0
铁路、船舶、航空航天和其他运输设备制造业	178	5509	21	128	147433.0	92520.8
电气机械和器材制造业	1891	65060	374	2811	1713119.0	1008524.9
计算机、通信和其他电子设备制造业	837	58221	408	10086	2151659.3	799057.7
仪器仪表制造业	414	19472	131	1968	488398.1	258508.4
其他制造业	99	1536	3	8	24165.9	9132.6
废弃资源综合利用业	27	652	5	12	17002.9	36476.4
金属制品、机械和设备修理业	15	401		3	9506.2	8659.0
电力、热力、燃气及水生产和供应业	60	1447	12	73	46902.7	98884.1
电力、热力生产和供应业	45	1168	9	53	40377.7	92271.1
燃气生产和供应业	4	92			1721.1	4619.4
水生产和供应业	11	187	3	20	4803.9	1993.6
按地区分组						
杭州市	1904	96852	828	15042	3585002.3	1724106.6
宁波市	3183	104131	519	4605	2780056.3	1859277.4
温州市	2358	53727	170	952	1071597.5	788164.0
嘉兴市	2627	78699	402	2128	2213417.5	1522282.3
湖州市	904	22597	254	877	669004.6	430662.2
绍兴市	864	29880	297	1753	897978.6	612431.0
金华市	617	20167	149	637	491201.1	474455.1
衢州市	315	7519	128	382	227833.8	184529.8
舟山市	212	5517	46	142	137440.4	97893.5
台州市	643	29098	262	1030	688100.4	553134.0
丽水市	223	5632	43	105	136879.9	89429.3

3-7　规模以上工业企业自主知识产权保护情况（2019）

指标名称	专利申请数（件）	发明专利	有效发明专利数（件）	专利所有权转让及许可数（件）	专利所有权转让及许可收入（万元）	拥有注册商标（件）	形成国家或行业标准（项）
总计	**114326**	**30914**	**75770**	**2943**	**306722.0**	**95473**	**3671**
按企业规模分组							
大型	28435	10725	19861	351	6111.0	22683	711
中型	27238	7656	21319	656	60825.0	32534	1360
小型	58148	12366	34114	1916	239578.0	40101	1586
微型	505	167	476	20	208.0	155	14
按登记注册类型分组							
内资企业	98328	25645	58557	2679	290987.0	82329	3264
国有企业	63	7	20			42	
股份合作企业	248	47	200	6		41	18
有限责任公司	13663	4208	8793	388	40988.0	7316	425
国有独资公司	377	166	629	11	1.0	182	8
其他有限责任公司	13286	4042	8164	377	40987.0	7134	417
股份有限公司	17831	7361	13223	380	8571.0	21864	840
私营企业	66523	14022	36321	1905	241428.0	53066	1981
私营独资企业	94	24	76	2		90	2
私营合伙企业	5		4			13	
私营有限责任公司	57649	11806	29733	1692	234148.0	42999	1558
私营股份有限公司	8775	2192	6508	211	7280.0	9964	421
港、澳、台商投资企业	8132	2524	10375	147	6605.0	5742	271
合资经营企业（港或澳、台资）	4293	1318	3123	12		2995	183
合作经营企业（港或澳、台资）	129	28	32			17	7
港、澳、台商独资经营企业	3494	1116	6784	135	6605.0	2549	59
港、澳、台商投资股份有限公司	213	61	420			180	22
其他港、澳、台投资企业	3	1	16			1	
外商投资企业	7866	2745	6838	117	9130.0	7402	136
中外合资经营企业	3590	1103	3074	47	1151.0	2521	77

3-7　续表 1

指标名称	专利申请数（件）	发明专利	有效发明专利数（件）	专利所有权转让及许可数（件）	专利所有权转让及许可收入（万元）	拥有注册商标（件）	形成国家或行业标准（项）
中外合作经营企业	16	2	12			5	
外资企业	2783	1105	2524	45	961.0	2431	20
外商投资股份有限公司	1445	521	1204	25	7018.0	2390	33
其他外商投资企业	32	14	24			55	6
按国民经济行业大类分组							
采矿业	104	9	36			2	4
有色金属矿采选业	18						
非金属矿采选业	86	9	36			2	4
制造业	113515	30668	75262	2928	306551.0	95352	3667
农副食品加工业	376	81	351	16		1407	33
食品制造业	563	176	419	5	42.0	2565	17
酒、饮料和精制茶制造业	150	28	132	1		902	9
烟草制品业	129	70	365			171	3
纺织业	4131	915	2426	67	14.0	2704	131
纺织服装、服饰业	1577	207	467	21	21.0	6177	66
皮革、毛皮、羽毛及其制品和制鞋业	1092	107	312	39		3239	81
木材加工和木、竹、藤、棕、草制品业	676	208	580	20		1807	36
家具制造业	2958	409	891	44		3857	12
造纸和纸制品业	1360	290	539	14	150000.0	680	10
印刷和记录媒介复制业	671	145	287	1		707	23
文教、工美、体育和娱乐用品制造业	3089	336	1122	227		4454	45
石油加工、炼焦和核燃料加工业	86	37	143			28	1
化学原料和化学制品制造业	3220	1422	5232	59	165.0	8110	341
医药制造业	1620	788	3700	75	41341.0	6518	157
化学纤维制造业	648	197	521	9		282	45
橡胶和塑料制品业	4639	904	2443	289	1415.0	2851	133
非金属矿物制品业	2162	555	1556	80	2100.0	1506	81
黑色金属冶炼和压延加工业	705	162	399			126	12

3-7　续表 2

指标名称	专利申请数（件）	发明专利	有效发明专利数（件）	专利所有权转让及许可数（件）	专利所有权转让及许可收入（万元）	拥有注册商标（件）	形成国家或行业标准（项）
有色金属冶炼和压延加工业	865	290	586	4		748	142
金属制品业	5560	990	2943	112	31137.0	4657	200
通用设备制造业	17064	4265	9228	479	17830.0	9998	599
专用设备制造业	9158	2431	6691	184	254.0	4685	227
汽车制造业	8319	1966	4202	156	21.0	2706	190
铁路、船舶、航空航天和其他运输设备制造业	1647	331	727	63	27782.0	874	30
电气机械和器材制造业	21637	4966	10569	578	2734.0	12714	604
计算机、通信和其他电子设备制造业	13807	6408	14653	119	13289.0	7381	227
仪器仪表制造业	4841	1841	3359	264	8406.0	2725	183
其他制造业	567	97	351	2	10000.0	766	23
废弃资源综合利用业	147	39	58			7	6
金属制品、机械和设备修理业	51	7	10				
电力、热力、燃气及水生产和供应业	707	237	472	15	171.0	119	
电力、热力生产和供应业	649	202	411	15	171.0	107	
燃气生产和供应业	2					7	
水生产和供应业	56	35	61			5	
按地区分组							
杭州市	23769	8819	23048	765	231462.0	18504	881
宁波市	26392	7937	16032	297	19621.0	16103	503
温州市	10571	1718	4466	241	939.0	12604	410
嘉兴市	12990	3307	7596	119	277.0	10148	178
湖州市	7286	1942	6588	382	206.0	6193	341
绍兴市	10960	2320	5561	265	51642.0	7683	365
金华市	9141	1865	4295	288	108.0	9203	362
衢州市	2391	657	1153	64	2415.0	1193	87
舟山市	503	130	331	2		223	15
台州市	7758	1870	5589	266	11.0	10495	487
丽水市	2564	348	1036	254	41	3124	42

3-8 规模以上工业企业新产品开发、生产及销售情况（2019）

指标名称	新产品开发项目数（项）	新产品开发经费支出（万元）	新产品销售收入（万元）	
				出口
总计	**110063**	**15316802.0**	**260993703.8**	**51421463.4**
按企业规模分组				
大型	9484	4543083.9	92647831.0	18020233.2
中型	24672	4819278.0	84892290.9	18257271.9
小型	74940	5887541.2	80331778.0	15065721.8
微型	967	66898.9	3121803.9	78236.5
按登记注册类型分组				
内资企业	95592	12111944.2	200635529.2	36719866.1
国有企业	25	3412.2	127845.6	
集体企业	4	147.0	886.7	8.0
股份合作企业	442	31944.5	411752.6	54932.6
有限责任公司	9320	1829260.1	41747264.4	4895772.6
国有独资公司	188	23990.0	775385.2	2976.7
其他有限责任公司	9132	1805270.1	40971879.2	4892795.9
股份有限公司	8701	2577876.0	38996246.2	7501969.5
私营企业	77100	7669304.4	119351533.7	24267183.4
私营独资企业	385	28284.8	316205.4	86734.8
私营合伙企业	87	5141.8	61961.0	16120.0
私营有限责任公司	67536	6538892.3	101824142.8	20302378.0
私营股份有限公司	9092	1096985.5	17149224.5	3861950.6
港、澳、台商投资企业	6799	1714058.4	31360692.6	7719846.1
合资经营企业（港或澳、台资）	3702	832818.7	17942942.9	3606938.2
合作经营企业（港或澳、台资）	50	10522.5	153395.9	75437.1
港、澳、台商独资经营企业	2740	796718.8	11851735.2	3750898.9
港、澳、台商投资股份有限公司	293	72626.4	1399989.6	284029.8
其他港、澳、台投资企业	14	1372.0	12629.0	2542.1
外商投资企业	7672	1490799.4	28997482.0	6981751.2

3-8 续表 1

指标名称	新产品开发项目数(项)	新产品开发经费支出(万元)	新产品销售收入(万元)	
				出口
中外合资经营企业	3731	743956.3	13207246.4	2186182.0
中外合作经营企业	30	4545.5	46627.6	7064.5
外资企业	3176	584067.2	13359702.3	4050559.6
外商投资股份有限公司	689	149124.2	2245181.1	633517.4
其他外商投资企业	46	9106.2	138724.6	104427.7
按国民经济行业大类分组				
采矿业	41	5985.9	258155.1	
有色金属矿采选业			2824.3	
非金属矿采选业	41	5985.9	255330.8	
制造业	109695	15265397.4	259901811.6	51417744.4
农副食品加工业	836	85605.6	991134.8	151646.9
食品制造业	701	64618.9	1059184.9	206637.3
酒、饮料和精制茶制造业	270	28014.7	800844.1	59363.0
烟草制品业	29	3546.7	385158.1	
纺织业	6415	830598.1	13998890.8	3112423.1
纺织服装、服饰业	2443	298418.6	6856883.1	2869209.3
皮革、毛皮、羽毛及其制品和制鞋业	1987	180178.3	3825862.1	1486216.9
木材加工和木、竹、藤、棕、草制品业	670	75448.3	1458773.9	644320.1
家具制造业	1928	227209.5	4076456.8	2490948.5
造纸和纸制品业	1695	287100.1	5140541.8	647049.0
印刷和记录媒介复制业	1064	93023.1	1307367.1	190543.9
文教、工美、体育和娱乐用品制造业	2623	257179.2	4195055.1	1700917.3
石油加工、炼焦和核燃料加工业	133	33461.4	2775644.0	3256.8
化学原料和化学制品制造业	5424	934585.6	20089397.7	1863511.4
医药制造业	3770	562471.8	6822406.1	1518829.0
化学纤维制造业	1511	566857.6	13238428.9	705406.5
橡胶和塑料制品业	5633	609652.6	8276113.9	1703075.4
非金属矿物制品业	2775	345077.2	6453961.0	734539.9
黑色金属冶炼和压延加工业	1025	255756.7	4967406.4	288905.2

3-8 续表 2

指标名称	新产品开发项目数（项）	新产品开发经费支出（万元）	新产品销售收入（万元）	
				出口
有色金属冶炼和压延加工业	1098	196324.8	6681475.2	420023.7
金属制品业	6011	642141.7	9756872.6	2929031.2
通用设备制造业	15955	1592097.3	21762338.7	4453462.1
专用设备制造业	8108	775260.2	9991111.7	2092396.1
汽车制造业	9167	1248335.8	28140069.1	2398910.7
铁路、船舶、航空航天和其他运输设备制造业	1598	196555.6	2767209.8	993136.4
电气机械和器材制造业	15205	2087632.9	37205473.3	9836832.4
计算机、通信和其他电子设备制造业	7311	2158933.7	29997537.8	6560480.2
仪器仪表制造业	3559	558884.3	5670842.0	1057965.0
其他制造业	580	45061.6	700493.4	254619.1
废弃资源综合利用业	110	16235.2	464467.6	9841.0
金属制品、机械和设备修理业	61	9130.3	44409.8	34247.0
电力、热力、燃气及水生产和供应业	327	45418.7	833737.1	3719.0
电力、热力生产和供应业	254	37810.6	754210.1	3719.0
燃气生产和供应业	44	4559.5	19519.4	
水生产和供应业	29	3048.6	60007.6	
按地区分组				
杭州市	16126	3830517.7	59323354.4	8791409.5
宁波市	24759	3144030.1	58515484.1	12608477.0
温州市	13540	1215775.4	18113087.7	2944316.3
嘉兴市	15246	2063508.9	41355349.3	9524640.0
湖州市	7232	939649.8	18004185.9	3348530.3
绍兴市	8762	1526396.8	23301980.3	3879125.7
金华市	8346	896661.6	13450465.6	3864594.9
衢州市	2359	283628.3	5853176.6	585060.1
舟山市	782	129668.8	1449594.2	450422.3
台州市	10302	1024710.9	17052481.2	4666059.2
丽水市	2609	262253.7	4574544.5	758828.1

3–9 规模以上工业企业政府相关政策落实情况（2019）

单位：万元

指标名称	使用来自政府部门的研发资金	研究开发费用加计扣除减免税	高新技术企业减免税
总计	**210280.6**	**1455103.5**	**1652985.1**
按企业规模分组			
大型	43469.2	461699.2	615057.8
中型	61614.8	495332.8	673949.9
小型	104671.5	495300.1	363776.0
微型	525.1	2771.4	201.4
按登记注册类型分组			
内资企业	156943.2	1165485.7	1256294.3
国有企业		566.8	
集体企业		43.2	10.0
股份合作企业	497.4	2378.3	2190.9
有限责任公司	24420.7	181164.8	229166.7
国有独资公司	920.7	2456.9	2385.9
其他有限责任公司	23500.0	178707.9	226780.8
股份有限公司	52738.4	291492.7	386569.2
私营企业	79286.7	689839.9	638357.5
私营独资企业	33.0	20.2	
私营有限责任公司	61551.2	575256.4	470055.1
私营股份有限公司	17702.5	114563.3	168302.4
港、澳、台商投资企业	34713.6	148625.3	197343.2
合资经营企业（港或澳、台资）	28522.6	80983.0	91324.8
合作经营企业（港或澳、台资）	2.4	782.1	3485.0
港、澳、台商独资经营企业	5168.2	61631.1	93343.9
港、澳、台商投资股份有限公司	1020.4	5229.1	9189.5
外商投资企业	18623.8	140992.5	199347.6
中外合资经营企业	10888.6	60644.4	102110.8

3–9　续表 1　　单位：万元

指标名称	使用来自政府部门的研发资金	研究开发费用加计扣除减免税	高新技术企业减免税
中外合作经营企业		49.8	278.7
外资企业	2005.8	64809.3	61769.0
外商投资股份有限公司	5549.4	14197.8	32206.5
其他外商投资企业	180.0	1291.2	2982.6
按国民经济行业大类分组			
采矿业		663.0	4057.8
非金属矿采选业		663.0	4057.8
制造业	210127.5	1447637.7	1634858.2
农副食品加工业	2591.8	5282.3	4918.1
食品制造业	1800.6	7488.6	13787.4
酒、饮料和精制茶制造业	562.8	2928.6	1842.1
纺织业	2302.9	75430.5	56491.6
纺织服装、服饰业	2949.8	19745.5	13840.0
皮革、毛皮、羽毛及其制品和制鞋业	573.7	11156.3	4750.4
木材加工和木、竹、藤、棕、草制品业	847.8	8405.8	14419.6
家具制造业	1057.9	21673.5	19374.3
造纸和纸制品业	1768.1	22429.0	39056.0
印刷和记录媒介复制业	1047.7	9297.1	12752.3
文教、工美、体育和娱乐用品制造业	2328.6	19941.8	12072.2
石油加工、炼焦和核燃料加工业	218.8	426.9	12164.4
化学原料和化学制品制造业	11566.0	115804.9	186711.0
医药制造业	17485.1	71712.2	131533.7
化学纤维制造业	2317.2	27965.6	31282.8
橡胶和塑料制品业	3729.7	57680.4	50487.5
非金属矿物制品业	2213.3	28186.9	40131.4
黑色金属冶炼和压延加工业	322.9	15460.3	14031.8
有色金属冶炼和压延加工业	2834.8	20037.7	7004.4

3-9 续表2

单位：万元

指标名称	使用来自政府部门的研发资金	研究开发费用加计扣除减免税	高新技术企业减免税
金属制品业	4417.7	48025.3	49269.2
通用设备制造业	23825.7	153637.0	188418.9
专用设备制造业	13773.0	70601.0	89724.5
汽车制造业	17335.6	129809.4	143978.1
铁路、船舶、航空航天和其他运输设备制造业	1402.1	17608.9	9809.5
电气机械和器材制造业	18816.7	194398.3	261756.7
计算机、通信和其他电子设备制造业	57868.7	232850.4	138439.4
仪器仪表制造业	13924.8	55257.5	81576.5
其他制造业	207.3	2684.3	1853.6
废弃资源综合利用业	33.4	1075.7	3289.8
金属制品、机械和设备修理业	3.0	636.0	91.0
电力、热力、燃气及水生产和供应业	153.1	6802.8	14069.1
电力、热力生产和供应业	138.1	6062.8	13778.9
燃气生产和供应业		35.0	
水生产和供应业	15.0	705.0	290.2
按地区分组			
杭州市	90051.7	428635.4	363557.5
宁波市	22509.6	270163.7	380289.7
温州市	15563.8	125265.7	134530.2
嘉兴市	13378.7	177089.3	231747.5
湖州市	7182.2	96063.5	126551.4
绍兴市	13621.3	117733.0	157069.2
金华市	22727.6	75975.6	68725.6
衢州市	3651.5	26981.3	43957.3
舟山市	2778.6	5637.5	5471.5
台州市	10482.7	110100.5	123340.3
丽水市	8332.9	21227.0	17744.9

3–10 规模以上工业企业技术获取和技术改造情况（2019）

单位：万元

指标名称	引进境外技术经费支出	引进境外技术的消化吸收经费支出	购买境内技术经费支出	技术改造经费支出
总计	**94292.4**	**8496.0**	**247070.6**	**2033198.8**
按企业规模分组				
大型	53774.8	3468.0	137009.8	954765.0
中型	34742.6	3218.9	66782.7	685420.5
小型	5770.0	1807.0	42259.0	391522.0
微型	5.0	2.1	1019.1	1491.3
按登记注册类型分组				
内资企业	40113.0	6679.8	173419.0	1433850.7
国有企业				2835.3
股份合作企业				3631.1
有限责任公司	14750.2	92.1	41164.8	322944.0
国有独资公司	44.4		19843.5	3198.7
其他有限责任公司	14705.8	92.1	21321.3	319745.3
股份有限公司	7465.0	5404.6	25475.8	415049.8
私营企业	17897.8	1183.1	106778.4	689390.5
私营独资企业	40.3		30.0	3844.5
私营合伙企业				109.0
私营有限责任公司	9740.6	807.6	61655.5	544466.1
私营股份有限公司	8116.9	375.5	45092.9	140970.9
港、澳、台商投资企业	12131.2	25.0	41506.9	350194.4
合资经营企业（港或澳、台资）	2594.6	25.0	40798.0	257076.7
合作经营企业（港或澳、台资）				5.0
港、澳、台商独资经营企业	9536.6		683.6	92293.1
港、澳、台商投资股份有限公司			25.3	809.0
其他港、澳、台投资企业				10.6

3-10 续表 1 单位：万元

指标名称	引进境外技术经费支出	引进境外技术的消化吸收经费支出	购买境内技术经费支出	技术改造经费支出
外商投资企业	42048.2	1791.2	32144.7	249153.7
中外合资经营企业	4794.4	374.6	14235.6	76133.8
外资企业	33566.3	1416.6	4488.7	110736.6
外商投资股份有限公司	3687.5		13420.4	38990.4
其他外商投资企业				23292.9
按国民经济行业大类分组				
采矿业				21.3
有色金属矿采选业				21.3
制造业	82003.4	8496.0	247000.6	2000480.2
农副食品加工业			206.3	4504.1
食品制造业	108.2		392.8	14480.0
酒、饮料和精制茶制造业				605.5
烟草制品业	44.4		19718.8	766.0
纺织业	2851.1	296.3	6425.9	43117.2
纺织服装、服饰业			1119.3	3495.4
皮革、毛皮、羽毛及其制品和制鞋业	10.4	2.0	848.6	2961.9
木材加工和木、竹、藤、棕、草制品业			87.5	1828.2
家具制造业			229.1	8955.4
造纸和纸制品业			1320.8	12452.9
印刷和记录媒介复制业			814.7	8315.4
文教、工美、体育和娱乐用品制造业	415.0	897.5	2571.5	15906.1
石油加工、炼焦和核燃料加工业			4039.2	131062.1
化学原料和化学制品制造业	10681.3	362.0	10935.7	186114.8
医药制造业	4073.3	3232.1	34869.6	133108.8
化学纤维制造业	1549.9	10.5	1584.8	19645.1
橡胶和塑料制品业	9.5	30.0	21271.7	269860.9
非金属矿物制品业	4946.6	0.1	4253.1	103358.7

3-10 续表 2

指标名称	引进境外技术经费支出	引进境外技术的消化吸收经费支出	购买境内技术经费支出	技术改造经费支出
黑色金属冶炼和压延加工业			4.3	5074.0
有色金属冶炼和压延加工业	7473.6		23776.6	16466.9
金属制品业	5119.9	1413.8	7412.6	46223.4
通用设备制造业	1902.4	28.0	14158.9	222216.1
专用设备制造业	7703.9	809.7	3007.5	71811.6
汽车制造业	8520.9	269.0	59861.0	301754.2
铁路、船舶、航空航天和其他运输设备制造业	214.0		251.1	7380.3
电气机械和器材制造业	25764.2	444.6	7912.5	188049.5
计算机、通信和其他电子设备制造业	550.6	700.2	15144.0	134747.9
仪器仪表制造业	64.2	0.2	4701.0	33897.5
其他制造业			61.7	10266.4
废弃资源综合利用业			20.0	2051.9
金属制品、机械和设备修理业				2.0
电力、热力、燃气及水生产和供应业	12289.0		70.0	32697.3
电力、热力生产和供应业	12289.0		70.0	32697.3
按地区分组				
杭州市	12158.3	292.8	60405.9	506303.9
宁波市	19267.2	2332.1	108398.3	576693.6
温州市	19.1	126.5	10003.5	152642.6
嘉兴市	44578.9	2389.6	8903.3	193115.3
湖州市	17.1	23.0	2813.9	45709.1
绍兴市	2543.9	5.0	3709.7	80905.0
金华市	90.4	14.3	7406.5	150382.2
衢州市	670.3	172.6	7531.3	120438.3
舟山市			6.0	13819.3
台州市	14912.2	3140.1	37298.4	178274.3
丽水市	35.0		593.8	14915.2

四、大中型
工业企业情况

4–1 大中型工业企业研发活动情况（2017—2019）

指标名称	单位	2017	2018	2019
企业数	个	4740	4476	4328
有 R&D 活动企业数	个	3289	3178	3285
企业有研发机构	个	3174	2850	3076
从业人员年平均人数	万人	326.69	318.31	309.05
R&D 活动人员	万人	25.83	29.03	30.34
参加项目人员	万人	25.26	27.33	28.68
企业内部的日常研发经费支出	亿元	832.29	933.57	1061.08
人工费用	亿元	312.09	363.52	420.89
直接投入费用	亿元	352.30	407.39	453.19
委托外单位开发经费支出	亿元	38.53	70.22	64.06
折合全时 R&D 人员	万人年	20.04	22.75	24.21
R&D 经费支出	亿元	668.15	724.19	779.57
新产品开发经费支出	亿元	720.15	806.89	936.24
新产品销售收入	亿元	15161.90	16536.24	17754.01
出口	亿元	3100.06	3350.89	3627.75
专利申请数	项	44391	50132	55673
发明专利	项	12840	16325	18381
拥有发明专利数	项	28657	35216	41180
技术改造经费支出	亿元	161.55	193.24	164.02
引进境外技术经费支出	亿元	6.72	8.23	8.85
引进境外技术的消化吸收经费支出	亿元	1.69	1.35	0.67
购买境内技术经费支出	亿元	10.76	15.59	20.38

4–2 大中型工业企业基本情况（2019）

指标名称	单位数（个）	有 R&D 活动	有研发机构	# 有新产品销售	主营业务收入（万元）	利润总额（万元）	资产总计（万元）
总计	**4328**	**3285**	**2696**	**3512**	**400718010.4**	**34019463.1**	**505852422.9**
按企业规模分组							
大型	576	485	418	515	182524597.4	18579981.6	242411623.3
中型	3752	2800	2278	2997	218193413.0	15439481.5	263440799.6
按登记注册类型分组							
内资企业	3389	2650	2133	2799	295680103.1	25922363.3	383714537.1
国有企业	12	5	4	3	2764815.6	25184.3	2031477.4
集体企业	2				124089.9	-4223.5	110010.0
股份合作企业	8	7	7	8	361123.8	28190.8	366923.9
有限责任公司	550	384	292	403	109145061.1	7714798.8	138296023.6
国有独资公司	48	13	8	8	34780110.2	1177495.7	35418843.1
其他有限责任公司	502	371	284	395	74364950.9	6537303.1	102877180.5
股份有限公司	404	367	331	370	65515140.9	8757105.4	118418211.3
私营企业	2413	1887	1499	2015	117769871.8	9401307.5	124491890.9
私营独资企业	11	5	2	4	233796.2	12255.3	138421.4
私营合伙企业	1				10736.9	200.0	7904.5
私营有限责任公司	2071	1589	1237	1700	97715962.0	7241601.5	97495531.4
私营股份有限公司	330	293	260	311	19809376.7	2147250.7	26850033.6
港、澳、台商投资企业	445	323	289	356	51263665.3	3937855.6	58973706.3
合资经营企业（港或澳、台资）	237	186	164	200	29021421.4	1834212.2	33160974.4
合作经营企业（港或澳、台资）	5	3	4	3	201187.3	16311.7	140239.9
港、澳、台商独资经营企业	184	120	107	136	20134532.5	1960565.8	21800429.7
港、澳、台商投资股份有限公司	18	14	14	17	1892536.0	128622.7	3851212.6
其他港、澳、台投资企业	1				13988.1	-1856.8	20849.7
外商投资企业	494	312	274	357	53774242.0	4159244.2	63164179.5
中外合资经营企业	210	152	123	165	22294383.2	1815711.3	26404824.9

4-2 续表 1

指标名称	单位数（个）	有 R&D 活动	有研发机构	# 有新产品销售	主营业务收入（万元）	利润总额（万元）	资产总计（万元）
中外合作经营企业	2	1	1	1	52683.6	7435.4	46531.5
外资企业	248	132	123	160	27417123.8	1749432.6	27129868.7
外商投资股份有限公司	32	26	26	30	3663055.0	558368.1	8938299.2
其他外商投资企业	2	1	1	1	346996.4	28296.8	644655.2
按国民经济行业大类分组							
采矿业	4				62980.3	7930.7	103164.2
有色金属矿采选业	1				9436.2	-570.3	22134.8
非金属矿采选业	3				53544.1	8501.0	81029.4
制造业	4233	3262	2687	3508	358250779.7	32798585.1	454479233.1
农副食品加工业	38	29	28	27	1727856.6	94459.6	1882682.5
食品制造业	65	30	26	32	3037048.7	392084.3	3548896.9
酒、饮料和精制茶制造业	19	11	3	15	2277987.9	251057.4	2660372.7
烟草制品业	1	1	1	1	5321938.3	525822.4	6235839.3
纺织业	438	329	228	351	16883005.0	1235397.1	19569167.6
纺织服装、服饰业	254	137	88	144	11051956.1	826273.0	12841688.1
皮革、毛皮、羽毛及其制品和制鞋业	143	107	85	114	3588189.9	173344.2	3918379.5
木材加工和木、竹、藤、棕、草制品业	25	20	18	24	1486778.1	194604.8	1721948.6
家具制造业	128	91	70	111	5459727.8	465948.0	6269053.9
造纸和纸制品业	56	38	33	47	6137161.8	542690.7	8754021.6
印刷和记录媒介复制业	43	34	27	36	1495294.7	175420.1	1999266.4
文教、工美、体育和娱乐用品制造业	120	90	67	99	5804197.3	426310.6	5780203.8
石油加工、炼焦和核燃料加工业	6	5	4	5	16467892.8	1053647.3	22058979.7
化学原料和化学制品制造业	154	121	110	125	33345150.8	4563097.4	44026826.0
医药制造业	124	113	106	110	11808617.9	2092622.0	22170988.6
化学纤维制造业	75	58	49	67	24806638.3	1012046.1	23971765.3
橡胶和塑料制品业	154	118	98	124	9503891.1	799836.1	10364236.0
非金属矿物制品业	80	54	45	58	6346674.3	922942.9	10115817.2
黑色金属冶炼和压延加工业	35	26	16	29	11556605.4	513636.6	8872243.6

4-2 续表 2

指标名称	单位数（个）	有 R&D 活动	有研发机构	# 有新产品销售	主营业务收入（万元）	利润总额（万元）	资产总计（万元）
有色金属冶炼和压延加工业	40	29	20	34	11343267.1	233851.8	7101008.6
金属制品业	261	191	159	203	11990521.0	858464.9	12273383.8
通用设备制造业	416	363	305	383	23243542.3	2244171.2	31754974.4
专用设备制造业	171	153	128	153	7919104.1	897281.6	12115510.4
汽车制造业	318	262	215	282	31287078.2	3861188.3	51387902.0
铁路、船舶、航空航天和其他运输设备制造业	59	49	35	49	3477477.0	-58744.7	7567977.0
电气机械和器材制造业	546	437	401	490	43941773.8	3539034.9	52448167.1
计算机、通信和其他电子设备制造业	307	247	212	269	38033640.0	3532120.2	49421647.4
仪器仪表制造业	98	86	81	91	6272754.0	1170832.2	10447064.6
其他制造业	35	20	18	26	1081167.2	90100.7	1137525.8
废弃资源综合利用业	8	7	5	7	997093.8	109579.8	910981.5
金属制品、机械和设备修理业	16	6	6	2	556748.4	59463.6	1150713.2
电力、热力、燃气及水生产和供应业	91	23	9	4	42404250.4	1212947.3	51270025.6
电力、热力生产和供应业	65	23	9	4	40481061.2	1100206.6	43863810.0
燃气生产和供应业	5				984956.9	47649.7	1015070.7
水的生产和供应业	21				938232.3	65091.0	6391144.9
按地区分组							
杭州市	681	468	417	533	94055590.0	8534665.6	122059587.0
宁波市	988	721	658	781	107249472.4	9908882.7	107498083.1
温州市	409	370	311	371	19364355.5	2270761.6	27671409.9
嘉兴市	576	380	456	469	48873030.9	3534721.1	55756193.1
湖州市	235	191	137	195	19211567.1	1589527.6	22086787.8
绍兴市	461	390	230	383	30554549.7	3167071.0	44678241.8
金华市	327	247	154	267	16595762.5	1153360.0	24162873.5
衢州市	101	67	56	75	9213366.7	788004.7	11351041.2
舟山市	55	39	37	28	4260049.7	3372.9	22191583.9
台州市	412	348	214	347	23167201.2	2229452.3	39088185.7
丽水市	81	64	26	63	6047464.6	479096.3	7249134.1

4–3　大中型工业企业 R&D 人员情况（2019）

指标名称	R&D 人员合计（人）	# 女性	# 研究人员	# 全时人员	R&D 人员折合全时当量合计（人年）
总计	**303430**	**70316**	**73569**	**219490**	**242141**
按企业规模分组					
大型	126900	30047	37771	91121	101438
中型	176530	40269	35798	128369	140702
按登记注册类型分组					
内资企业	237374	54397	55093	170782	187967
国有企业	206	51	69	113	136
股份合作企业	398	52	89	305	345
有限责任公司	35358	7862	9616	24624	27948
国有独资公司	809	134	248	342	585
其他有限责任公司	34549	7728	9368	24282	27363
股份有限公司	66918	15571	21048	51079	54925
私营企业	134494	30861	24271	94661	104613
私营独资企业	170	45	15	135	155
私营有限责任公司	107649	25257	18818	75701	83446
私营股份有限公司	26675	5559	5438	18825	21011
港、澳、台商投资企业	36021	8714	10256	26774	30151
合资经营企业（港或澳、台资）	18511	4589	4539	13044	14776
合作经营企业（港或澳、台资）	226	27	53	181	202
港、澳、台商独资经营企业	15774	3589	5291	12525	14010
港、澳、台商投资股份有限公司	1510	509	373	1024	1163
外商投资企业	30035	7205	8220	21934	24023
中外合资经营企业	15360	3662	4002	11367	12179
中外合作经营企业	53	8	2	48	43

指标名称	R&D 人员合计（人）	# 女性	# 研究人员	# 全时人员	R&D 人员折合全时当量合计（人年）
外资企业	10690	2798	3159	7840	8560
外商投资股份有限公司	3703	720	1030	2601	3050
其他外商投资企业	229	17	27	78	191
按国民经济行业大类分组					
制造业	302451	70190	73138	219115	241618
农副食品加工业	1382	370	230	780	1017
食品制造业	1447	512	273	736	1004
酒、饮料和精制茶制造业	720	162	90	453	564
烟草制品业	64	25	30	38	15
纺织业	25666	8405	3133	16276	19375
纺织服装、服饰业	9251	5067	1443	7164	7517
皮革、毛皮、羽毛及其制品和制鞋业	6256	2278	485	4227	4921
木材加工和木、竹、藤、棕、草制品业	2301	641	283	1590	1903
家具制造业	7461	2134	1207	5377	6020
造纸和纸制品业	3995	796	488	2721	3022
印刷和记录媒介复制业	1862	557	289	1414	1562
文教、工美、体育和娱乐用品制造业	6536	2128	1027	4804	5335
石油加工、炼焦和核燃料加工业	1282	109	372	743	706
化学原料和化学制品制造业	9613	2151	3185	7089	7536
医药制造业	13067	5283	5193	10022	10598
化学纤维制造业	8266	2138	760	5149	4737
橡胶和塑料制品业	8072	1761	1548	5656	6277
非金属矿物制品业	3463	578	799	2103	2731
黑色金属冶炼和压延加工业	2329	226	605	1453	1799
有色金属冶炼和压延加工业	2202	243	385	1284	1643

4-3 续表 2

指标名称	R&D 人员合计（人）	# 女性	# 研究人员	# 全时人员	R&D 人员折合全时当量合计（人年）
金属制品业	12783	2252	1854	9146	9800
通用设备制造业	29719	5123	7099	21340	23592
专用设备制造业	12452	1780	3159	9468	10259
汽车制造业	27502	4362	7407	20612	21592
铁路、船舶、航空航天和其他运输设备制造业	3443	475	672	2465	2745
电气机械和器材制造业	42132	8027	9817	31584	34680
计算机、通信和其他电子设备制造业	46359	10090	17008	35919	39977
仪器仪表制造业	10709	2075	4027	8128	9091
其他制造业	1473	377	155	887	1078
废弃资源综合利用业	348	57	42	308	302
金属制品、机械和设备修理业	296	8	73	179	217
电力、热力、燃气及水生产和供应业	979	126	431	375	523
电力、热力生产和供应业	979	126	431	375	523
按地区分组					
杭州市	61968	14563	22722	49906	53475
宁波市	63440	13669	16328	46829	51628
温州市	30685	6503	5218	23270	25611
嘉兴市	33993	8585	6134	23092	24613
湖州市	14894	3462	3041	10800	12035
绍兴市	33495	8293	7030	21641	25645
金华市	21149	5661	3812	14663	16701
衢州市	5532	1470	1085	3479	3563
舟山市	3332	519	850	2130	2405
台州市	30349	6517	6496	20704	23096
丽水市	4593	1074	853	2976	3368

4–4 大中型工业企业 R&D 经费情况（2019）

单位：万元

指标名称	R&D 经费内部支出合计	按支出用途分组			
		日常性支出	# 人员劳务费	资产性支出	# 仪器和设备
总计	**7795693.6**	**7418241.3**	**3068596.1**	**377452.3**	**364434.7**
按企业规模分组					
大型	3765611.3	3591894.5	1609781.5	173716.8	168972.2
中型	4030082.3	3826346.8	1458814.6	203735.5	195462.5
按登记注册类型分组					
内资企业	5848017.8	5570835.4	2279839.9	277182.4	267879.3
国有企业	3172.1	3167.3	1011.2	4.8	
股份合作企业	12256.0	12053.4	4028.3	202.6	164.2
有限责任公司	1074318.8	1024527.4	345401.2	49791.4	48116.6
国有独资公司	13466.7	13225.5	6470.7	241.2	241.2
其他有限责任公司	1060852.1	1011301.9	338930.5	49550.2	47875.4
股份有限公司	1996588.2	1921546.8	929418.8	75041.4	72140.8
私营企业	2761682.7	2609540.5	999980.4	152142.2	147457.7
私营独资企业	1958.1	1569.0	650.0	389.1	389.1
私营有限责任公司	2199494.8	2087096.1	781457.3	112398.7	108622.0
私营股份有限公司	560229.8	520875.4	217873.1	39354.4	38446.6
港、澳、台商投资企业	1140990.6	1081240.7	469971.1	59749.9	56570.8
合资经营企业（港或澳、台资）	521213.9	487694.2	165052.2	33519.7	31240.3
合作经营企业（港或澳、台资）	6269.5	6269.2	2112.8	0.3	
港、澳、台商独资经营企业	568972.9	544346.0	288732.4	24626.9	23732.8
港、澳、台商投资股份有限公司	44534.3	42931.3	14073.7	1603.0	1597.7
外商投资企业	806685.2	766165.2	318785.1	40520.0	39984.6
中外合资经营企业	401889.4	384887.5	148040.3	17001.9	16649.4

单位：万元

指标名称	R&D 经费内部支出合计	按支出用途分组			
		日常性支出	# 人员劳务费	资产性支出	# 仪器和设备
中外合作经营企业	610.9	610.9	471.7		
外资企业	302750.2	283219.1	129263.7	19531.1	19409.6
外商投资股份有限公司	92561.9	88574.9	38076.4	3987.0	3925.6
其他外商投资企业	8872.8	8872.8	2933.0		
按国民经济行业大类分组					
制造业	7765550.5	7390135.7	3058723.8	375414.8	362501.8
农副食品加工业	21116.1	19548.8	6582.3	1567.3	1462.9
食品制造业	28010.9	26906.5	8596.3	1104.4	1048.1
酒、饮料和精制茶制造业	8609.7	8473.7	4508.2	136.0	101.8
烟草制品业	3870.2	3870.2	2743.2		
纺织业	473542.6	448541.9	165977.4	25000.7	24171.7
纺织服装、服饰业	136184.3	132738.7	70172.0	3445.6	3348.5
皮革、毛皮、羽毛及其制品和制鞋业	69660.8	68637.0	28528.3	1023.8	982.0
木材加工和木、竹、藤、棕、草制品业	42312.6	41679.4	12732.5	633.2	514.0
家具制造业	121912.7	119682.6	50685.0	2230.1	2177.8
造纸和纸制品业	134577.8	128881.5	30268.9	5696.3	5419.5
印刷和记录媒介复制业	37575.2	36595.2	14955.3	980.0	853.4
文教、工美、体育和娱乐用品制造业	107623.1	105772.5	40918.5	1850.6	1703.9
石油加工、炼焦和核燃料加工业	57393.4	53470.8	9234.6	3922.6	3922.6
化学原料和化学制品制造业	457106.9	436819.1	111169.8	20287.8	19461.6
医药制造业	381955.1	350358.6	134371.1	31596.5	30911.7
化学纤维制造业	324824.5	320231.7	39942.8	4592.8	4322.2
橡胶和塑料制品业	183021.2	173442.0	60110.1	9579.2	9289.9
非金属矿物制品业	91784.6	89524.4	28281.8	2260.2	2050.8
黑色金属冶炼和压延加工业	129296.9	127254.0	20424.6	2042.9	1927.5
有色金属冶炼和压延加工业	74602.0	71034.7	17055.0	3567.3	3495.6

4-4 续表 2

单位：万元

指标名称	R&D 经费内部支出合计	按支出用途分组			
		日常性支出	# 人员劳务费	资产性支出	# 仪器和设备
金属制品业	265158.4	239759.2	79658.2	25399.2	25263.2
通用设备制造业	683493.4	648911.8	264256.6	34581.6	33826.9
专用设备制造业	291657.0	281838.4	134295.3	9818.6	9361.6
汽车制造业	657786.8	601593.9	283153.8	56192.9	53564.3
铁路、船舶、航空航天和其他运输设备制造业	81797.4	76174.9	24745.7	5622.5	5268.1
电气机械和器材制造业	1072900.0	1017178.6	386272.6	55721.4	54109.9
计算机、通信和其他电子设备制造业	1528123.3	1483382.7	886966.3	44740.6	42564.6
仪器仪表制造业	261485.1	241419.6	128054.9	20065.5	19751.5
其他制造业	20072.6	19916.1	8452.6	156.5	135.4
废弃资源综合利用业	10423.4	9489.9	2168.6	933.5	933.5
金属制品、机械和设备修理业	7672.5	7007.3	3441.5	665.2	557.3
电力、热力、燃气及水生产和供应业	30143.1	28105.6	9872.3	2037.5	1932.9
电力、热力生产和供应业	30143.1	28105.6	9872.3	2037.5	1932.9
按地区分组					
杭州市	2172488.6	2106519.7	1151282.6	65968.9	63926.3
宁波市	1677348.2	1575859.4	666408.1	101488.8	98564.6
温州市	509832.7	491517.8	212059.8	18314.9	17165.2
嘉兴市	937107.8	901343.6	282583.6	35764.2	33997.4
湖州市	451028.9	429714.7	99169.8	21314.2	20204.0
绍兴市	803495.0	766513.7	257306.4	36981.3	35447.6
金华市	383811.4	362040.2	107912.2	21771.2	20950.8
衢州市	119261.2	104171.8	29279.7	15089.4	14854.8
舟山市	60921.1	52552.1	18462.1	8369.0	8000.1
台州市	592177.0	543667.3	219929.0	48509.7	47647.7
丽水市	88221.7	84341.0	24202.8	3880.7	3676.2

4-4 续表 3　　　　单位：万元

指标名称	R&D 经费内部支出合计			
	按资金来源分组			
	政府资金	企业资金	境外资金	其他资金
总计	**145329.2**	**7650347.2**	**16.8**	**0.4**
按企业规模分组				
大型	78052.6	3687558.3		0.4
中型	67276.6	3962788.9	16.8	
按登记注册类型分组				
内资企业	107349.4	5740663.8	4.6	
国有企业		3172.1		
股份合作企业	327.8	11928.2		
有限责任公司	14518.1	1059800.7		
国有独资公司	4298.9	9167.8		
其他有限责任公司	10219.2	1050632.9		
股份有限公司	47099.2	1949484.4	4.6	
私营企业	45404.3	2716278.4		
私营独资企业		1958.1		
私营有限责任公司	26200.6	2173294.2		
私营股份有限公司	19203.7	541026.1		
港、澳、台商投资企业	6928.6	1134061.6		0.4
合资经营企业（港或澳、台资）	5399.3	515814.2		0.4
合作经营企业（港或澳、台资）		6269.5		
港、澳、台商独资经营企业	588.1	568384.8		
港、澳、台商投资股份有限公司	941.2	43593.1		
外商投资企业	31051.2	775621.8	12.2	
中外合资经营企业	19225.7	382663.7		
中外合作经营企业		610.9		
外资企业	268.7	302469.3	12.2	

指标名称	R&D 经费内部支出合计			
	按资金来源分组			
	政府资金	企业资金	境外资金	其他资金
外商投资股份有限公司	11556.8	81005.1		
其他外商投资企业		8872.8		
按国民经济行业大类分组				
制造业	143949.8	7621583.5	16.8	0.4
农副食品加工业	1460.0	19656.1		
食品制造业	280.4	27730.5		
酒、饮料和精制茶制造业	260.6	8349.1		
烟草制品业	3870.2			
纺织业	3255.6	470287.0		
纺织服装、服饰业	2052.5	134131.8		
皮革、毛皮、羽毛及其制品和制鞋业	169.5	69491.3		
木材加工和木、竹、藤、棕、草制品业	409.2	41898.8	4.6	
家具制造业	722.8	121189.9		
造纸和纸制品业	2415.4	132162.4		
印刷和记录媒介复制业		37575.2		
文教、工美、体育和娱乐用品制造业	2936.0	104687.1		
石油加工、炼焦和核燃料加工业	853.8	56539.6		
化学原料和化学制品制造业	5671.5	451435.4		
医药制造业	29677.3	352277.8		
化学纤维制造业	2737.1	322087.4		
橡胶和塑料制品业	2044.5	180976.3		0.4
非金属矿物制品业	424.7	91359.9		
黑色金属冶炼和压延加工业	20.0	129276.9		
有色金属冶炼和压延加工业	9964.5	64637.5		
金属制品业	4020.2	261138.2		

4-4 续表 5

单位：万元

指标名称	R&D经费内部支出合计			
	按资金来源分组			
	政府资金	企业资金	境外资金	其他资金
通用设备制造业	8098.8	675394.6		
专用设备制造业	4691.7	286965.3		
汽车制造业	17353.5	640433.3		
铁路、船舶、航空航天和其他运输设备制造业	248.0	81537.2	12.2	
电气机械和器材制造业	10277.1	1062622.9		
计算机、通信和其他电子设备制造业	21665.3	1506458.0		
仪器仪表制造业	8157.6	253327.5		
其他制造业	192.0	19880.6		
废弃资源综合利用业	20.0	10403.4		
金属制品、机械和设备修理业		7672.5		
电力、热力、燃气及水生产和供应业	1379.4	28763.7		
电力、热力生产和供应业	1379.4	28763.7		
按地区分组				
杭州市	42367.6	2130120.6		0.4
宁波市	43758.5	1633589.7		
温州市	10568.7	499264.0		
嘉兴市	5779.2	931328.6		
湖州市	3009.7	448014.6	4.6	
绍兴市	8993.2	794501.8		
金华市	8690.2	375121.2		
衢州市	3027.2	116234.0		
舟山市	1745.7	59163.2	12.2	
台州市	16754.8	575422.2		
丽水市	634.4	87587.3		

4-4　续表 6　　单位：万元

指标名称	R&D 经费外部支出合计	对境内研究机构支出	对境内高等学校支出	对境内企业支出	对境外支出
总计	**420052.9**	**77417.3**	**28266.2**	**268796.0**	**45573.4**
按企业规模分组					
大型	290666.4	62297.4	14825.2	187458.4	26085.4
中型	129386.5	15119.9	13441.0	81337.6	19488.0
按登记注册类型分组					
内资企业	247014.1	35946.3	23719.1	167113.3	20235.4
国有企业	71.3	71.3			
股份合作企业	94.1		94.1		
有限责任公司	36483.5	9517.8	3789.4	22560.7	615.6
国有独资公司	346.6	87.3	148.7	110.6	
其他有限责任公司	36136.9	9430.5	3640.7	22450.1	615.6
股份有限公司	115169.8	19280.4	13487.1	74755.1	7647.2
私营企业	95195.4	7076.8	6348.5	69797.5	11972.6
私营独资企业	17.0			17.0	
私营有限责任公司	73998.6	4395.1	4039.1	60674.5	4889.9
私营股份有限公司	21179.8	2681.7	2309.4	9106.0	7082.7
港、澳、台商投资企业	69325.5	19667.7	3257.6	36126.4	10273.8
合资经营企业（港或澳、台资）	30998.7	18118.8	2593.7	9497.3	788.9
合作经营企业（港或澳、台资）					
港、澳、台商独资经营企业	30073.2	1295.0	617.4	20410.5	7750.3
港、澳、台商投资股份有限公司	8253.6	253.9	46.5	6218.6	1734.6
外商投资企业	103713.3	21803.3	1289.5	65556.3	15064.2
中外合资经营企业	55689.0	17931.6	755.1	36837.5	164.8
中外合作经营企业					
外资企业	46711.4	3328.3	121.7	28718.8	14542.6

4-4 续表 7

单位：万元

指标名称	R&D 经费外部支出合计	对境内研究机构支出	对境内高等学校支出	对境内企业支出	对境外支出
外商投资股份有限公司	1312.9	543.4	412.7		356.8
其他外商投资企业					
按国民经济行业大类分组					
制造业	414210.3	74346.4	28053.5	266322.2	45488.2
农副食品加工业	494.1	205.7	37.3	211.4	39.7
食品制造业	1006.8	38.9	893.5	13.9	60.5
酒、饮料和精制茶制造业	299.2	122.8	166.9	9.5	
烟草制品业	261.6	87.3	100.6	73.7	
纺织业	7477.2	179.3	299.1	6998.8	
纺织服装、服饰业	2314.6	2083.0	94.2	85.7	51.7
皮革、毛皮、羽毛及其制品和制鞋业	118.6		98.6	20.0	
木材加工和木、竹、藤、棕、草制品业	235.4		46.7	188.7	
家具制造业	2616.5	24.5	967.9	1282.8	341.3
造纸和纸制品业	905.8	246.1	301.4	358.3	
印刷和记录媒介复制业	1845.7	3.5	41.0	69.2	1732.0
文教、工美、体育和娱乐用品制造业	379.9	2.4	50.1	268.1	59.3
石油加工、炼焦和核燃料加工业	8375.8	2340.7	5559.8	475.3	
化学原料和化学制品制造业	12659.1	471.7	2420.9	9468.8	297.7
医药制造业	115564.0	23973.5	5975.8	77326.3	8288.4
化学纤维制造业	116.9	4.7	92.8	19.4	
橡胶和塑料制品业	1723.3	15.0	767.5	909.6	31.2
非金属矿物制品业	509.1	74.0	50.7	384.4	
黑色金属冶炼和压延加工业	1701.9	369.4	60.9	1271.6	
有色金属冶炼和压延加工业	539.1	101.6	107.5	330.0	
金属制品业	1676.4	534.4	345.7	286.6	509.7

单位：万元

指标名称	R&D 经费外部支出合计	对境内研究机构支出	对境内高等学校支出	对境内企业支出	对境外支出
通用设备制造业	12848.6	2855.0	1180.8	7657.3	1155.5
专用设备制造业	6037.4	853.2	1106.5	1527.5	2550.2
汽车制造业	116665.3	36379.6	2286.4	56082.7	21916.6
铁路、船舶、航空航天和其他运输设备制造业	4481.9		25.5	4350.1	106.3
电气机械和器材制造业	38958.6	2038.1	2385.8	31270.1	3264.6
计算机、通信和其他电子设备制造业	65947.5	1110.1	753.1	61788.7	2295.6
仪器仪表制造业	8178.5	123.4	1673.5	3593.7	2787.9
其他制造业	240.3	77.3	163.0		
废弃资源综合利用业	31.2	31.2			
金属制品、机械和设备修理业					
电力、热力、燃气及水生产和供应业	5842.6	3070.9	212.7	2473.8	85.2
电力、热力生产和供应业	5842.6	3070.9	212.7	2473.8	85.2
按地区分组					
杭州市	97744.2	11330.6	4298.7	79139.9	2975.0
宁波市	127228.3	35269.3	9446.7	54907.6	27604.7
温州市	34939.1	3235.0	1721.9	28570.2	1412.0
嘉兴市	28894.7	3210.1	802.2	22734.3	2148.1
湖州市	6263.8	875.0	1891.3	2620.6	876.9
绍兴市	19974.9	1121.8	2809.5	14060.1	1983.5
金华市	13903.9	1612.9	1982.4	10089.6	219.0
衢州市	5157.6	252.2	313.9	4589.5	2.0
舟山市	1531.3		46.2	1485.1	
台州市	80629.2	20424.3	4704.2	47680.0	7820.7
丽水市	3785.9	86.1	249.2	2919.1	531.5

4–5 大中型工业企业全部 R&D 项目情况 (2019)

指标名称	项目数（项）	参加项目人员（人）	项目人员折合全时当量（人年）	项目经费内部支出（万元）	政府资金
总计	**31406**	**286782**	**229099**	**8364357.4**	**61226.1**
按企业规模分组					
大型	8684	120898	96785	4174865.1	26032.0
中型	22722	165884	132314	4189492.3	35194.1
按登记注册类型分组					
内资企业	25422	223889	177498	6224708.0	51434.7
国有企业	20	181	119	3440.7	
股份合作企业	79	379	329	13205.3	327.8
有限责任公司	3711	32974	26104	1119912.8	6766.6
国有独资公司	81	704	514	10669.3	571.5
其他有限责任公司	3630	32270	25590	1109243.5	6195.1
股份有限公司	5750	63633	52321	2217061.4	27694.0
私营企业	15862	126722	98626	2871087.8	16646.3
私营独资企业	11	154	141	1455.4	
私营有限责任公司	12394	101352	78610	2300381.0	9829.7
私营股份有限公司	3457	25216	19876	569251.4	6816.6
港、澳、台商投资企业	3089	34595	28965	1216935.4	1937.8
合资经营企业（港或澳、台资）	1812	17677	14089	553333.5	1009.3
合作经营企业（港或澳、台资）	17	218	195	6804.3	
港、澳、台商独资经营企业	1066	15272	13584	608344.3	463.4
港、澳、台商投资股份有限公司	194	1428	1098	48453.3	465.1
外商投资企业	2895	28298	22636	922714.0	7853.6
中外合资经营企业	1433	14369	11377	458976.4	4893.2
中外合作经营企业	3	51	41	610.9	

4-5 续表 1

指标名称	项目数（项）	参加项目人员（人）	项目人员折合全时当量（人年）	项目经费内部支出（万元）	政府资金
外资企业	1025	10068	8073	357307.1	211.6
外商投资股份有限公司	412	3582	2955	96220.7	2748.8
其他外商投资企业	22	228	190	9598.9	
按国民经济行业大类分组					
制造业	31249	285875	228610	8332476.3	59956.7
农副食品加工业	167	1267	935	21224.1	1047.5
食品制造业	214	1367	945	29201.8	362.4
酒、饮料和精制茶制造业	62	632	496	9241.1	78.8
烟草制品业	19	60	14	1028.4	
纺织业	2248	24029	18118	478225.0	1489.9
纺织服装、服饰业	704	8840	7178	140025.4	1365.4
皮革、毛皮、羽毛及其制品和制鞋业	495	5947	4671	71060.4	169.5
木材加工和木、竹、藤、棕、草制品业	217	2155	1775	43838.8	351.7
家具制造业	767	6852	5529	124760.2	697.8
造纸和纸制品业	441	3692	2792	139270.4	1346.9
印刷和记录媒介复制业	259	1786	1498	40483.4	
文教、工美、体育和娱乐用品制造业	801	6218	5069	110206.9	960.9
石油加工、炼焦和核燃料加工业	177	1080	621	74730.2	170.0
化学原料和化学制品制造业	1270	8979	7024	463389.5	4125.5
医药制造业	1979	12340	10006	489308.1	8137.0
化学纤维制造业	638	7965	4526	336813.1	1920.8
橡胶和塑料制品业	1038	7570	5888	184777.1	751.8
非金属矿物制品业	391	3296	2606	95914.8	327.2
黑色金属冶炼和压延加工业	347	2176	1677	138880.5	
有色金属冶炼和压延加工业	321	2032	1523	75787.6	774.3

4-5　续表 2

指标名称	项目数（项）	参加项目人员（人）	项目人员折合全时当量（人年）	项目经费内部支出（万元）	政府资金
金属制品业	1447	11743	9014	260219.6	807.6
通用设备制造业	3958	27874	22133	694573.9	5757.9
专用设备制造业	1683	11921	9840	306580.2	4648.0
汽车制造业	3185	26044	20455	792652.3	2487.2
铁路、船舶、航空航天和其他运输设备制造业	475	3205	2556	81343.8	230.0
电气机械和器材制造业	4445	39857	32845	1103308.2	4570.4
计算机、通信和其他电子设备制造业	2427	44668	38631	1734261.7	13388.0
仪器仪表制造业	868	10295	8742	250950.9	3890.2
其他制造业	141	1374	1009	21860.9	100.0
废弃资源综合利用业	34	325	283	11022.6	
金属制品、机械和设备修理业	31	286	210	7535.4	
电力、热力、燃气及水生产和供应业	157	907	489	31881.1	1269.4
电力、热力生产和供应业	157	907	489	31881.1	1269.4
按地区分组					
杭州市	4451	59160	51229	2398836.3	21892.8
宁波市	7788	60911	49571	1800789.1	6387.9
温州市	3172	29188	24357	548483.3	6398.3
嘉兴市	3223	32421	23437	991967.0	2156.7
湖州市	2074	13848	11170	459546.1	2682.8
绍兴市	2943	31406	24020	835272.3	5681.6
金华市	2167	19441	15322	413005.6	7326.5
衢州市	647	5032	3239	115879.6	1086.5
舟山市	300	2924	2167	58568.7	1468.5
台州市	4088	28240	21497	648623.7	5542.1
丽水市	553	4211	3090	93385.7	602.4

4–6 大中型工业企业办研发机构情况（2019）

指标名称	机构数（个）	机构人员数（人）	# 博士	# 硕士	机构经费支出（万元）	仪器和设备原价（万元）
总计	**3076**	**267540**	**1969**	**22168**	**8801750.3**	**5008117.3**
按企业规模分组						
大型	561	117891	1012	15003	4615521.7	2142140.0
中型	2515	149649	957	7165	4186228.6	2865977.3
按登记注册类型分组						
内资企业	2439	202062	1495	15174	6332936.4	3760117.0
国有企业	4	174		2	3587.6	1757.8
股份合作企业	7	335		9	10755.9	9757.1
有限责任公司	355	30498	267	2911	1125210.7	719905.1
国有独资公司	14	739	16	136	26552.2	45755.3
其他有限责任公司	341	29759	251	2775	1098658.5	674149.8
股份有限公司	476	62233	719	8958	2374968.7	1071785.1
私营企业	1597	108822	509	3294	2818413.5	1956911.9
私营独资企业	2	19			498.6	117.3
私营有限责任公司	1294	86449	308	2331	2264843.1	1475474.3
私营股份有限公司	301	22354	201	963	553071.8	481320.3
港、澳、台商投资企业	316	36114	201	4211	1385248.7	788918.2
合资经营企业（港或澳、台资）	180	18272	137	987	682642.1	391944.5
合作经营企业（港或澳、台资）	4	237	1	8	5826.8	748.3
港、澳、台商独资经营企业	115	16287	54	3098	650808.3	307187.2
港、澳、台商投资股份有限公司	17	1318	9	118	45971.5	89038.2
外商投资企业	321	29364	273	2783	1083565.2	459082.1
中外合资经营企业	145	13861	166	1327	553561.9	176434.4
中外合作经营企业	1	46			633.2	235.3

4-6　续表 1

指标名称	机构数（个）	机构人员数（人）	#博士	#硕士	机构经费支出（万元）	仪器和设备原价（万元）
外资企业	142	11584	60	1146	402545.8	211207.4
外商投资股份有限公司	32	3646	47	307	117225.4	70755.0
其他外商投资企业	1	227		3	9598.9	450.0
按国民经济行业大类分组						
制造业	3065	267095	1960	22141	8785493.4	4983219.1
农副食品加工业	29	1214	8	51	22705.6	20555.8
食品制造业	42	1418	41	93	35703.8	22527.7
酒、饮料和精制茶制造业	3	117		30	5370.4	3652.5
烟草制品业	1	138	10	72	13819.0	37248.5
纺织业	245	15417	19	204	341234.5	245552.2
纺织服装、服饰业	90	6609	7	134	139730.0	47753.8
皮革、毛皮、羽毛及其制品和制鞋业	87	5290	16	19	73580.1	26340.2
木材加工和木、竹、藤、棕、草制品业	25	1748	11	56	37299.7	20936.7
家具制造业	76	5291	6	67	108600.6	31474.3
造纸和纸制品业	35	3567	12	87	158755.4	88230.9
印刷和记录媒介复制业	27	1549	7	28	34330.7	17847.7
文教、工美、体育和娱乐用品制造业	73	5480	26	64	102195.6	47553.9
石油加工、炼焦和核燃料加工业	4	1246	7	58	101272.2	265298.8
化学原料和化学制品制造业	153	9734	171	1241	550485.6	295101.7
医药制造业	154	12823	352	2148	552448.7	368399.6
化学纤维制造业	54	8840	49	88	437934.4	226950.3
橡胶和塑料制品业	99	7540	39	278	260213.3	196409.5
非金属矿物制品业	55	3479	29	208	113810.8	71249.8
黑色金属冶炼和压延加工业	16	1234	12	40	122310.9	38294.9
有色金属冶炼和压延加工业	27	1955	28	155	60947.2	77822.2

4-6　续表 2

指标名称	机构数（个）	机构人员数（人）	# 博士	# 硕士	机构经费支出（万元）	仪器和设备原价（万元）
金属制品业	166	9327	30	138	250030.3	218401.2
通用设备制造业	342	25915	158	1416	705097.7	473198.6
专用设备制造业	148	10976	61	913	298691.2	156989.0
汽车制造业	239	26136	208	1496	850682.3	546029.9
铁路、船舶、航空航天和其他运输设备制造业	37	2909	3	61	86301.9	52881.5
电气机械和器材制造业	452	39518	264	2325	1155316.2	622040.2
计算机、通信和其他电子设备制造业	255	44944	303	9323	1825412.2	574789.3
仪器仪表制造业	102	11371	81	1340	310691.3	147592.6
其他制造业	18	685	1	3	12700.2	3144.5
废弃资源综合利用业	5	328	1	2	9976.8	31198.3
金属制品、机械和设备修理业	6	297		3	7844.8	7753.0
电力、热力、燃气及水生产和供应业	11	445	9	27	16256.9	24898.2
电力、热力生产和供应业	11	445	9	27	16256.9	24898.2
按地区分组						
杭州市	517	64701	548	12828	2762038.8	1147789.9
宁波市	683	62455	306	3588	1921837.4	1231514.8
温州市	326	25411	111	648	567206.9	337379.8
嘉兴市	492	41604	208	1430	1363328.9	789368.8
湖州市	148	10837	141	566	386159.5	196268.2
绍兴市	282	20009	219	1364	633882.4	373584.0
金华市	191	11734	109	420	329289.0	341097.4
衢州市	90	3832	66	257	135415.8	85529.9
舟山市	42	3179	12	87	87291.6	64209.5
台州市	272	21289	233	912	535611.7	396472.3
丽水市	33	2489	16	68	79688.3	44902.7

4-7 大中型工业企业自主知识产权保护情况（2019）

指标名称	专利申请数（件）	发明专利	有效发明专利数（件）	专利所有权转让及许可数（件）	专利所有权转让及许可收入（万元）	拥有注册商标（件）	形成国家或行业标准（项）
总计	**55673**	**18381**	**41180**	**1007**	**66936**	**55217**	**2071**
按企业规模分组							
大型	28435	10725	19861	351	6111	22683	711
中型	27238	7656	21319	656	60825	32534	1360
按登记注册类型分组							
内资企业	45178	14466	28254	855	65966	46753	1771
国有企业	13	2	18			42	
股份合作企业	56	7	41			9	5
有限责任公司	9181	2953	5612	258	373	4643	249
国有独资公司	240	114	536	10		178	3
其他有限责任公司	8941	2839	5076	248	373	4465	246
股份有限公司	15403	6437	10714	286	7071	18359	729
私营企业	20525	5067	11869	311	58522	23700	788
私营独资企业						15	
私营有限责任公司	16232	3865	8666	202	52714	17672	535
私营股份有限公司	4293	1202	3203	109	5808	6013	253
港、澳、台商投资企业	5541	1958	8271	121		3790	193
合资经营企业（港或澳、台资）	2999	1003	1993	10		1544	137
合作经营企业（港或澳、台资）	108	19	19			14	4
港、澳、台商独资经营企业	2257	885	5967	111		2083	30
港、澳、台商投资股份有限公司	177	51	292			149	22
外商投资企业	4954	1957	4655	31	970	4674	107
中外合资经营企业	2257	814	1963	2		1440	57
中外合作经营企业			2				

4-7 续表 1

指标名称	专利申请数（件）	发明专利	有效发明专利数（件）	专利所有权转让及许可数（件）	专利所有权转让及许可收入（万元）	拥有注册商标（件）	形成国家或行业标准（项）
外资企业	1500	766	1668	15	960	1143	16
外商投资股份有限公司	1188	368	1020	14	10	2040	28
其他外商投资企业	9	9	2			51	6
按国民经济行业大类分组							
制造业	55353	18255	40906	1005	66766	55110	2071
农副食品加工业	65	10	92			604	20
食品制造业	290	87	86	1	40	735	4
酒、饮料和精制茶制造业	20	5	15	1		595	
烟草制品业	129	70	365			171	3
纺织业	1609	444	1046	8		1540	68
纺织服装、服饰业	836	91	197	6	20	5231	26
皮革、毛皮、羽毛及其制品和制鞋业	463	37	135	32		2633	69
木材加工和木、竹、藤、棕、草制品业	234	93	283	15		1248	23
家具制造业	1897	232	510	32		3014	12
造纸和纸制品业	336	120	254	1		429	5
印刷和记录媒介复制业	219	66	122			310	14
文教、工美、体育和娱乐用品制造业	1375	123	422	1		2044	24
石油加工、炼焦和核燃料加工业	68	27	112			2	
化学原料和化学制品制造业	790	532	2418	12	150	4342	194
医药制造业	805	521	2580	18	910	4355	97
化学纤维制造业	312	88	331	9		151	30
橡胶和塑料制品业	1218	241	737	128		867	80
非金属矿物制品业	419	192	477	19	600	913	20
黑色金属冶炼和压延加工业	202	64	191			45	9
有色金属冶炼和压延加工业	420	191	372			558	85
金属制品业	1921	363	1101	39	30873	2399	85

4-7 续表 2

指标名称	专利申请数（件）	发明专利	有效发明专利数（件）	专利所有权转让及许可数（件）	专利所有权转让及许可收入（万元）	拥有注册商标（件）	形成国家或行业标准（项）
通用设备制造业	7790	2309	4038	184	11201	5108	338
专用设备制造业	3304	1132	2625	8		1972	93
汽车制造业	4428	1291	2340	17		1549	44
铁路、船舶、航空航天和其他运输设备制造业	635	125	250	27		341	27
电气机械和器材制造业	12876	3269	5844	307	1180	7595	459
计算机、通信和其他电子设备制造业	9667	5240	11952	41	5792	4505	132
仪器仪表制造业	2627	1207	1790	97	6000	1462	89
其他制造业	311	66	209	2	10000	392	15
废弃资源综合利用业	65	14	9				6
金属制品、机械和设备修理业	22	5	3				
电力、热力、燃气及水生产和供应业	320	126	274	2	170	107	
电力、热力生产和供应业	318	124	274	2	170	106	
水生产和供应业	2	2				1	
按地区分组							
杭州市	13590	6205	15826	363	42635	11004	456
宁波市	15609	5449	8478	70	11770	8256	298
温州市	3399	779	1826	133	276	8125	265
嘉兴市	4941	1464	3053	7		5628	105
湖州市	2565	687	2547	163	141	3865	194
绍兴市	5971	1278	3121	34	10960	5073	224
金华市	3795	967	2001	60	104	4169	194
衢州市	692	241	389	3	1000	565	37
舟山市	235	85	156	2		80	7
台州市	4139	1124	3404	171	10	6567	276
丽水市	736	101	304	1	40	1885	15

4–8 大中型工业企业新产品开发、生产及销售情况（2019）

指标名称	新产品开发项目数（项）	新产品开发经费支出（万元）	新产品销售收入（万元）	
				#出口
总计	**34156**	**9362361.9**	**177540121.9**	**36277505.1**
按企业规模分组				
大型	9484	4543083.9	92647831.0	18020233.2
中型	24672	4819278.0	84892290.9	18257271.9
按登记注册类型分组				
内资企业	27402	6847012.1	127418632.1	24231144.2
国有企业	19	3308.9	126518.2	
股份合作企业	79	12666.0	186158.6	24842.6
有限责任公司	3916	1269128.0	32169465.2	4116424.8
国有独资公司	73	12107.0	469655.6	1413.6
其他有限责任公司	3843	1257021.0	31699809.6	4115011.2
股份有限公司	6119	2308306.4	35242876.5	6893230.3
私营企业	17269	3253602.8	59693613.6	13196646.5
私营独资企业	12	2555.5	18401.9	4728.6
私营有限责任公司	13628	2606380.0	48358553.0	10339911.1
私营股份有限公司	3629	644667.3	11316658.7	2852006.8
港、澳、台商投资企业	3328	1416451.2	27185554.9	6611179.0
合资经营企业（港或澳、台资）	1890	675090.5	15734475.6	3142265.0
合作经营企业（港或澳、台资）	25	7146.1	111986.3	59903.5
港、澳、台商独资经营企业	1168	669390.9	10071243.7	3170340.5
港、澳、台商投资股份有限公司	245	64823.7	1267849.3	238670.0
外商投资企业	3426	1098898.6	22935934.9	5435181.9
中外合资经营企业	1626	556233.3	9809300.2	1363010.2
中外合作经营企业	3	610.9	13896.0	1171.4

4-8 续表 1

指标名称	新产品开发项目数（项）	新产品开发经费支出（万元）	新产品销售收入（万元）	
				#出口
外资企业	1266	404130.8	10897551.3	3367839.1
外商投资股份有限公司	517	130967.4	2119225.7	608159.1
其他外商投资企业	14	6956.2	95961.7	95002.1
按国民经济行业大类分组				
制造业	34038	9343568.2	177265594.4	36273786.1
农副食品加工业	165	26203.4	273350.2	74119.5
食品制造业	219	32971.1	616329.7	97263.3
酒、饮料和精制茶制造业	72	9961.6	472975.3	3045.9
烟草制品业	29	3546.7	385158.1	
纺织业	2029	431563.2	8391649.5	1770357.0
纺织服装、服饰业	728	162754.4	4937370.3	2075737.4
皮革、毛皮、羽毛及其制品和制鞋业	537	87883.0	1900093.1	754892.9
木材加工和木、竹、藤、棕、草制品业	204	43766.4	956402.0	511453.9
家具制造业	855	157532.6	3183940.5	2025807.5
造纸和纸制品业	474	172410.7	3385345.1	504499.6
印刷和记录媒介复制业	246	35818.6	628562.9	125107.3
文教、工美、体育和娱乐用品制造业	882	131043.3	2597676.2	1051108.2
石油加工、炼焦和核燃料加工业	75	30448.9	2657632.9	3256.8
化学原料和化学制品制造业	1259	512110.9	12988983.9	1145419.1
医药制造业	2025	437581.2	5672271.4	1327450.4
化学纤维制造业	820	465014.2	11216407.2	619494.6
橡胶和塑料制品业	1144	275971.9	4005599.0	933197.1
非金属矿物制品业	447	118696.8	2605474.4	556644.6
黑色金属冶炼和压延加工业	331	183181.0	3351988.7	213824.0
有色金属冶炼和压延加工业	331	108895.6	4234562.7	322736.4

4-8 续表 2

指标名称	新产品开发项目数（项）	新产品开发经费支出（万元）	新产品销售收入（万元）	
				# 出口
金属制品业	1595	316953.9	5652973.7	1809293.2
通用设备制造业	4292	810347.4	12974382.7	2633046.5
专用设备制造业	1892	338422.3	4969816.1	1062479.6
汽车制造业	3596	856019.1	20339390.7	1594685.9
铁路、船舶、航空航天和其他运输设备制造业	520	107924.3	1713189.8	629541.5
电气机械和器材制造业	5178	1336584.9	26568444.2	7599064.6
计算机、通信和其他电子设备制造业	2835	1762880.8	26009049.8	5834233.3
仪器仪表制造业	1043	350432.5	3773813.0	768533.6
其他制造业	157	23336.7	501344.4	183459.6
废弃资源综合利用业	22	6453.0	259571.9	9785.8
金属制品、机械和设备修理业	36	6857.8	41845.0	34247.0
电力、热力、燃气及水生产和供应业	118	18793.7	274527.5	3719.0
电力、热力生产和供应业	117	18793.2	274527.5	3719.0
水的生产和供应业	1	0.5		
按地区分组				
杭州市	5527	2767986.6	44869075.1	6790833.5
宁波市	8696	2037095.2	43963826.8	9740869.5
温州市	3187	555635.9	9831520.7	1633609.6
嘉兴市	4125	1191622.8	26797538.9	6777452.3
湖州市	2196	541583.6	11416876.6	2298282.3
绍兴市	2823	852159.8	14275734.5	2611292.8
金华市	2297	458153.7	8013571.1	2179412.6
衢州市	588	143470.3	3565135.3	373136.4
舟山市	258	74788.7	1047215.0	315806.3
台州市	3947	634594.7	11099544.3	3145199.7
丽水市	512	105270.6	2660083.6	411610.1

4–9 大中型工业企业政府相关政策落实情况（2019）

单位：万元

指标名称	使用来自政府部门的研发资金	研究开发费用加计扣除减免税	高新技术企业减免税
总计	**105084.0**	**957032.0**	**1289007.7**
按企业规模分组			
大型	43469.2	461699.2	615057.8
中型	61614.8	495332.8	673949.9
按登记注册类型分组			
内资企业	83119.7	725740.6	946461.5
国有企业		521.2	
股份合作企业	416.7	1164.2	1771.1
有限责任公司	12587.1	122389.7	174696.9
国有独资公司	571.9	1160.3	773.4
其他有限责任公司	12015.2	121229.4	173923.5
股份有限公司	44970.8	262882.7	351729.9
私营企业	25145.1	338782.8	418263.6
私营有限责任公司	14966.3	265360.0	296399.7
私营股份有限公司	10178.8	73422.8	121863.9
港、澳、台商投资企业	7606.5	125040.8	175336.7
合资经营企业（港或澳、台资）	2363.9	67941.6	80845.6
合作经营企业（港或澳、台资）		470.9	1475.4
港、澳、台商独资经营企业	4506.5	52419.6	85204.3
港、澳、台商投资股份有限公司	736.1	4208.7	7811.4
外商投资企业	14357.8	106250.6	167209.5
中外合资经营企业	8751.7	45685.6	85196.9

单位：万元

指标名称	使用来自政府部门的研发资金	研究开发费用加计扣除减免税	高新技术企业减免税
外资企业	406.1	46346.0	47980.8
外商投资股份有限公司	5020.0	13139.2	31049.4
其他外商投资企业	180.0	1079.8	2982.4
按国民经济行业大类分组			
制造业	104956.8	955111.3	1283724.2
农副食品加工业	1642.1	1623.5	3271.0
食品制造业	1350.2	4845.3	9293.9
酒、饮料和精制茶制造业	282.6	1500.8	
纺织业	1207.0	52126.7	47144.5
纺织服装、服饰业	1606.2	15184.7	13019.8
皮革、毛皮、羽毛及其制品和制鞋业	275.2	7712.8	3680.0
木材加工和木、竹、藤、棕、草制品业	800.8	5945.6	13977.3
家具制造业	1010.0	16775.7	17345.1
造纸和纸制品业	1339.0	14619.0	37229.4
印刷和记录媒介复制业	329.7	5183.0	10483.7
文教、工美、体育和娱乐用品制造业	1351.0	13048.5	9303.8
石油加工、炼焦和核燃料加工业	218.8	293.7	11956.6
化学原料和化学制品制造业	5922.9	69610.8	128304.9
医药制造业	13100.6	57461.2	105777.2
化学纤维制造业	1820.8	22684.6	29702.2
橡胶和塑料制品业	1014.6	31668.2	38457.5
非金属矿物制品业	646.6	12827.2	29276.7
黑色金属冶炼和压延加工业	210.9	9601.1	11762.5
有色金属冶炼和压延加工业	2136.3	13546.3	4020.8
金属制品业	2248.6	26468.1	39927.7

4-9 续表 2

单位：万元

指标名称	使用来自政府部门的研发资金	研究开发费用加计扣除减免税	高新技术企业减免税
通用设备制造业	11075.0	79910.6	138218.8
专用设备制造业	7408.6	29884.1	56357.5
汽车制造业	5395.6	94481.6	124194.6
铁路、船舶、航空航天和其他运输设备制造业	378.2	11909.0	5948.9
电气机械和器材制造业	11706.0	127888.4	222028.6
计算机、通信和其他电子设备制造业	22818.9	194681.1	114104.5
仪器仪表制造业	7494.7	30651.3	57096.9
其他制造业	134.9	1926.1	1704.7
废弃资源综合利用业	31.0	416.3	135.1
金属制品、机械和设备修理业		636.0	
电力、热力、燃气及水生产和供应业	127.2	1920.7	5283.5
电力、热力生产和供应业	127.2	1920.7	5283.5
按地区分组			
杭州市	40779.6	311241.3	271933.1
宁波市	14267.5	184251.2	314327.6
温州市	9507.4	70234.9	100060.2
嘉兴市	5367.1	104425.9	181484.7
湖州市	5173.9	55139.1	89571.4
绍兴市	8557.8	77520.7	125632.5
金华市	9127.4	48037.5	53753.6
衢州市	1690.0	16662.3	32422.2
舟山市	1798.6	3148.4	4032.1
台州市	7125.0	77640.4	103157.5
丽水市	1689.7	8499.3	12632.8

4–10 大中型工业企业技术获取和技术改造情况（2019）

单位：万元

指标名称	引进境外技术经费支出	引进境外技术的消化吸收经费支出	购买境内技术经费支出	技术改造经费支出
总计	**88517.4**	**6686.9**	**203792.5**	**1640185.5**
按企业规模分组				
大型	53774.8	3468.0	137009.8	954765.0
中型	34742.6	3218.9	66782.7	685420.5
按登记注册类型分组				
内资企业	37156.8	5918.8	136580.2	1080932.0
国有企业				2835.3
股份合作企业				1810.2
有限责任公司	13473.1	92.1	36320.9	279365.5
国有独资公司	44.4		19843.5	3186.7
其他有限责任公司	13428.7	92.1	16477.4	276178.8
股份有限公司	7461.9	5404.6	21564.2	402548.7
私营企业	16221.8	422.1	78695.1	394372.3
私营独资企业				2519.0
私营有限责任公司	8378.2	46.6	34605.2	273654.5
私营股份有限公司	7843.6	375.5	44089.9	118198.8
港、澳、台商投资企业	12008.2	25.0	39911.2	343166.4
合资经营企业（港或澳、台资）	2471.6	25.0	39494.6	252117.4
合作经营企业（港或澳、台资）				5.0
港、澳、台商独资经营企业	9536.6		416.6	90267.5
港、澳、台商投资股份有限公司				776.5
外商投资企业	39352.4	743.1	27301.1	216087.1
中外合资经营企业	4326.2	368.5	13848.2	64871.9

4-10 续表 1

单位：万元

指标名称	引进境外技术经费支出	引进境外技术的消化吸收经费支出	购买境内技术经费支出	技术改造经费支出
外资企业	31338.7	374.6	32.5	90772.4
外商投资股份有限公司	3687.5		13420.4	37149.9
其他外商投资企业				23292.9
按国民经济行业大类分组				
制造业	76228.4	6686.9	203722.5	1622298.4
农副食品加工业			153.3	2215.6
食品制造业	108.2		18.6	7406.1
酒、饮料和精制茶制造业				20.0
烟草制品业	44.4		19718.8	766.0
纺织业	2775.6	250.2	5943.4	34461.8
纺织服装、服饰业			1097.6	2440.6
皮革、毛皮、羽毛及其制品和制鞋业				239.3
木材加工和木、竹、藤、棕、草制品业			57.5	
家具制造业			25.0	7559.1
造纸和纸制品业			1300.7	7994.9
印刷和记录媒介复制业				2035.6
文教、工美、体育和娱乐用品制造业	339.7	897.5	1999.0	12698.9
石油加工、炼焦和核燃料加工业			4034.7	131020.7
化学原料和化学制品制造业	10193.5	0.1	10019.0	142758.6
医药制造业	3300.4	3232.1	25445.7	121527.8
化学纤维制造业	1319.6	10.5	816.3	18202.8
橡胶和塑料制品业			18740.4	248712.9
非金属矿物制品业	3444.5		2755.2	81792.1
黑色金属冶炼和压延加工业				3136.5
有色金属冶炼和压延加工业	7471.4		23665.7	13407.6

4-10 续表 2

单位：万元

指标名称	引进境外技术经费支出	引进境外技术的消化吸收经费支出	购买境内技术经费支出	技术改造经费支出
金属制品业	5058.9	1413.8	3090.6	29031.8
通用设备制造业	1343.8		9227.1	171091.7
专用设备制造业	6781.7	196.0	4.1	51453.7
汽车制造业	7847.3	251.0	55361.5	230734.8
铁路、船舶、航空航天和其他运输设备制造业				5133.2
电气机械和器材制造业	25744.6	435.7	5750.5	147026.1
计算机、通信和其他电子设备制造业	394.7		11264.8	111285.4
仪器仪表制造业	60.1		3156.0	27471.9
其他制造业			57.0	9752.0
废弃资源综合利用业			20.0	920.9
电力、热力、燃气及水生产和供应业	12289.0		70.0	17887.1
电力、热力生产和供应业	12289.0		70.0	17887.1
按地区分组				
杭州市	10560.2	242.7	48023.1	447628.7
宁波市	17852.9	1141.2	98501.9	449063.6
温州市	3.5	124.5	8170.4	119616.3
嘉兴市	42361.1	2024.1	2966.9	160192.4
湖州市			142.0	33120.3
绍兴市	2494.4		1996.2	53309.6
金华市	82.4	14.3	1333.1	110400.7
衢州市	410.7		6854.5	100194.6
舟山市				11067.6
台州市	14752.2	3140.1	35804.4	152827.9
丽水市				2763.8

五、高等院校

5-1　高等学校基本情况（1978—2019）

年份	学校数（所）	招生数（人）		在校学生数（人）		毕业生数（人）		教职员工数（人）	
		本专科	研究生	本专科	研究生	本专科	研究生		# 专任教师
1978	20	14241		24223		3743		11961	5389
1979	20	9498		32227		1013		13889	6275
1980	22	9387		37815		3710		15619	6886
1981	22	9208		41020		5852		16365	6933
1982	22	10162		36088		14968		18181	7701
1983	24	12750		39008		10411		19274	8219
1984	27	15030		44883		9002		20431	8690
1985	35	19026		52688		11044		22497	9908
1986	37	17877		57352		13027		24723	10804
1987	37	18190		60072		15017		25620	11223
1988	37	19364		60419		18712		26472	11578
1989	37	18270		61045		17323		26772	11574
1990	37	18264		60327		18417		26787	11578
1991	36	18651		59822		18175		27004	11208
1992	35	21217		62226		18267		27821	11105
1993	36	27716		73586		15971		27898	11148
1994	37	30482		87428		17895		28212	11345
1995	37	28094		92857		22443		28194	11491
1996	36	30541		96480		27133		28107	11530
1997	35	33145		102302		26386		28123	11595
1998	32	36668	2155	113543	5991	24296		28327	11816
1999	36	59300	3216	151318	7460	30561	1578	30532	13140
2000	35	93516	4130	212375	9895	32477	1600	40037	18981
2001	38	120195	5577	293078	13237	37230	1882	44347	22168
2002	60	152470	6111	393145	16297	48431	2645	48481	25993
2003	64	173519	6863	484639	19269	78685	3514	48691	29945
2004	68	195617	8029	572759	22062	103123	4858	60833	35766
2005	67	215362	9577	651307	25637	133051	5558	58924	38402
2006	68	237157	10996	719869	27125	162531	8731	69730	42143
2007	77	249749	12326	777982	31409	183863	7387	73704	45622
2008	77	265696	13691	832224	35812	203203	8944	75986	47795
2009	78	261361	16184	866496	43381	218226	7941	77852	49516
2010	80	260111	16575	884867	47991	233741	11156	79785	50969
2011	104	271285	17565	907482	51846	238448	13046	81384	52296
2012	105	280824	18748	932292	54369	247537	15112	83843	54154
2013	106	283353	19535	959629	57801	244860	15592	85381	56000
2014	108	284285	20164	978216	60511	253708	16535	87375	58076
2015	108	287809	21496	991149	63528	263981	17117	88744	59472
2016	108	288798	22246	996143	67232	273342	17801	90214	60477
2017	108	293745	27368	1002346	74404	276580	18717	92654	62357
2018	109	309687	29760	1019449	82547	280634	20676	94462	63433
2019	109	350371	31771	1074688	92368	283396	20875	99551	66734

注：2011 年起包含独立学院。2017 年起研究生含全日制和非全日制。

5–2　普通高等教育分类情况（2019）

分类	学校数（所）	本、专科学生（人）			教职员工数（人）	
		毕业生数	招生数	在校学生数		# 专任教师
总计	**109**	**283396**	**350371**	**1074688**	**99551**	**66734**
普通本科	**59**	**151734**	**169704**	**636152**	**73105**	**48331**
民办本科	26	63410	71373	255574	17737	13100
独立学院	21	42241	48493	170205	11038	8475
高职（高专）院校	**50**	**131662**	**180667**	**438536**	**26446**	**18403**
民办	10	23848	34251	79168	4479	3227

5–3　高等学校科技活动情况（1986—2019）

年份	科技活动机构数（个）	科技活动人员（人）	经费拨入总额（万元）	# 政府拨款	经费支出总额（万元）	# 仪器设备费
1986	31	16086	2760	2061	2191	943
1987	32	15363	2954	1836	2557	823
1988	45	19874	3167	1789	2757	639
1989	44	20166	4514	2039	3926	884
1990	45	20267	5320	2773	4068	881
1991	43	20251	6442	3234	5505	1101
1992	58	20597	11083	5250	9996	2128
1993	234	20940	26974	9129	26563	4917
1994	262	20933	25766	8965	24830	3449
1995	259	21098	28731	7522	24805	3067
1996	259	22111	32341	7404	29516	3417
1997	295	22247	38327	10791	34538	4497
1998	433	23092	45677	11598	45008	4592
1999	365	23869	58749	13654	51850	3035
2000	430	28555	81153	23554	74714	8225
2001	534	34716	108576	37059	90486	11448
2002	405	19659	150651	61506	112630	17339
2003	421	21763	178362	67396	136090	19425
2004	203	29031	209249	90951	178960	27796
2005	191	25077	271011	136055	203204	37122
2006	160	25436	314684	170843	257099	53033
2007	161	26496	350014	178132	261104	41679
2008	169	28594	398755	225555	297278	51504
2009	575	53160	449992	242782	391720	72279
2010	471	56822	596839	348846	539237	61563
2011	494	60216	660167	376049	635506	108295
2012	524	62209	718381	410322	686972	98605
2013	595	64507	722863	406115	675602	96108
2014	601	65855	750889	433034	725606	88192
2015	634	74942	847205	498600	751587	86076
2016	717	87309	972426	580644	873965	94396
2017	823	89458	1091217	627515	994536	122007
2018	846	92824	1301272	724200	1208697	153233
2019	973	96977	1720699	855391	1454735	190943

5-4 高等院校自然科学领域科技人力资源情况（一）（2019）

单位：人

指标名称	合计		教师					
		# 女性	小计	教授	副教授	讲师	助教	其他
总计	**59375**	**29209**	**29041**	**5159**	**8641**	**10874**	**2155**	**2212**
按学科分								
自然科学	7609	2795	5902	1301	1906	2053	172	470
工程与技术	20970	7411	15739	2488	4941	6247	994	1069
医药科学	26320	16801	5204	984	1235	1768	811	406
农业科学	2161	851	1594	344	444	548	65	193
其　他	2315	1351	602	42	115	258	113	74
按学历分								
博士研究生	19410	6200	14877	3728	4601	4592	132	1824
硕士研究生	18519	9602	7841	602	1836	3838	1267	298
大学本科	19272	11827	5893	824	2160	2162	657	90
大学专科	1781	1361	356	5	38	229	84	
中专及以下	393	219	74		6	53	15	
按年龄分								
30 岁及以下	11508	7724	3179	1	35	971	1275	897
31~35 岁	11816	6139	5263	31	666	3105	584	877
36~40 岁	12575	6237	6569	466	2188	3410	183	322
41~45 岁	8769	3788	5283	897	2235	2023	54	74
46~55 岁	11389	4603	6463	2401	2787	1196	50	29
56~60 岁	3014	657	2054	1145	719	168	9	13
61 岁及以上	304	61	230	218	11	1		

5-5 高等院校自然科学领域科技人力资源情况（二）（2019）

单位：人

指标名称	合计	其他技术职务系列人员				辅助人员
		高级	中级	初级	其他	
总计	**30334**	**6594**	**11172**	**9536**	**2531**	**501**
按学科分						
自然科学	1707	479	802	212	203	11
工程与技术	5231	1364	2401	764	599	103
医药科学	21116	4250	7092	8116	1375	283
农业科学	567	191	226	67	52	31
其　他	1713	310	651	377	302	73
按学历分						
博士研究生	4533	1925	1857	335	416	
硕士研究生	10678	1807	4203	3399	1269	
大学本科	13379	2733	4653	5147	846	
大学专科	1425	108	405	586		326
中专及以下	319	21	54	69		175
按年龄分						
30 岁及以下	8329	20	779	5633	1684	213
31~35 岁	6553	177	3264	2561	523	28
36~40 岁	6006	1119	3833	830	193	31
41~45 岁	3486	1542	1610	224	62	48
46~55 岁	4926	2956	1526	259	58	127
56~60 岁	960	710	156	29	11	54
61 岁及以上	74	70	4			

5–6 高等院校自然科学领域科技人力资源情况（三）（2019）

单位：人

指标名称	合计	科学家和工程师				技术员	辅助人员
		小计	高级	中级	初级		
总计	**59375**	**56343**	**20394**	**22046**	**13903**	**2531**	**501**
按学科分							
自然科学	7609	7395	3686	2855	854	203	11
工程与技术	20970	20268	8793	8648	2827	599	103
医药科学	26320	24662	6469	8860	9333	1375	283
农业科学	2161	2078	979	774	325	52	31
其　他	2315	1940	467	909	564	302	73
按学历分							
博士研究生	19410	18994	10254	6449	2291	416	
硕士研究生	18519	17250	4245	8041	4964	1269	
大学本科	19272	18426	5717	6815	5894	846	
大学专科	1781	1455	151	634	670		326
中专及以下	393	218	27	107	84		175
按年龄分							
30 岁及以下	11508	9611	56	1750	7805	1684	213
31~35 岁	11816	11265	874	6369	4022	523	28
36~40 岁	12575	12351	3773	7243	1335	193	31
41~45 岁	8769	8659	4674	3633	352	62	48
46~55 岁	11389	11204	8144	2722	338	58	127
56~60 岁	3014	2949	2574	324	51	11	54
61 岁及以上	304	304	299	5			

5-7 高等院校自然科学领域科技活动经费情况（2019）

单位：千元

经费名称	经费数
一、上年结转经费	10341961
二、当年拨入经费合计	14897274
其中：R&D 经费拨入合计	9664549
科研事业费	587146
其中：科研人员工资 1	7561
科研人员工资 2	402120
主管部门专项费	1952635
其中：平台建设经费	447001
人才队伍建设经费	821157
其他学科建设经费	553038
国家发改委、科技部专项费	1497145
国家自然科学基金项目费	1312511
国务院其他部门专项费	561794
省、市、自治区专项费	1675141
地市厅局（含县）专项费	420708
企、事业单位委托科技经费	3402695
其中：进入学校财务	3382140
当年学校科技活动经费	3111699
其中：为国家科技计划项目（课题）配	374801
国外资金	52432
其他资金	323368

5-7　续表　　　　单位：千元

经费名称	经费数
三、当年经费支出合计	12552206
其中：R&D 经费支出合计	7888022
转拨给外单位经费	1204714
其中：对国内研究机构	140819
对国内高等学校	772426
对国内企业	290739
内部支出经费合计	11347492
人员劳务费	3250140
业务费	4834872
固定资产购置费	2118504
其中：　仪器设备费	1822741
上缴税金	71007
管理费	538346
其他支出	534623
四、当年结余经费合计	12687029
银行存款	11933619
暂付款	741856
其　他	11554
附：当年科研基建投入	534885
当年科研基建支出	516597
其中：土建工程	463785
仪器设备	52812
在岗人员人均年工资	45

5–8　高等院校自然科学领域科技活动机构情况（一）（2019）

指标名称	机构数（个）	从业人员（人）	科技活动人员（人年）			博士毕业（人）	硕士毕业（人）	培养研究生（人）
				高级职称	中级职称			
合计	**439**	**13687**	**7658**	**4550**	**2339**	**9434**	**2967**	**20154**
R&D 机构	426	13368	7521	4481	2288	9270	2869	19861
其他机构	13	319	137	69	50	164	98	293
国家级机构	60	2053	1196	712	317	1500	402	3945
省部级机构	339	10520	5855	3532	1775	7302	2243	14814
其他主管部门机构	40	1114	607	306	246	632	322	1395
单位独办	289	9373	5346	3125	1668	6605	1963	12958
与境内高校合办	33	1045	559	354	133	656	236	2059
与境内独立研究机构	58	1543	786	465	250	1076	356	2149
与境外机构合办	16	433	266	174	80	362	58	741
与境内注册其他企业	41	1201	674	418	196	700	312	2247
其他	2	92	28	15	12	35	42	

5–9　高等院校自然科学领域科技活动机构情况（二）（2019）

指标名称	内部支出（千元）		承担课题数（项）	固定资产原值（千元）		
		R&D 支出			仪器设备	
						进口
合计	**3504007**	**3007527**	**19062**	**11713326**	**10411018**	**5714322**
R&D 机构	3470435	2980936	18805	11583207	10301087	5652325
其他机构	33572	26591	257	130119	109931	61997
国家级机构	789628	687681	4034	2659306	2367615	1315053
省部级机构	2613385	2232940	13668	8471671	7547355	4104941
其他主管部门机构	100994	86906	1360	582349	496048	294328
单位独办	2576602	2203699	13554	8591555	7595170	4302663
与境内高校合办	291153	257186	1186	829534	772647	484382
与境内独立研究机构	224872	198109	2210	1091427	961261	420782
与境外机构合办	44877	35301	429	276872	246771	149406
与境内注册其他企业	363279	310458	1629	876985	792652	324447
其他	3224	2774	54	46953	42517	32642

5-10 高等院校自然科学领域科技项目情况（一）（2019）

研究类别	课题数（项）	当年投入经费（千元）	当年支出经费（千元）	当年投入人员（人年）	
					女性
合计	**41857**	**8671443**	**6891335**	**15630**	**5025**
按研究类型分					
基础研究	13607	3230938	2579362	5296	1826
应用研究	20781	3659812	2727904	7625	2491
试验与发展	2817	493824	362301	990	265
R&D 成果应用	2035	772039	816264	769	183
其他科技服务	2617	514830	405504	949	260
按学科分					
自然科学	6485	1326140	991721	2401	770
工程与技术	23757	5275135	4234828	8757	2465
医药科学	9160	1390076	1056713	3494	1493
农业科学	2455	680092	608073	978	298

研究类别	当年投入人员（人年）				参加项目的研究生人数（人）		
	高级职务	中级职务	初级职务	其他		博士	硕士
合计	**7337**	**6068**	**1064**	**1161**	**42651**	**8714**	**33937**
按研究类型分							
基础研究	2530	1998	298	470	18222	3724	14498
应用研究	3579	2961	651	435	18111	3689	14422
试验与发展	410	492	61	28	1794	216	1578
R&D 成果应用	393	302	24	51	2192	407	1785
其他科技服务	425	315	31	177	2332	678	1654
按学科分							
自然科学	1201	957	62	180	7142	1253	5889
工程与技术	4297	3506	389	566	21921	4617	17304
医药科学	1350	1245	568	331	10691	2121	8570
农业科学	490	360	44	84	2897	723	2174

5-11 高等院校自然科学领域科技项目情况（二）（2019）

研究类别	课题数（项）	当年投入经费（千元）	当年支出经费（千元）	当年投入人员（人年）	
					女性
总计	**41857**	**8671443**	**6891335**	**15630**	**5025**
国家“973”计划	9	3794	34476	8	3
国家科技支撑计划	19	2574	5795	6	1
国家“863”计划	6	4245	6146	6	1
国家科技重大专项	140	393797	269099	95	18
国家重点研发计划	1270	1127987	1101667	802	182
国家自然科学基金项目	6844	1410920	1180685	2711	945
主管部门科技项目	1110	47326	36140	372	138
国家部委其他科技项目	815	526430	371732	408	91
省、市、自治区科技项目	6470	957204	687940	2680	1020
地市厅局（含县）项目	4271	353434	333456	1534	544
企事业单位委托科技项目	17865	3385635	2563627	6031	1755
国际合作项目	119	46009	34065	48	13
自选课题	2576	108203	91532	757	282
其他课题	343	303885	174975	173	34

研究类别	当年投入人员（人年）				参加项目的研究生人数（人）		
	高级职务	中级职务	初级职务	其他		博士	硕士
总计	**7337**	**6068**	**1064**	**1161**	**42651**	**8714**	**33937**
国家“973”计划	5	1		2	16	7	9
国家科技支撑计划	3	3			21	6	15
国家“863”计划	2	3		1	16	7	9
国家科技重大专项	49	25	3	18	254	74	180
国家重点研发计划	427	226	23	125	2674	843	1831
国家自然科学基金项目	1350	1028	125	208	10901	2237	8664
主管部门科技项目	134	159	75	5	327	61	266
国家部委其他科技项目	211	142	20	35	1284	345	939
省、市、自治区科技项目	1244	1021	241	174	7253	1263	5990
地市厅局（含县）项目	588	683	208	55	3303	389	2914
企事业单位委托科技项目	2893	2363	282	494	14914	3136	11778
国际合作项目	28	10	1	9	166	60	106
自选课题	301	371	78	7	872	56	816
其他课题	103	35	7	29	650	230	420

5–12 高等院校自然科学领域交流情况（2019）

形 式	合计	国（境）内	国（境）外
合作研究丨派遣（人次）	1036	469	567
合作研究丨接受（人）	1187	692	495
国际学术会议丨出席人员（人次）	9869	6462	3407
国际学术会议丨交流论文（篇）	4193	2537	1656
国际学术会议丨特邀报告（篇）	1134	754	380
国际学术会议丨主办（次）	151	151	

5–13 高等院校自然科学领域技术转让与知识产权情况（一）（2019）

受让方类型	合同数（项）	合同金额（千元）	当年实际收入（千元）
合计	**1182**	**243772**	**144800**
其中：专利出售	953	158177	103865
其他知识产权出售	224	85564	40934
国有企业	76	20132	2077
外资企业	14	6898	5281
民营企业	1034	215483	136178
其他	58	1259	1264

5–14 高等院校自然科学领域技术转让与知识产权情况（二）（2019）

知识产权类别	申请数（项）	授权数（项）	专利拥有数(项)
合计	**23342**	**14550**	**59577**
其中：国外	93	102	376
发明专利	15735	7204	33047
实用新型	6641	6154	22917
外观设计	966	1192	3613
其他知识产权		2220	103
其中：集成电路布图设计登记数		69	
植物新品种权授予数		27	
国家或行业标准数		54	

5-15　高等院校自然科学领域科技成果情况（2019）

学科门类	发表学术论文数（篇）		三大检索收录论文数（篇）		
		国外学术刊物发表	SCIE	E1	ISTP
总计	**40016**	**26777**	**19227**	**9248**	**1163**
自然科学	6290	4436	3135	1041	100
工程与技术	17757	12781	7524	7371	762
医药科学	12578	7038	6746	137	263
农业科学	3391	2522	1822	699	38

学科门类	科技专著				大专院校教科书		编著	
	部	千字	国（境）外出版		部	千字	部	千字
			部	千字				
合计	**197**	**41876**	**23**	**1795**	**216**	**43249**	**173**	**34484**
自然科学	16	2792	2	108	34	8546	10	2025
工程与技术	96	19761	18	1435	99	23353	33	8348
医药科学	72	15477	2	22	79	10380	104	18226
农业科学	13	3846	1	230	4	970	26	5885

指标名称	合计		项目来源				
		与其他单位合作	“973”计划	国家科技支撑计划	“863”计划	国家自然科学基金重点、重大项目	军工项目
国家级项目验收（项）	93	22	7	2	2	23	59

指标名称	合计		鉴定结论			
		其中：与其他单位合作	国际水平	国内首创	国内先进	其他
鉴定成果（项）	0	0	0	0	0	0

六、高技术产业

6–1　高技术产业基本情况（2019）

指标名称	企业数（个）	从业人员平均人数（人）	资产总计（亿元）	主营业务收入（亿元）	利润总额（亿元）
总计	**3150**	**804887**	**12063.5**	**8105.8**	**860.0**
按行业分组					
医药制造业	456	141956	2718.3	1517.2	255.4
化学药品制造	197	90826	2010.6	1128.4	184.2
化学药品原料药制造	126	54028	1271.8	539.9	90.3
化学药品制剂制造	71	36798	738.8	588.4	93.9
中药饮品加工	39	4896	57.6	43.9	3.2
中成药生产	44	13985	270.3	103.9	24.4
兽用药品制造	17	2249	33.4	22.4	2.1
生物药品制品制造	63	15472	237.6	139.5	33.1
生物药品制造	59	14881	223.6	133.3	28.0
基因工程药物和疫苗制造	4	591	14.0	6.1	5.1
卫生材料及医药用品制造	53	9325	72.6	50.5	6.2
药用辅料及包装材料	43	5203	36.2	28.6	2.2
航空、航天器及设备制造业	10	1567	42.0	7.4	0.0
飞机制造	5	805	36.7	4.0	-0.3
航天器及运载火箭制造	1	220	1.0	1.1	0.0
航空、航天相关设备制造	3	456	3.6	1.9	0.3
航天相关设备制造	1	74	0.2	0.2	0.0
航空相关设备制造	2	382	3.4	1.6	0.3
其他航空航天器制造	1	86	0.7	0.4	0.0
电子及通信设备制造业	1727	468751	6989.3	4935.6	405.7
电子工业专用设备制造	77	8338	175.1	100.6	12.0
半导体器件专用设备制造	21	2245	106.4	46.0	5.7
电子元器件与机电组件设备制造	18	1666	20.6	17.8	2.6
其他电子专用设备制造	38	4427	48.1	36.9	3.7
光纤、光缆及锂离子电池制造	114	25362	810.1	386.4	7.7
光纤制造	25	3003	68.8	54.1	0.8

6-1　续表 1

指标名称	企业数（个）	从业人员平均人数（人）	资产总计（亿元）	主营业务收入（亿元）	利润总额（亿元）
光缆制造	21	3618	318.1	149.8	7.9
锂离子电池制造	68	18741	423.3	182.5	-0.9
通信设备制造、雷达及配套设备制造	180	106962	2583.5	2144.1	239.7
通信系统设备制造	119	69524	1989.5	1569.4	223.9
通信终端设备制造	58	36936	572.2	549.4	15.4
雷达及配套设备制造	3	502	21.9	25.3	0.4
广播电视设备制造	65	19218	180.0	115.7	2.1
广播电视节目制作及发射设备制造	4	399	2.0	1.8	0.3
广播电视接收设备制造	25	4533	27.5	20.5	0.0
广播电视专用配件制造	3	491	1.7	2.2	0.1
专用音响设备制造	16	6275	16.5	12.6	-1.3
应用电视设备及其他广播电视、设备制造	17	7520	132.2	78.6	3.1
非专业视听设备制造	80	15830	177.1	131.2	-2.1
电视机制造	5	2817	84.6	30.7	-5.4
音响设备制造	66	11410	47.7	49.3	2.4
影视录放设备制造	9	1603	44.9	51.2	0.9
电子器件制造	315	95900	1166.3	736.5	36.5
电子真空器件制造	42	16744	64.3	73.7	3.5
半导体分立器件制造	35	7660	106.0	60.2	5.8
集成电路制造	63	14669	304.9	151.0	4.3
显示器件制造	39	19653	227.8	211.8	6.9
半导体照明器件制造	53	16453	206.8	94.5	1.7
光电子器件制造	48	14492	171.2	98.5	10.3
其他电子器件制造	35	6229	85.4	46.9	3.9
电子元件及电子专用设备制造	731	151034	1504.9	982.9	75.4
电阻电容电感元件制造	141	23466	144.1	123.6	7.2
电子电路制造	84	14775	85.6	79.5	4.8
敏感元件及传感器制造	30	14859	159.4	103.0	19.1
电声器件及零件制造	45	6317	30.5	26.1	1.0
电子专用材料制造	242	51623	764.2	425.4	26.8

6-1 续表 2

指标名称	企业数（个）	从业人员平均人数（人）	资产总计（亿元）	主营业务收入（亿元）	利润总额（亿元）
其他电子元件制造	189	39994	321.0	225.4	16.5
智能消费设备制造	111	36815	298.5	277.5	27.0
可穿戴智能设备制造	3	195	1.0	1.1	0.1
智能车载设备制造	5	755	22.9	3.8	0.0
智能无人飞行器制造	5	2910	29.8	18.3	0.6
其他智能消费设备制造	98	32955	244.8	254.3	26.3
其他电子设备制造	54	9292	93.7	60.5	7.3
计算机及办公设备制造业	130	34425	337.8	411.0	18.4
计算机整机制造	4	1363	21.9	73.7	0.6
计算机零部件制造	33	16758	150.8	118.0	8.6
计算机外围设备制造	38	8112	55.6	49.1	5.7
工业控制计算机及系统制造	5	586	5.0	5.4	0.0
信息安全设备制造	2	81	1.2	1.2	0.0
其他计算机制造	12	2430	59.2	128.8	1.2
办公设备制造	36	5095	44.0	34.9	2.2
复印和胶印设备制造	9	1021	11.8	6.6	0.3
计算器及货币专用设备制造	27	4074	32.3	28.3	1.9
医疗仪器设备及仪器仪表制造业	805	156005	1869.9	1207.2	181.3
医疗仪器设备及器械制造	158	31089	261.8	167.2	24.7
医疗诊断、监护及治疗设备制造	38	7648	78.5	49.5	4.6
口腔科用设备及器具制造	12	1403	8.0	10.2	1.3
医疗实验室及医用消毒设备和器具制造	6	606	4.0	3.0	-0.2
医疗、外科及兽医用器械制造	63	15207	111.7	64.3	12.1
机械治疗及病房护理设备制造	7	1322	13.9	6.4	1.0
康复辅具制造	10	1024	10.3	6.5	0.7
其他医疗设备及器械制造	22	3879	35.3	27.3	5.2
通用仪器仪表制造	488	87425	1131.0	717.1	80.1
工业自动控制系统装置制造	232	39901	537.3	335.8	38.0
电工仪器仪表制造	77	17898	346.1	190.1	22.8
绘图、计算及测量仪器制造	27	4440	16.7	17.2	0.8

指标名称	企业数（个）	从业人员平均人数（人）	资产总计（亿元）	主营业务收入（亿元）	利润总额（亿元）
实验分析仪器制造	30	3970	22.0	21.0	2.4
试验机制造	11	887	5.1	4.6	0.2
供应用仪器仪表制造	75	13241	96.3	94.9	8.2
其他通用仪器制造	36	7088	107.5	53.4	7.6
专用仪器仪表制造	112	23268	286.0	181.8	24.5
环境监测专用仪器仪表制造	18	1788	15.5	15.4	2.7
运输设备及生产用计数仪表制造	35	11632	145.5	94.2	6.5
导航、测绘、气象及海洋专用仪器制造	6	1378	19.6	6.2	1.0
农林牧渔专用仪器仪表制造	3	179	1.2	0.8	0.0
地质勘探和地震专用仪器制造	2	126	2.4	1.1	0.2
教学专用仪器制造	22	3343	21.5	19.3	1.3
电子测量仪器制造	15	3355	67.2	36.6	12.0
其他专用仪器制造	11	1467	13.1	8.1	0.8
光学仪器制造	41	13190	186.9	136.1	51.7
其他仪器仪表制造业	6	1033	4.2	4.9	0.4
信息化学品制造业	22	2183	106.2	27.5	-0.9
信息化学品制造	22	2183	106.2	27.5	-0.9
文化用信息化学品制造	18	1891	102.7	20.8	-1.1
医学生产用信息化学品制造	4	292	3.5	6.7	0.2
按地区分组					
杭州市	731	243534	4736.4	3551.8	432.1
宁波市	748	169750	1929.6	1583.6	143.1
温州市	357	61602	515.4	374.7	35.9
嘉兴市	428	117422	1375.6	915.9	54.0
湖州市	160	30397	338.3	220.5	15.3
绍兴市	228	51953	1090.8	472.4	64.6
金华市	187	50176	722.9	370.0	30.1
衢州市	74	9530	110.4	78.2	4.2
舟山市	12	1100	8.5	7.0	0.5
台州市	185	63035	1174.4	490.9	74.2
丽水市	40	6388	61.4	40.7	6

6–2 高技术产业 R&D 人员情况（2019）

指标名称	有 R&D 活动的企业数（个）	R&D 人员（人）			R&D 人员折合全时当量（人年）
			# 全时人员	# 研究人员	
总计	**2036**	**107943**	**82905**	**36850**	**89542**
按行业分组					
医药制造业	357	18321	13894	6816	14563
化学药品制造	162	12963	9909	5064	10374
化学药品原料药制造	103	8343	6293	3155	6711
化学药品制剂制造	59	4620	3616	1909	3662
中药饮品加工	23	404	280	133	286
中成药生产	39	1536	1108	529	1219
兽用药品制造	12	327	277	109	253
生物药品制品制造	54	1567	1206	650	1186
生物药品制造	51	1490	1137	619	1113
基因工程药物和疫苗制造	3	77	69	31	72
卫生材料及医药用品制造	36	950	743	233	812
药用辅料及包装材料	31	574	371	98	434
航空、航天器及设备制造业	9	255	221	103	213
飞机制造	5	152	138	58	114
航天器及运载火箭制造	1	15	4	6	13
航空、航天相关设备制造	2	66	59	37	66
航空相关设备制造	2	66	59	37	66
其他航空航天器制造	1	22	20	2	20
电子及通信设备制造业	1009	62899	48519	21361	53001
电子工业专用设备制造	49	1359	1089	410	1062
半导体器件专用设备制造	16	632	523	255	484
电子元器件与机电组件设备制造	7	133	93	27	88
其他电子专用设备制造	26	594	473	128	490
光纤、光缆及锂离子电池制造	72	2895	2233	907	2325
光纤制造	10	186	129	44	150

6-2　续表 1

指标名称	有 R&D 活动的企业数（个）	R&D 人员（人）	# 全时人员	# 研究人员	R&D 人员折合全时当量（人年）
光缆制造	12	427	293	111	317
锂离子电池制造	50	2282	1811	752	1858
通信设备制造、雷达及配套设备制造	109	26127	21987	12089	24303
通信系统设备制造	72	21226	18504	10458	20318
通信终端设备制造	35	4824	3413	1590	3927
雷达及配套设备制造	2	77	70	41	58
广播电视设备制造	35	2308	1724	636	1615
广播电视节目制作及发射设备制造	3	39	24	16	29
广播电视接收设备制造	14	459	358	114	399
广播电视专用配件制造	2	63	52	8	54
专用音响设备制造	9	1007	883	248	587
应用电视设备及其他广播电视设备制造	7	740	407	250	547
非专业视听设备制造	46	1696	1207	494	1378
电视机制造	4	151	131	39	142
音响设备制造	39	1036	798	197	857
影视录放设备制造	3	509	278	258	379
电子器件制造	185	7859	5927	2465	6453
电子真空器件制造	27	845	600	185	717
半导体分立器件制造	21	971	667	345	747
集成电路制造	45	2328	1820	976	1889
显示器件制造	21	607	481	125	516
半导体照明器件制造	24	1070	822	290	925
光电子器件制造	31	1533	1141	443	1247
其他电子器件制造	16	505	396	101	413
电子元件及电子专用设备制造	399	15764	10741	3084	11895
电阻电容电感元件制造	87	2513	1862	445	2104
电子电路制造	40	1234	760	136	908
敏感元件及传感器制造	22	2120	1241	299	1319
电声器件及零件制造	23	450	398	68	398

指标名称	有 R&D 活动的企业数（个）	R&D 人员（人）	# 全时人员	# 研究人员	R&D 人员折合全时当量（人年）
电子专用材料制造	123	5433	3539	1359	3882
其他电子元件制造	104	4014	2941	777	3283
智能消费设备制造	80	3626	2561	893	2843
可穿戴智能设备制造	2	43	28	10	31
智能车载设备制造	5	165	137	72	137
智能无人飞行器制造	4	257	141	78	253
其他智能消费设备制造	69	3161	2255	733	2422
其他电子设备制造	34	1265	1050	383	1128
计算机及办公设备制造业	89	3554	2593	1026	2921
计算机整机制造	3	285	78	29	196
计算机零部件制造	18	952	742	305	856
计算机外围设备制造	24	945	693	258	755
工业控制计算机及系统制造	4	49	41	10	34
其他计算机制造	10	469	379	127	383
办公设备制造	30	854	660	297	697
复印和胶印设备制造	8	158	138	44	141
计算器及货币专用设备制造	22	696	522	253	556
医疗仪器设备及仪器仪表制造业	560	22624	17437	7459	18604
医疗仪器设备及器械制造	115	3590	2806	1029	2854
医疗诊断、监护及治疗设备制造	29	1255	1044	497	971
口腔科用设备及器具制造	9	179	105	40	137
医疗实验室及医用消毒设备和器具制造	6	98	68	30	87
医疗、外科及兽医用器械制造	45	1351	1051	263	1114
机械治疗及病房护理设备制造	5	168	121	60	134
康复辅具制造	4	102	91	33	93
其他医疗设备及器械制造	17	437	326	106	318
通用仪器仪表制造	336	13126	10443	4281	11106
工业自动控制系统装置制造	173	6662	5325	2257	5453
电工仪器仪表制造	52	2945	2425	980	2643
绘图、计算及测量仪器制造	12	375	319	42	324

6–2 续表 3

指标名称	有 R&D 活动的企业数（个）	R&D 人员（人）	# 全时人员	# 研究人员	R&D 人员折合全时当量（人年）
实验分析仪器制造	18	488	375	182	399
试验机制造	6	96	67	24	78
供应用仪器仪表制造	47	1494	1208	337	1236
其他通用仪器制造	28	1066	724	459	973
专用仪器仪表制造	78	3373	2687	1059	2700
环境监测专用仪器仪表制造	13	300	252	129	209
运输设备及生产用计数仪表制造	22	1361	1103	379	1099
导航、测绘、气象及海洋专用仪器制造	6	194	118	75	149
农林牧渔专用仪器仪表制造	2	14	13	4	12
教学专用仪器制造	15	564	417	136	493
电子测量仪器制造	11	634	522	220	481
其他专用仪器制造	9	306	262	116	257
光学仪器制造	27	2488	1461	1081	1902
其他仪器仪表制造业	4	47	40	9	42
信息化学品制造业	12	290	241	85	241
信息化学品制造	12	290	241	85	241
文化用信息化学品制造	9	201	180	55	165
医学生产用信息化学品制造	3	89	61	30	76
按地区分组					
杭州市	448	40020	33514	17376	35942
宁波市	455	18267	12888	5619	14695
温州市	266	9160	6993	1972	7746
嘉兴市	222	11700	8719	3259	8685
湖州市	118	3628	2781	1032	2868
绍兴市	167	7655	5554	2433	6087
金华市	120	6195	4070	1781	4648
衢州市	42	1067	819	228	705
舟山市	11	122	94	37	92
台州市	153	9190	6835	2880	7306
丽水市	34	939	638	233	769

6–3 高技术产业 R&D 经费情况（2019）

单位：万元

指标名称	R&D 经费内部支出	# 人员劳务费	# 仪器和设备	# 政府资金	# 企业资金	R&D 经费外部支出
总计	**2972973.0**	**1487935.4**	**138999.8**	**82949.9**	**2890023.1**	**233805.3**
按行业分组						
医药制造业	486423.8	174163.7	37482.6	35235.5	451188.3	128178.5
化学药品制造	374350.3	126594.5	31296.4	28873.5	345476.8	108279.4
化学药品原料药制造	214282.6	81725.8	19318.3	10643.7	203638.9	49597.3
化学药品制剂制造	160067.7	44868.7	11978.1	18229.8	141837.9	58682.1
中药饮品加工	6682.8	2191.6	501.1	318.5	6364.3	507.7
中成药生产	27508.8	12929.9	563.2	1129.6	26379.2	7656.5
兽用药品制造	8098.7	3834.0	526.2	1611.4	6487.3	974.9
生物药品制品制造	45986.0	18357.1	3106.0	2396.1	43589.9	10158.1
生物药品制造	42316.7	17196.3	2868.1	2396.1	39920.6	10158.1
基因工程药物和疫苗制造	3669.3	1160.8	237.9		3669.3	
卫生材料及医药用品制造	15730.5	6964.1	1041.9	774.4	14956.1	297.2
药用辅料及包装材料	8066.7	3292.5	447.8	132.0	7934.7	304.7
航空、航天器及设备制造业	5568.8	2864.3	484.3		5568.8	58.3
飞机制造	3674.7	2163.3	427.0		3674.7	
航天器及运载火箭制造	411.2	159.6			411.2	58.3
航空、航天相关设备制造	1047.3	361.1			1047.3	
航空相关设备制造	1047.3	361.1			1047.3	
其他航空航天器制造	435.6	180.3	57.3		435.6	
电子及通信设备制造业	1875187.7	1023252.6	63528.1	30609.6	1844578.1	79455.0
电子工业专用设备制造	39483.8	16518.9	2040.8	1694.2	37789.6	2759.2
半导体器件专用设备制造	22301.1	10778.3		1269.1	21032.0	1452.8
电子元器件与机电组件设备制造	4688.1	1002.0	1746.7	80.0	4608.1	
其他电子专用设备制造	12494.6	4738.6	294.1	345.1	12149.5	1306.4
光纤、光缆及锂离子电池制造	103760.6	25247.9	8344.8	825.1	102935.5	1601.9
光纤制造	7466.5	1408.6	149.0		7466.5	21.0

6-3 续表 1

单位：万元

指标名称	R&D 经费内部支出	# 人员劳务费	# 仪器和设备	# 政府资金	# 企业资金	R&D 经费外部支出
光缆制造	22540.5	1925.2	357.1	11.6	22528.9	806.5
锂离子电池制造	73753.6	21914.1	7838.7	813.5	72940.1	774.4
通信设备制造、雷达及配套设备制造	1063319.4	697635.4	7739.9	8328.8	1054990.6	60230.9
通信系统设备制造	889505.6	640275.8	3040.1	6761.2	882744.4	32851.4
通信终端设备制造	171729.6	56210.7	4655.2	1179.1	170550.5	25963.3
雷达及配套设备制造	2084.2	1148.9	44.6	388.5	1695.7	1416.2
广播电视设备制造	40577.1	18289.3	2717.8	257.5	40319.6	46.8
广播电视节目制作及发射设备制造	537.1	369.4		67.7	469.4	25.2
广播电视接收设备制造	6306.9	3146.1	28.7	189.8	6117.1	15.0
广播电视专用配件制造	801.6	474.2			801.6	
专用音响设备制造	19719.1	6948.9	2298.2		19719.1	
应用电视设备及其他广播电视设备制造	13212.4	7350.7	390.9		13212.4	6.6
非专业视听设备制造	31750.3	15530.8	585.1	123.5	31626.8	220.3
电视机制造	5758.6	1720.4		13.4	5745.2	14.1
音响设备制造	18688.2	8794.9	582.1		18688.2	146.7
影视录放设备制造	7303.5	5015.5	3.0	110.1	7193.4	59.5
电子器件制造	202945.2	87611.6	18688.7	8422.3	194522.9	3640.6
电子真空器件制造	19050.1	7721.2	1911.9	324.2	18725.9	68.9
半导体分立器件制造	23424.2	10294.0	1302.8	610.3	22813.9	1079.1
集成电路制造	71150.6	36590.5	6593.8	4613.6	66537.0	1464.5
显示器件制造	13177.3	5232.2	93.8	52.1	13125.2	12.0
半导体照明器件制造	22137.6	9369.1	1349.3	1740.7	20396.9	708.9
光电子器件制造	41509.6	14451.4	6517.5	959.0	40550.6	79.5
其他电子器件制造	12495.8	3953.2	919.6	122.4	12373.4	227.7
电子元件及电子专用设备制造	289151.2	110259.2	19766.1	8412.3	280738.9	3464.3
电阻电容电感元件制造	41885.3	17033.8	1269.0	1253.5	40631.8	564.3
电子电路制造	15133.7	5362.9	517.5	1103.1	14030.6	77.8
敏感元件及传感器制造	36977.3	14259.1	1714.8	435.1	36542.2	756.3
电声器件及零件制造	7139.8	3299.9	126.8	64.0	7075.8	
电子专用材料制造	117165.3	38892.1	10232.6	3948.0	113217.3	560.1

6-3 续表 2 单位：万元

指标名称	R&D 经费内部支出	# 人员劳务费	# 仪器和设备	# 政府资金	# 企业资金	R&D 经费外部支出
其他电子元件制造	70849.8	31411.4	5905.4	1608.6	69241.2	1505.8
智能消费设备制造	74196.8	35894.3	2741.7	1220.7	72976.1	7310.2
可穿戴智能设备制造	472.5	286.1			472.5	319.3
智能车载设备制造	2731.4	1825.8	138.8	34.5	2696.9	4063.3
智能无人飞行器制造	7741.2	3746.5	246.4	701.0	7040.2	1342.7
其他智能消费设备制造	63251.7	30035.9	2356.5	485.2	62766.5	1584.9
其他电子设备制造	30003.3	16265.2	903.2	1325.2	28678.1	180.8
计算机及办公设备制造业	108636.3	44665.6	7622.0	2724.9	105911.4	4382.0
计算机整机制造	4808.9	4316.2	2.9		4808.9	2889.7
计算机零部件制造	57329.5	16592.6	4503.7	26.1	57303.4	
计算机外围设备制造	19994.4	10193.9	730.1	1806.0	18188.4	1209.1
工业控制计算机及系统制造	1086.3	261.7	18.2		1086.3	
其他计算机制造	6750.7	2836.6	2137.4	629.0	6121.7	162.3
办公设备制造	18666.5	10464.6	229.7	263.8	18402.7	120.9
复印和胶印设备制造	4221.6	1577.7	170.9	171.9	4049.7	56.8
计算器及货币专用设备制造	14444.9	8886.9	58.8	91.9	14353.0	64.1
医疗仪器设备及仪器仪表制造业	490715.5	240311.0	29627.7	14366.0	476349.5	21707.3
医疗仪器设备及器械制造	70611.5	32706.1	4609.8	2960.8	67650.7	2282.4
医疗诊断、监护及治疗设备制造	25805.6	12336.3	1586.5	634.1	25171.5	845.6
口腔科用设备及器具制造	3287.4	1552.3	142.3	24.0	3263.4	43.7
医疗实验室及医用消毒设备和器具制造	2429.3	1790.3			2429.3	
医疗、外科及兽医用器械制造	25609.7	10554.0	2705.1	1636.4	23973.3	336.0
机械治疗及病房护理设备制造	2728.6	1376.4	20.3	20.0	2708.6	747.7
康复辅具制造	2061.1	954.0		646.3	1414.8	13.2
其他医疗设备及器械制造	8689.8	4142.8	155.6		8689.8	296.2
通用仪器仪表制造	303169.4	155197.2	15351.4	8093.8	295075.6	11464.9
工业自动控制系统装置制造	161348.5	84787.7	12391.4	5029.5	156319.0	7529.9
电工仪器仪表制造	72087.1	39590.1	940.5	1147.1	70940.0	1925.3
绘图、计算及测量仪器制造	4707.9	2533.7	54.1	27.5	4680.4	105.0
实验分析仪器制造	8880.5	4956.3	61.4		8880.5	166.1

单位：万元

指标名称	R&D 经费内部支出	# 人员劳务费	# 仪器和设备	# 政府资金	# 企业资金	R&D 经费外部支出
试验机制造	1520.1	683.3	88.6	67.0	1453.1	75.4
供应用仪器仪表制造	24542.4	11991.5	1533.6	1677.2	22865.2	1210.2
其他通用仪器制造	30082.9	10654.6	281.8	145.5	29937.4	453.0
专用仪器仪表制造	62661.9	26757.5	3816.4	2489.4	60172.5	6006.9
环境监测专用仪器仪表制造	6096.6	2884.1	264.2	125.3	5971.3	494.9
运输设备及生产用计数仪表制造	23175.8	8624.1	123.3	1765.7	21410.1	4906.1
导航、测绘、气象及海洋专用仪器制造	2458.0	1468.6	121.7		2458.0	13.0
农林牧渔专用仪器仪表制造	154.0	28.2		10.5	143.5	
教学专用仪器制造	8425.3	3474.6	288.3	25.5	8399.8	455.0
电子测量仪器制造	15406.5	7482.6	1144.9		15406.5	108.9
其他专用仪器制造	6945.7	2795.3	1874.0	562.4	6383.3	29.0
光学仪器制造	53398.0	24979.8	5829.6	822.0	52576.0	1953.1
其他仪器仪表制造业	874.7	670.4	20.5		874.7	
信息化学品制造业	6440.9	2678.2	255.1	13.9	6427.0	24.2
信息化学品制造	6440.9	2678.2	255.1	13.9	6427.0	24.2
文化用信息化学品制造	4915.3	1754.9	28.4		4915.3	24.2
医学生产用信息化学品制造	1525.6	923.3	226.7	13.9	1511.7	
按地区分组						
杭州市	1435290.3	900364.9	28426.1	38083.1	1397207.2	93490.6
宁波市	438961.0	184594.5	30806.1	12511.7	426449.3	26940.1
温州市	156414.6	63660.9	6939.6	5026.0	151388.6	4345.0
嘉兴市	299863.9	115795.9	13870.4	2594.2	297269.7	24068.6
湖州市	88008.6	25273.3	10086.9	2239.6	85769.0	1557.4
绍兴市	188765.3	67168.6	11743.7	4509.6	184255.7	21812.4
金华市	114751.7	37920.9	3300.8	3882.0	110869.7	9881.7
衢州市	23399.0	6209.4	6423.8	1221.6	22177.4	571.4
舟山市	2458.4	714.9	699.7	183.0	2275.4	84.1
台州市	211456.0	81201.2	25717.8	12627.6	198828.4	49516.0
丽水市	13604.2	5030.9	984.9	71.5	13532.7	1538

6-4 高技术产业企业办研发机构情况（2019）

指标名称	有研发机构的企业数（个）	机构数（个）	机构人员（人）	机构经费支出（万元）	机构仪器设备（万元）
总计	**1642**	**1817**	**102475**	**3547125.8**	**1675781.6**
按行业分组					
医药制造业	275	336	16695	653731.9	466869.5
化学药品制造	127	174	11369	516538.3	357791.1
化学药品原料药制造	81	115	7421	229830.5	226219.2
化学药品制剂制造	46	59	3948	286707.8	131571.9
中药饮品加工	11	11	185	3744.9	10927.7
中成药生产	31	40	1759	36287.4	32889.9
兽用药品制造	10	11	245	7947.8	4093.9
生物药品制品制造	44	47	1812	63869.8	42523.2
生物药品制造	41	44	1740	59957.5	39401.6
基因工程药物和疫苗制造	3	3	72	3912.3	3121.6
卫生材料及医药用品制造	30	31	876	17431.6	11585.3
药用辅料及包装材料	22	22	449	7912.1	7058.4
航空、航天器及设备制造业	3	3	52	999.5	1908.5
飞机制造	1	1	11	104.4	429.2
航天器及运载火箭制造	1	1	20	492.8	240.1
其他航空航天器制造	1	1	21	402.3	1239.2
电子及通信设备制造业	837	904	60524	2224630.1	872522.8
电子工业专用设备制造	44	48	1212	39609.9	13194.1
半导体器件专用设备制造	13	16	495	23834.4	5105.3
电子元器件与机电组件设备制造	6	7	103	4283.5	2455.8
其他电子专用设备制造	25	25	614	11492.0	5633.0
光纤、光缆及锂离子电池制造	66	70	3115	122885.9	86578.2
光纤制造	13	14	233	9302.8	4976.7
光缆制造	15	18	466	26645.2	18893.7
锂离子电池制造	38	38	2416	86937.9	62707.8
通信设备制造、雷达及配套设备制造	109	127	26993	1315704.8	239014.7

6-4 续表 1

指标名称	有研发机构的企业数（个）	机构数（个）	机构人员（人）	机构经费支出（万元）	机构仪器设备（万元）
通信系统设备制造	74	90	21257	1051721.7	189047.8
通信终端设备制造	32	34	5621	258633.4	48924.1
雷达及配套设备制造	3	3	115	5349.7	1042.8
广播电视设备制造	26	29	1966	36593.4	17564.6
广播电视节目制作及发射设备制造	2	2	29	354.7	879.5
广播电视接收设备制造	10	10	277	4256.2	3093.3
广播电视专用配件制造	1	1	33	353.7	403.6
专用音响设备制造	7	7	991	18022.2	6421.5
应用电视设备及其他广播电视设备制造	6	9	636	13606.6	6766.7
非专业视听设备制造	35	38	1454	35695.8	22197.7
电视机制造	2	3	152	8455.1	12141.4
音响设备制造	27	29	688	14765.7	6841.1
影视录放设备制造	6	6	614	12475.0	3215.2
电子器件制造	152	159	8632	257340.7	159339.4
电子真空器件制造	19	19	1040	24987.4	18221.0
半导体分立器件制造	13	13	824	26654.7	22370.4
集成电路制造	35	35	2614	96288.1	24016.6
显示器件制造	16	19	755	16072.6	12066.0
半导体照明器件制造	22	23	1138	31601.3	40526.6
光电子器件制造	34	37	1698	44327.5	35601.0
其他电子器件制造	13	13	563	17409.1	6537.8
电子元件及电子专用设备制造	314	335	12642	295689.8	287165.9
电阻电容电感元件制造	60	62	1743	34431.6	33458.6
电子电路制造	29	31	905	17878.5	15045.1
敏感元件及传感器制造	21	24	2204	40832.6	27084.2
电声器件及零件制造	13	13	339	6614.0	3783.4
电子专用材料制造	100	110	3797	124131.9	157467.1
其他电子元件制造	91	95	3654	71801.2	50327.5
智能消费设备制造	68	72	3293	91545.4	36074.6
可穿戴智能设备制造	2	2	48	860.7	281.3

6-4　续表 2

指标名称	有研发机构的企业数（个）	机构数（个）	机构人员（人）	机构经费支出（万元）	机构仪器设备（万元）
智能车载设备制造	2	3	168	18560.9	1770.2
智能无人飞行器制造	2	3	135	7501.8	3317.7
其他智能消费设备制造	62	64	2942	64622.0	30705.4
其他电子设备制造	23	26	1217	29564.4	11393.6
计算机及办公设备制造业	74	77	2943	110009.4	35404.6
计算机整机制造	2	2	53	1018.0	197.2
计算机零部件制造	13	13	831	58302.1	14074.1
计算机外围设备制造	22	24	827	22692.1	7756.0
工业控制计算机及系统制造	4	4	89	2148.2	1493.8
信息安全设备制造					
其他计算机制造	7	8	224	5364.6	2786.1
办公设备制造	26	26	919	20484.4	9097.4
复印和胶印设备制造	5	5	95	2403.5	1303.6
计算器及货币专用设备制造	21	21	824	18080.9	7793.8
医疗仪器设备及仪器仪表制造业	442	486	21976	550177.2	294239.0
医疗仪器设备及器械制造	78	86	2910	69476.9	40982.4
医疗诊断、监护及治疗设备制造	23	25	1062	27402.2	12870.5
口腔科用设备及器具制造	7	7	162	3277.0	1851.1
医疗实验室及医用消毒设备和器具制造	3	3	33	634.6	194.6
医疗、外科及兽医用器械制造	24	27	944	20983.4	18271.9
机械治疗及病房护理设备制造	4	5	172	4511.3	793.3
康复辅具制造	5	6	171	3167.2	926.7
其他医疗设备及器械制造	12	13	366	9501.2	6074.3
通用仪器仪表制造	271	299	12406	305717.9	165105.8
工业自动控制系统装置制造	148	160	6139	143914.0	98259.7
电工仪器仪表制造	49	52	3051	90377.2	35072.4
绘图、计算及测量仪器制造	11	11	318	4683.5	1797.4
实验分析仪器制造	14	14	512	9541.4	5484.7
试验机制造	2	2	41	727.2	2497.3

6-4 续表 3

指标名称	有研发机构的企业数（个）	机构数（个）	机构人员（人）	机构经费支出（万元）	机构仪器设备（万元）
供应用仪器仪表制造	29	35	1180	24448.4	13385.9
其他通用仪器制造	18	25	1165	32026.2	8608.4
专用仪器仪表制造	64	70	3379	77903.2	40748.7
环境监测专用仪器仪表制造	11	12	501	10501.2	2754.4
运输设备及生产用计数仪表制造	17	20	1326	34169.4	15403.0
导航、测绘、气象及海洋专用仪器制造	5	5	99	1542.1	873.9
农林牧渔专用仪器仪表制造	1	1	20	293.1	603.4
地质勘探和地震专用仪器制造	1	1	48	1718.0	1762.6
教学专用仪器制造	11	12	576	8435.1	4948.9
电子测量仪器制造	11	12	531	15500.3	6916.7
其他专用仪器制造	7	7	278	5744.0	7485.8
光学仪器制造	26	28	3245	96220.4	47344.8
其他仪器仪表制造业	3	3	36	858.8	57.3
信息化学品制造业	11	11	285	7577.7	4837.2
信息化学品制造	11	11	285	7577.7	4837.2
文化用信息化学品制造	9	9	208	6206.8	4588.1
医学生产用信息化学品制造	2	2	77	1370.9	249.1
按地区分组					
杭州市	391	448	42664	1827400.6	520205.4
宁波市	397	408	18419	545929.9	274420.7
温州市	208	212	7233	151953.6	121054.7
嘉兴市	277	299	14084	420196.6	245950.9
湖州市	84	93	3176	82983.8	62679.7
绍兴市	88	100	5450	188081.3	123639.5
金华市	62	81	3342	112801.7	109813.0
衢州市	35	41	970	24066.5	24668.8
舟山市	10	10	128	2035.3	6379.8
台州市	76	108	6571	182895.0	179998.4
丽水市	14	17	438	8781.5	6970.7

6–5　高技术产业企业专利情况（2019）

单位：件

指标名称	专利申请数	# 发明专利	有效发明专利
总计	**22787**	**9886**	**23874**
按行业分组			
医药制造业	1620	788	3700
化学药品制造	643	453	2408
化学药品原料药制造	406	281	1401
化学药品制剂制造	237	172	1007
中药饮品加工	109	46	102
中成药生产	120	42	331
兽用药品制造	36	17	59
生物药品制品制造	216	92	424
生物药品制造	208	85	418
基因工程药物和疫苗制造	8	7	6
卫生材料及医药用品制造	322	100	249
药用辅料及包装材料	174	38	127
航空、航天器及设备制造业	58	14	36
飞机制造	27	1	23
航天器及运载火箭制造	2	2	1
航空、航天相关设备制造	21	10	11
航空相关设备制造	21	10	11
其他航空航天器制造	8	1	1
电子及通信设备制造业	14496	6739	15219
电子工业专用设备制造	437	105	192
半导体器件专用设备制造	206	60	94
电子元器件与机电组件设备制造	58	13	6
其他电子专用设备制造	173	32	92
光纤、光缆及锂离子电池制造	730	354	783
光纤制造	59	16	30

6–5 续表 1

单位：件

指标名称	专利申请数	# 发明专利	有效发明专利
光缆制造	117	62	125
锂离子电池制造	554	276	628
通信设备制造、雷达及配套设备制造	5472	3631	7771
通信系统设备制造	4547	3185	7110
通信终端设备制造	903	436	617
雷达及配套设备制造	22	10	44
广播电视设备制造	562	127	303
广播电视节目制作及发射设备制造	23	8	25
广播电视接收设备制造	89	14	53
广播电视专用配件制造	17	3	13
专用音响设备制造	73	13	17
应用电视设备及其他广播电视设备制造	360	89	195
非专业视听设备制造	209	52	158
电视机制造	48	19	39
音响设备制造	132	17	104
影视录放设备制造	29	16	15
电子器件制造	2137	922	2913
电子真空器件制造	161	28	100
半导体分立器件制造	115	36	136
集成电路制造	717	472	1385
显示器件制造	248	99	215
半导体照明器件制造	291	96	408
光电子器件制造	444	159	483
其他电子器件制造	161	32	186
电子元件及电子专用设备制造	2765	1057	2263
电阻电容电感元件制造	388	85	237
电子电路制造	150	40	61
敏感元件及传感器制造	295	164	379
电声器件及零件制造	77	12	18

6-5 续表 2

单位：件

指标名称	专利申请数	#发明专利	有效发明专利
电子专用材料制造	1065	582	1181
其他电子元件制造	790	174	387
智能消费设备制造	1903	375	690
可穿戴智能设备制造	31	3	4
智能车载设备制造	38	5	27
智能无人飞行器制造	65	24	170
其他智能消费设备制造	1769	343	489
其他电子设备制造	281	116	146
计算机及办公设备制造业	729	176	521
计算机零部件制造	137	25	175
计算机外围设备制造	207	48	193
工业控制计算机及系统制造	20	2	10
其他计算机制造	114	53	29
办公设备制造	251	48	112
复印和胶印设备制造	53	12	43
计算器及货币专用设备制造	198	36	69
医疗仪器设备及仪器仪表制造业	5860	2151	4299
医疗仪器设备及器械制造	1112	320	1004
医疗诊断、监护及治疗设备制造	484	141	226
口腔科用设备及器具制造	71	10	41
医疗实验室及医用消毒设备和器具制造	7	2	5
医疗、外科及兽医用器械制造	261	87	529
机械治疗及病房护理设备制造	62	19	20
康复辅具制造	46	12	68
其他医疗设备及器械制造	181	49	115
通用仪器仪表制造	3172	1183	2432
工业自动控制系统装置制造	1717	705	1532
电工仪器仪表制造	860	327	450
绘图、计算及测量仪器制造	96	13	63
实验分析仪器制造	80	27	47

6-5 续表3

单位：件

指标名称	专利申请数	# 发明专利	有效发明专利
试验机制造	15	8	13
供应用仪器仪表制造	268	58	120
其他通用仪器制造	136	45	207
专用仪器仪表制造	753	214	506
环境监测专用仪器仪表制造	98	27	54
运输设备及生产用计数仪表制造	210	72	157
导航、测绘、气象及海洋专用仪器制造	59	10	38
农林牧渔专用仪器仪表制造	18	9	5
地质勘探和地震专用仪器制造	24	1	5
教学专用仪器制造	157	26	57
电子测量仪器制造	94	38	95
其他专用仪器制造	93	31	95
光学仪器制造	818	432	345
其他仪器仪表制造业	5	2	12
信息化学品制造业	24	18	99
信息化学品制造	24	18	99
文化用信息化学品制造	15	11	91
医学生产用信息化学品制造	9	7	8
按地区分组			
杭州市	9584	5210	12984
宁波市	4557	1850	3306
温州市	1560	329	765
嘉兴市	2473	752	1966
湖州市	739	204	807
绍兴市	1346	507	1209
金华市	1198	497	1022
衢州市	330	116	128
舟山市	23	2	21
台州市	836	391	1565
丽水市	141	28	101

6-6 高技术产业企业新产品开发、生产及销售情况（2019）

指标名称	新产品开发项目数（项）	新产品开发经费（万元）	新产品销售收入（万元）	
				# 出口
总计	**16815**	**3591510.3**	**46309628.7**	**9648577.3**
按行业分组				
医药制造业	3770	562471.8	6822406.1	1518829.0
化学药品制造	2102	416760.7	5382337.8	1237726.0
化学药品原料药制造	1079	183716.1	2923052.1	1100278.9
化学药品制剂制造	1023	233044.6	2459285.7	137447.1
中药饮品加工	135	7936.2	45791.9	4440.4
中成药生产	403	35969.3	504104.7	3852.5
兽用药品制造	129	7785.5	91364.5	6735.8
生物药品制品制造	597	65791.1	426212.4	156752.5
生物药品制造	581	62104.6	426212.4	156752.5
基因工程药物和疫苗制造	16	3686.5		
卫生材料及医药用品制造	246	19660.0	238127.6	97406.2
药用辅料及包装材料	158	8569.0	134467.2	11915.6
航空、航天器及设备制造业	44	6320.1	29401.2	3831.1
飞机制造	28	4426.0	16394.7	3831.1
航天器及运载火箭制造	1	411.2	4427.9	
航空、航天相关设备制造	9	1047.3	7438.3	
航空相关设备制造	9	1047.3	7438.3	
其他航空航天器制造	6	435.6	1140.3	
电子及通信设备制造业	7871	2295151.9	31883809.6	6127375.5
电子工业专用设备制造	376	48139.7	679103.6	59228.5
半导体器件专用设备制造	140	25158.4	388986.2	14517.9
电子元器件与机电组件设备制造	46	8724.1	99624.3	8500.7
其他电子专用设备制造	190	14257.2	190493.1	36209.9
光纤、光缆及锂离子电池制造	621	136988.1	2195467.9	202880.9
光纤制造	63	7524.5	154470.8	4063.6
光缆制造	60	27068.9	800927.5	20835.7

6-6 续表 1

指标名称	新产品开发项目数（项）	新产品开发经费（万元）	新产品销售收入（万元）	
				# 出口
锂离子电池制造	498	102394.7	1240069.6	177981.6
通信设备制造、雷达及配套设备制造	1222	1237491.1	17918388.7	2904161.9
通信系统设备制造	666	1004395.3	13097521.9	2407751.1
通信终端设备制造	513	229279.6	4767093.4	495308.4
雷达及配套设备制造	43	3816.2	53773.4	1102.4
广播电视设备制造	224	48547.4	868700.3	166273.8
广播电视节目制作及发射设备制造	17	1017.8	11942.6	5054.4
广播电视接收设备制造	86	9445.6	110361.8	71883.4
广播电视专用配件制造	9	482.5	8489.4	1708.3
专用音响设备制造	44	23703.8	47173.5	36370.7
应用电视设备及其他广播电视设备制造	68	13897.7	690733.0	51257.0
非专业视听设备制造	290	41213.4	442553.7	165152.7
电视机制造	19	10746.8	130924.9	37868.1
音响设备制造	217	20721.9	177497.9	102954.6
影视录放设备制造	54	9744.7	134130.9	24330.0
电子器件制造	1507	296267.0	3147942.9	783622.1
电子真空器件制造	148	32526.8	473399.4	20406.8
半导体分立器件制造	139	25748.6	225922.9	35789.4
集成电路制造	445	117770.0	769687.4	235908.2
显示器件制造	145	18253.1	248422.3	61206.7
半导体照明器件制造	223	32769.1	584026.2	125857.6
光电子器件制造	240	48108.8	662157.8	235528.5
其他电子器件制造	167	21090.6	184326.9	68924.9
电子元件及电子专用设备制造	2673	342430.1	4781088.2	1221785.0
电阻电容电感元件制造	476	45941.6	608629.3	120124.6
电子电路制造	253	24570.7	303556.3	13106.2
敏感元件及传感器制造	212	42177.2	616395.2	257611.9
电声器件及零件制造	95	8452.2	98536.3	27786.2
电子专用材料制造	915	138625.0	1974877.0	468337.2
其他电子元件制造	722	82663.4	1179094.1	334818.9

6-6 续表 2

指标名称	新产品开发项目数（项）	新产品开发经费（万元）	新产品销售收入（万元）	# 出口
智能消费设备制造	730	104454.5	1544036.3	527118.5
可穿戴智能设备制造	17	519.7	4918.2	
智能车载设备制造	21	6215.7	16530.8	5914.6
智能无人飞行器制造	38	16688.0	113667.0	9027.5
其他智能消费设备制造	654	81031.1	1408920.3	512176.4
其他电子设备制造	228	39620.6	306528.0	97152.1
计算机及办公设备制造业	610	70583.3	1211325.8	748236.6
计算机整机制造	38	5378.2	11807.6	2781.4
计算机零部件制造	130	11736.9	749149.4	613985.6
计算机外围设备制造	164	22389.5	165170.4	61246.1
工业控制计算机及系统制造	11	975.9	6929.1	958.0
其他计算机制造	94	8429.1	55243.2	16243.0
办公设备制造	173	21673.7	223026.1	53022.5
复印和胶印设备制造	46	4096.1	40142.3	20026.7
计算器及货币专用设备制造	127	17577.6	182883.8	32995.8
医疗仪器设备及仪器仪表制造业	4453	647364.6	6304367.3	1247958.8
医疗仪器设备及器械制造	992	96987.2	708809.6	225783.2
医疗诊断、监护及治疗设备制造	342	36789.1	181344.0	56711.7
口腔科用设备及器具制造	50	3562.3	63950.7	28469.5
医疗实验室及医用消毒设备和器具制造	26	3585.0	4305.9	1190.9
医疗、外科及兽医用器械制造	358	34853.2	231150.0	70043.8
机械治疗及病房护理设备制造	53	3617.8	21430.3	3266.0
康复辅具制造	34	3836.4	29900.7	14345.0
其他医疗设备及器械制造	129	10743.4	176728.0	51756.3
通用仪器仪表制造	2439	366491.3	3959886.6	651080.2
工业自动控制系统装置制造	1330	189558.1	1863524.4	227122.6
电工仪器仪表制造	406	90651.2	1366255.1	242370.2
绘图、计算及测量仪器制造	83	5958.3	54142.8	26897.5
实验分析仪器制造	134	12591.6	48388.1	14454.8
试验机制造	53	1899.2	5516.7	254.6

6-6 续表 3

指标名称	新产品开发项目数（项）	新产品开发经费（万元）	新产品销售收入（万元）	
				# 出口
供应用仪器仪表制造	276	33527.6	371951.3	121530.2
其他通用仪器制造	157	32305.3	250108.2	18450.3
专用仪器仪表制造	758	86983.3	886448.0	105747.4
环境监测专用仪器仪表制造	141	11604.0	75780.2	49.9
运输设备及生产用计数仪表制造	257	31022.8	430412.9	54745.6
导航、测绘、气象及海洋专用仪器制造	28	2396.0	13814.0	998.1
农林牧渔专用仪器仪表制造	15	561.2	4388.4	1909.5
地质勘探和地震专用仪器制造	19	2614.5	2040.1	
教学专用仪器制造	127	11272.3	97512.1	6778.5
电子测量仪器制造	111	20934.7	203420.8	32061.4
其他专用仪器制造	60	6577.8	59079.5	9204.4
光学仪器制造	237	95007.5	741138.2	263628.4
其他仪器仪表制造业	27	1895.3	8084.9	1719.6
信息化学品制造业	67	9618.6	58318.7	2346.3
信息化学品制造	67	9618.6	58318.7	2346.3
文化用信息化学品制造	60	8093.0	56131.8	1778.7
医学生产用信息化学品制造	7	1525.6	2186.9	567.6
按地区分组				
杭州市	4614	1806084.0	21364802.4	3743194.6
宁波市	3552	580764.6	7923808.2	1718246.4
温州市	1567	165164.7	2021139.5	332209.4
嘉兴市	2165	336327.5	5557314.0	1675171.2
湖州市	921	110122.3	1456174.3	205865.1
绍兴市	1232	220680.3	3101632.2	670643.7
金华市	995	130741.0	1897187.1	396010.6
衢州市	243	22954.9	398321.9	22430.4
舟山市	44	3809.1	12419.4	7187.1
台州市	1306	200180.7	2357135.2	861925.9
丽水市	176	14681.2	219694.5	15692.9

6-7 高技术产业企业技术获取和技术改造情况（2019）

单位：万元

指标名称	技术改造经费支出	购买境内技术经费支出	引进境外技术经费支出	引进境外技术的消化吸收经费支出
总计	**325244.6**	**55206.8**	**5184.7**	**4413.6**
按行业分组				
医药制造业	133108.8	34869.6	4073.3	3232.1
化学药品制造	114098.9	26672.2	3460.4	3232.1
化学药品原料药制造	61407.4	9109.9	2623.2	3140.1
化学药品制剂制造	52691.5	17562.3	837.2	92.0
中药饮品加工	1430.6	9.3		
中成药生产	7674.1	2098.9		
兽用药品制造	316.2	5522.0	344.7	
生物药品制品制造	8892.1	382.4	268.2	
生物药品制造	8892.1	382.4	268.2	
卫生材料及医药用品制造	636.7	134.8		
药用辅料及包装材料	60.2	50.0		
电子及通信设备制造业	121345.0	13942.7	550.6	700.2
电子工业专用设备制造	1393.4	346.9		
半导体器件专用设备制造	683.4	346.9		
其他电子专用设备制造	710.0			
光纤、光缆及锂离子电池制造	19196.2	1.8		
光纤制造	3720.8			
光缆制造	3.3	1.8		
锂离子电池制造	15472.1			
通信设备制造、雷达及配套设备制造	20110.2	719.6	204.3	
通信系统设备制造	3305.4	341.2		
通信终端设备制造	16804.8	378.4	204.3	
广播电视设备制造	244.8	189.8		
广播电视接收设备制造	244.8	189.8		
非专业视听设备制造	4556.6	90.3		

6-7 续表 1

单位：万元

指标名称	技术改造经费支出	购买境内技术经费支出	引进境外技术经费支出	引进境外技术的消化吸收经费支出
音响设备制造	4556.6			
影视录放设备制造		90.3		
电子器件制造	15069.6	3683.6		
电子真空器件制造	4826.2			
半导体分立器件制造	1485.3	124.7		
集成电路制造	6326.9	1915.8		
显示器件制造	10.0			
半导体照明器件制造	1310.0	807.0		
光电子器件制造	991.3	836.1		
其他电子器件制造	119.9			
电子元件及电子专用设备制造	50009.1	8844.9	346.3	700.2
电阻电容电感元件制造	5491.8	1037.5		
电子电路制造	8735.5	4915.3		
敏感元件及传感器制造	3914.8	804.4		700.2
电子专用材料制造	18090.7	635.3	155.9	
其他电子元件制造	13776.3	1452.4	190.4	
智能消费设备制造	6699.3			
智能车载设备制造	107.0			
其他智能消费设备制造	6592.3			
其他电子设备制造	4065.8	65.8		
计算机及办公设备制造业	34348.5	1605.7		
计算机零部件制造	29432.0			
计算机外围设备制造	3744.5	1550.0		
其他计算机制造	816.0			
办公设备制造	356.0	55.7		
复印和胶印设备制造	356.0			
计算器及货币专用设备制造		55.7		
医疗仪器设备及仪器仪表制造业	36442.3	4788.8	560.8	481.3
医疗仪器设备及器械制造	4490.3	87.8	496.6	481.1
医疗诊断、监护及治疗设备制造	43.4			

6-7 续表 2

单位：万元

指标名称	技术改造经费支出	购买境内技术经费支出	引进境外技术经费支出	引进境外技术的消化吸收经费支出
口腔科用设备及器具制造	15.6			
医疗、外科及兽医用器械制造	1417.5	59.5	496.6	481.1
康复辅具制造	56.8	28.3		
其他医疗设备及器械制造	2957.0			
通用仪器仪表制造	16815.8	2398.7	64.2	0.2
工业自动控制系统装置制造	12773.2	1019.9	64.2	0.2
电工仪器仪表制造	2002.1			
绘图、计算及测量仪器制造	449.4			
供应用仪器仪表制造	1357.6	1378.8		
其他通用仪器制造	233.5			
专用仪器仪表制造	14443.3	2302.3		
环境监测专用仪器仪表制造	670.0			
运输设备及生产用计数仪表制造	13554.0	1908.9		
导航、测绘、气象及海洋专用仪器制造	30.0			
教学专用仪器制造	81.4			
其他专用仪器制造	107.9	393.4		
光学仪器制造	183.9			
其他仪器仪表制造业	509.0			
按地区分组				
杭州市	61244.1	23805.4	1640.5	92.0
宁波市	44978.5	7212.0	749.6	1181.5
温州市	34700.5	4366.9		
嘉兴市	47804.8	189.0		
湖州市	13288.8	1886.2		
绍兴市	29563.0	1355.5		
金华市	37620.8	153.1		
衢州市	10800.6	4449.9	171.4	
舟山市	107.9			
台州市	43028.7	11788.8	2623.2	3140.1
丽水市	2106.9			

6-8　医药制造业基本情况（2019）

指标名称	企业数（个）	从业人员平均人数（人）	资产总计（亿元）	主营业务收入（亿元）	利润总额（亿元）
总计	**456**	**141956**	**2718.3**	**1517.2**	**255.4**
按行业分组					
医药制造业	456	141956	2718.3	1517.2	255.4
化学药品制造	197	90826	2010.6	1128.4	184.2
化学药品原料药制造	126	54028	1271.8	539.9	90.3
化学药品制剂制造	71	36798	738.8	588.4	93.9
中药饮品加工	39	4896	57.6	43.9	3.2
中成药生产	44	13985	270.3	103.9	24.4
兽用药品制造	17	2249	33.4	22.4	2.1
生物药品制品制造	63	15472	237.6	139.5	33.1
生物药品制造	59	14881	223.6	133.3	28.0
基因工程药物和疫苗制造	4	591	14.0	6.1	5.1
卫生材料及医药用品制造	53	9325	72.6	50.5	6.2
药用辅料及包装材料	43	5203	36.2	28.6	2.2
按地区分组					
杭州市	99	40254	711.0	591.1	99.0
宁波市	37	7430	126.1	63.7	15.5
温州市	26	3928	40.9	26.6	4.3
嘉兴市	26	5562	85.9	32.9	3.6
湖州市	40	8133	83.1	48.0	8.7
绍兴市	87	25291	591.8	255.6	34.4
金华市	45	12239	248.4	122.3	19.3
衢州市	14	1722	16.0	15.0	1.2
舟山市	2	399	3.1	3.0	0.2
台州市	65	34241	776.6	336.0	63.9
丽水市	15	2757	35.3	23	5.2

6-9 医药制造业 R&D 人员情况（2019）

指标名称	有 R&D 活动的企业数（个）	R&D 人员（人）			R&D 人员折合全时当量（人年）
			# 全时人员	# 研究人员	
总计	**357**	**18321**	**13894**	**6816**	**14563**
按行业分组					
医药制造业	357	18321	13894	6816	14563
化学药品制造	162	12963	9909	5064	10374
化学药品原料药制造	103	8343	6293	3155	6711
化学药品制剂制造	59	4620	3616	1909	3662
中药饮品加工	23	404	280	133	286
中成药生产	39	1536	1108	529	1219
兽用药品制造	12	327	277	109	253
生物药品制品制造	54	1567	1206	650	1186
生物药品制造	51	1490	1137	619	1113
基因工程药物和疫苗制造	3	77	69	31	72
卫生材料及医药用品制造	36	950	743	233	812
药用辅料及包装材料	31	574	371	98	434
按地区分组					
杭州市	69	3309	2815	1383	2663
宁波市	34	1091	853	394	822
温州市	22	618	411	183	472
嘉兴市	17	602	469	180	445
湖州市	29	830	628	286	588
绍兴市	66	3481	2810	1418	3069
金华市	37	1894	1309	670	1468
衢州市	9	137	98	29	89
舟山市	1	23	21	13	21
台州市	59	5795	4136	2117	4486
丽水市	14	541	344	143	440

6–10　医药制造业 R&D 经费情况（2019）

单位：万元

指标名称	R&D 经费内部支出	# 人员劳务费	# 仪器和设备	# 政府资金	# 企业资金	R&D 经费外部支出
总计	**486423.8**	**174163.7**	**37482.6**	**35235.5**	**451188.3**	**128178.5**
按行业分组						
医药制造业	486423.8	174163.7	37482.6	35235.5	451188.3	128178.5
化学药品制造	374350.3	126594.5	31296.4	28873.5	345476.8	108279.4
化学药品原料药制造	214282.6	81725.8	19318.3	10643.7	203638.9	49597.3
化学药品制剂制造	160067.7	44868.7	11978.1	18229.8	141837.9	58682.1
中药饮品加工	6682.8	2191.6	501.1	318.5	6364.3	507.7
中成药生产	27508.8	12929.9	563.2	1129.6	26379.2	7656.5
兽用药品制造	8098.7	3834.0	526.2	1611.4	6487.3	974.9
生物药品制品制造	45986.0	18357.1	3106.0	2396.1	43589.9	10158.1
生物药品制造	42316.7	17196.3	2868.1	2396.1	39920.6	10158.1
基因工程药物和疫苗制造	3669.3	1160.8	237.9		3669.3	
卫生材料及医药用品制造	15730.5	6964.1	1041.9	774.4	14956.1	297.2
药用辅料及包装材料	8066.7	3292.5	447.8	132.0	7934.7	304.7
按地区分组						
杭州市	127584.0	43597.9	7063.5	15999.7	111584.3	45767.1
宁波市	23786.9	11201.9	1606.7	147.3	23639.6	5929.1
温州市	9870.4	3994.4	1227.3	209.2	9661.2	1831.7
嘉兴市	10114.7	5251.2	118.8	334.1	9780.6	1472.0
湖州市	18726.9	6935.7	1352.8	1532.3	17194.6	1179.8
绍兴市	93218.2	30351.5	5048.5	2981.9	90236.3	13770.1
金华市	42538.4	12395.4	1216.6	1636.8	40901.6	8651.6
衢州市	2930.2	764.9	40.7	80.0	2850.2	361.3
舟山市	367.1	145.9	7.5		367.1	44.4
台州市	149927.4	56892.6	19149.9	12256.2	137671.2	47874.2
丽水市	7359.6	2632.3	650.3	58	7301.6	1297.2

6-11 医药制造业企业办研发机构情况（2019）

指标名称	有研发机构的企业数（个）	机构数（个）	机构人员（人）	机构经费支出（万元）	机构仪器设备（万元）
总计	**275**	**336**	**16695**	**653731.9**	**466869.5**
按行业分组					
医药制造业	275	336	16695	653731.9	466869.5
化学药品制造	127	174	11369	516538.3	357791.1
化学药品原料药制造	81	115	7421	229830.5	226219.2
化学药品制剂制造	46	59	3948	286707.8	131571.9
中药饮品加工	11	11	185	3744.9	10927.7
中成药生产	31	40	1759	36287.4	32889.9
兽用药品制造	10	11	245	7947.8	4093.9
生物药品制品制造	44	47	1812	63869.8	42523.2
生物药品制造	41	44	1740	59957.5	39401.6
基因工程药物和疫苗制造	3	3	72	3912.3	3121.6
卫生材料及医药用品制造	30	31	876	17431.6	11585.3
药用辅料及包装材料	22	22	449	7912.1	7058.4
按地区分组					
杭州市	67	78	4707	274545.3	126762.2
宁波市	28	28	1011	28015.3	21112.1
温州市	19	19	450	10092.0	20144.1
嘉兴市	19	20	735	16814.5	12535.5
湖州市	21	24	728	17742.4	10553.2
绍兴市	45	50	2650	115373.3	87849.2
金华市	21	28	1254	37982.0	31408.9
衢州市	8	11	233	6461.2	5716.2
台州市	41	69	4642	139860.6	146262.5
丽水市	6	9	285	6845.3	4525.6

6-12 医药制造业企业专利情况（2019）

单位：件

指标名称	专利申请数	# 发明专利	有效发明专利
总计	**1620**	**788**	**3700**
按行业分组			
医药制造业	1620	788	3700
化学药品制造	643	453	2408
化学药品原料药制造	406	281	1401
化学药品制剂制造	237	172	1007
中药饮品加工	109	46	102
中成药生产	120	42	331
兽用药品制造	36	17	59
生物药品制品制造	216	92	424
生物药品制造	208	85	418
基因工程药物和疫苗制造	8	7	6
卫生材料及医药用品制造	322	100	249
药用辅料及包装材料	174	38	127
按地区分组			
杭州市	382	212	917
宁波市	108	54	219
温州市	55	14	78
嘉兴市	100	38	141
湖州市	118	35	220
绍兴市	463	180	671
金华市	74	50	318
衢州市	39	6	28
舟山市			14
台州市	207	187	1025
丽水市	74	12	69

6–13 医药制造业企业新产品开发、生产及销售情况（2019）

指标名称	新产品开发项目数（项）	新产品开发经费（万元）	新产品销售收入（万元）	# 出口
总计	**3770**	**562471.8**	**6822406.1**	**1518829.0**
按行业分组				
医药制造业	3770	562471.8	6822406.1	1518829.0
化学药品制造	2102	416760.7	5382337.8	1237726.0
化学药品原料药制造	1079	183716.1	2923052.1	1100278.9
化学药品制剂制造	1023	233044.6	2459285.7	137447.1
中药饮品加工	135	7936.2	45791.9	4440.4
中成药生产	403	35969.3	504104.7	3852.5
兽用药品制造	129	7785.5	91364.5	6735.8
生物药品制品制造	597	65791.1	426212.4	156752.5
生物药品制造	581	62104.6	426212.4	156752.5
基因工程药物和疫苗制造	16	3686.5		
卫生材料及医药用品制造	246	19660.0	238127.6	97406.2
药用辅料及包装材料	158	8569.0	134467.2	11915.6
按地区分组				
杭州市	995	207278.9	2045426.4	232561.0
宁波市	302	26606.5	196268.4	30094.4
温州市	118	10094.8	98410.5	11615.2
嘉兴市	187	12252.6	223072.2	42373.6
湖州市	310	20649.9	288051.2	55117.6
绍兴市	604	107538.7	1686151.0	487398.5
金华市	380	43073.1	474151.6	46725.1
衢州市	67	4474.3	64031.7	219.7
舟山市	11	846.9		
台州市	725	123882.3	1606037.6	611900.2
丽水市	71	5773.8	140805.5	823.7

6–14　医药制造业企业技术获取和技术改造情况（2019）

单位：万元

指标名称	技术改造经费支出	购买境内技术经费支出	引进境外技术经费支出	引进境外技术的消化吸收经费支出
总计	**133108.8**	**34869.6**	**4073.3**	**3232.1**
按行业分组				
医药制造业	133108.8	34869.6	4073.3	3232.1
化学药品制造	114098.9	26672.2	3460.4	3232.1
化学药品原料药制造	61407.4	9109.9	2623.2	3140.1
化学药品制剂制造	52691.5	17562.3	837.2	92.0
中药饮品加工	1430.6	9.3		
中成药生产	7674.1	2098.9		
兽用药品制造	316.2	5522.0	344.7	
生物药品制品制造	8892.1	382.4	268.2	
生物药品制造	8892.1	382.4	268.2	
卫生材料及医药用品制造	636.7	134.8		
药用辅料及包装材料	60.2	50.0		
按地区分组				
杭州市	37020.9	19934.7	1450.1	92.0
宁波市	921.5	82.4		
温州市	833.1	11.3		
嘉兴市	185.7			
湖州市	405.6	1846.2		
绍兴市	22295.3	1234.5		
金华市	27220.8			
衢州市	1538.5			
台州市	40753.7	11760.5	2623.2	3140.1
丽水市	1933.7			

6–15 航空、航天器及设备制造业基本情况（2019）

指标名称	企业数（个）	从业人员平均人数（人）	资产总计（亿元）	主营业务收入（亿元）	利润总额（亿元）
总计	**10**	**1567**	**42.0**	**7.4**	**0**
按行业分组					
航空、航天器及设备制造业	10	1567	42.0	7.4	
飞机制造	5	805	36.7	4.0	-0.3
航天器及运载火箭制造	1	220	1.0	1.1	
航空、航天相关设备制造	3	456	3.6	1.9	0.3
航天相关设备制造	1	74	0.2	0.2	
航空相关设备制造	2	382	3.4	1.6	0.3
其他航空航天器制造	1	86	0.7	0.4	
按地区分组					
杭州市	3	560	3.9	1.9	-0.4
宁波市	2	500	1.5	1.6	
绍兴市	2	219	34.1	1.7	0.1
台州市	3	288	2.4	2.1	0.3

6–16 航空、航天器及设备制造业 R&D 人员情况（2019）

指标名称	有 R&D 活动的企业数（个）	R&D 人员（人）	# 全时人员	# 研究人员	R&D 人员折合全时当量(人年)
总计	**9**	**255**	**221**	**103**	**213.0**
按行业分组					
航空、航天器及设备制造业	9	255	221	103	213.0
飞机制造	5	152	138	58	114.3
航天器及运载火箭制造	1	15	4	6	13.0
航空、航天相关设备制造	2	66	59	37	66.0
航空相关设备制造	2	66	59	37	66.0
其他航空航天器制造	1	22	20	2	19.6
按地区分组					
杭州市	3	116	105	41	82.6
宁波市	2	42	28	21	40.0
绍兴市	2	51	46	29	51.0
台州市	2	46	42	12	39.3

6–17 航空、航天器及设备制造业 R&D 经费情况（2019）

单位：万元

指标名称	R&D 经费内部支出	# 人员劳务费	# 仪器和设备	# 企业资金	R&D 经费外部支出
总计	**5568.8**	**2864.3**	**484.3**	**5568.8**	**58.3**
按行业分组					
航空、航天器及设备制造业	5568.8	2864.3	484.3	5568.8	58.3
飞机制造	3674.7	2163.3	427.0	3674.7	
航天器及运载火箭制造	411.2	159.6		411.2	58.3
航空、航天相关设备制造	1047.3	361.1		1047.3	
航空相关设备制造	1047.3	361.1		1047.3	
其他航空航天器制造	435.6	180.3	57.3	435.6	
按地区分组					
杭州市	2466.2	1775.5	57.3	2466.2	
宁波市	758.5	315.3		758.5	58.3
绍兴市	1220.0	268.8	427.0	1220.0	
台州市	1124.1	504.7		1124.1	

6–18 航空、航天器及设备制造业企业办研发机构情况（2019）

指标名称	有研发机构的企业数（个）	机构数（个）	机构人员（人）	机构经费支出（万元）	机构仪器设备（万元）
总计	**3**	**3**	**52**	**999.5**	**1908.5**
按行业分组					
航空、航天器及设备制造业	3	3	52	999.5	1908.5
飞机制造	1	1	11	104.4	429.2
航天器及运载火箭制造	1	1	20	492.8	240.1
其他航空航天器制造	1	1	21	402.3	1239.2
按地区分组					
杭州市	1	1	21	402.3	1239.2
宁波市	1	1	20	492.8	240.1
绍兴市	1	1	11	104.4	429.2

6-19 航空、航天器及设备制造业企业专利情况（2019）

单位：件

指标名称	专利申请数	#发明专利	有效发明专利
总计	**58**	**14**	**36**
按行业分组			
航空、航天器及设备制造业	58	14	36
飞机制造	27	1	23
航天器及运载火箭制造	2	2	1
航空、航天相关设备制造	21	10	11
航空相关设备制造	21	10	11
其他航空航天器制造	8	1	1
按地区分组			
杭州市	12	1	5
宁波市	2	2	1
绍兴市	41	11	11
台州市	3		19

6-20 航空、航天器及设备制造业企业新产品开发、生产及销售情况（2019）

指标名称	新产品开发项目数（项）	新产品开发经费（万元）	新产品销售收入（万元）	#出口
总计	**44**	**6320.1**	**29401.2**	**3831.1**
按行业分组				
航空、航天器及设备制造业	44	6320.1	29401.2	3831.1
飞机制造	28	4426.0	16394.7	3831.1
航天器及运载火箭制造	1	411.2	4427.9	
航空、航天相关设备制造	9	1047.3	7438.3	
航空相关设备制造	9	1047.3	7438.3	
其他航空航天器制造	6	435.6	1140.3	
按地区分组				
杭州市	23	2564.1	3876.6	
宁波市	6	758.5	5842.7	
绍兴市	5	1220.0	9854.6	3831.1
台州市	10	1777.5	9827.3	

6–21 航空、航天器及设备制造业企业技术获取和技术改造情况（2019）

指标名称	技术改造经费支出（万元）	购买境内技术经费支出（万元）	引进境外技术经费支出（万元）	引进境外技术的消化吸收经费支出（万元）
总计	**0**	**0**	**0**	**0**

6–22 电子及通信设备制造业基本情况（2019）

指标名称	企业数（个）	从业人员平均人数（人）	资产总计（亿元）	主营业务收入（亿元）	利润总额（亿元）
总计	**1727**	**468751**	**6989.3**	**4935.6**	**405.7**
按行业分组					
电子工业专用设备制造	77	8338	175.1	100.6	12.0
半导体器件专用设备制造	21	2245	106.4	46.0	5.7
电子元器件与机电组件设备制造	18	1666	20.6	17.8	2.6
其他电子专用设备制造	38	4427	48.1	36.9	3.7
光纤、光缆及锂离子电池制造	114	25362	810.1	386.4	7.7
光纤制造	25	3003	68.8	54.1	0.8
光缆制造	21	3618	318.1	149.8	7.9
锂离子电池制造	68	18741	423.3	182.5	-0.9
通信设备制造、雷达及配套设备制造	180	106962	2583.5	2144.1	239.7
通信系统设备制造	119	69524	1989.5	1569.4	223.9
通信终端设备制造	58	36936	572.2	549.4	15.4
雷达及配套设备制造	3	502	21.9	25.3	0.4
广播电视设备制造	65	19218	180.0	115.7	2.1
广播电视节目制作及发射设备制造	4	399	2.0	1.8	0.3
广播电视接收设备制造	25	4533	27.5	20.5	0.0
广播电视专用配件制造	3	491	1.7	2.2	0.1
专用音响设备制造	16	6275	16.5	12.6	-1.3
应用电视设备及其他广播电视设备制造	17	7520	132.2	78.6	3.1
非专业视听设备制造	80	15830	177.1	131.2	-2.1
电视机制造	5	2817	84.6	30.7	-5.4
音响设备制造	66	11410	47.7	49.3	2.4

6-22 续表 1

指标名称	企业数（个）	从业人员平均人数（人）	资产总计（亿元）	主营业务收入（亿元）	利润总额（亿元）
影视录放设备制造	9	1603	44.9	51.2	0.9
电子器件制造	315	95900	1166.3	736.5	36.5
电子真空器件制造	42	16744	64.3	73.7	3.5
半导体分立器件制造	35	7660	106.0	60.2	5.8
集成电路制造	63	14669	304.9	151.0	4.3
显示器件制造	39	19653	227.8	211.8	6.9
半导体照明器件制造	53	16453	206.8	94.5	1.7
光电子器件制造	48	14492	171.2	98.5	10.3
其他电子器件制造	35	6229	85.4	46.9	3.9
电子元件及电子专用设备制造	731	151034	1504.9	982.9	75.4
电阻电容电感元件制造	141	23466	144.1	123.6	7.2
电子电路制造	84	14775	85.6	79.5	4.8
敏感元件及传感器制造	30	14859	159.4	103.0	19.1
电声器件及零件制造	45	6317	30.5	26.1	1.0
电子专用材料制造	242	51623	764.2	425.4	26.8
其他电子元件制造	189	39994	321.0	225.4	16.5
智能消费设备制造	111	36815	298.5	277.5	27.0
可穿戴智能设备制造	3	195	1.0	1.1	0.1
智能车载设备制造	5	755	22.9	3.8	0.0
智能无人飞行器制造	5	2910	29.8	18.3	0.6
其他智能消费设备制造	98	32955	244.8	254.3	26.3
其他电子设备制造	54	9292	93.7	60.5	7.3
按地区分组					
杭州市	366	144739	3173.0	2304.8	264.2
宁波市	468	112359	1219.1	1119.8	55.7
温州市	184	30634	222.7	160.9	11.1
嘉兴市	294	86267	956.7	683.7	33.0
湖州市	92	18368	222.9	143.2	3.6
绍兴市	94	20534	387.0	162.6	23.3
金华市	109	32439	386.3	215.7	9.0
衢州市	48	6336	82.0	51.6	2.1
舟山市	5	243	2.9	1.5	0.2
台州市	46	13571	314.2	76.7	2.6
丽水市	21	3261	22.4	15	0.7

6–23　电子及通信设备制造业 R&D 人员情况（2019）

指标名称	有 R&D 活动的企业数（个）	R&D 人员（人）	# 全时人员	# 研究人员	R&D 人员折合全时当量（人年）
总计	**1009**	**62899**	**48519**	**21361**	**53001**
按行业分组					
电子及通信设备制造业	1009	62899	48519	21361	53001
电子工业专用设备制造	49	1359	1089	410	1062
半导体器件专用设备制造	16	632	523	255	484
电子元器件与机电组件设备制造	7	133	93	27	88
其他电子专用设备制造	26	594	473	128	490
光纤、光缆及锂离子电池制造	72	2895	2233	907	2325
光纤制造	10	186	129	44	150
光缆制造	12	427	293	111	317
锂离子电池制造	50	2282	1811	752	1858
通信设备制造、雷达及配套设备制造	109	26127	21987	12089	24303
通信系统设备制造	72	21226	18504	10458	20318
通信终端设备制造	35	4824	3413	1590	3927
雷达及配套设备制造	2	77	70	41	58
广播电视设备制造	35	2308	1724	636	1615
广播电视节目制作及发射设备制造	3	39	24	16	29
广播电视接收设备制造	14	459	358	114	399
广播电视专用配件制造	2	63	52	8	54
专用音响设备制造	9	1007	883	248	587
应用电视设备及其他广播电视设备制造	7	740	407	250	547
非专业视听设备制造	46	1696	1207	494	1378
电视机制造	4	151	131	39	142
音响设备制造	39	1036	798	197	857
影视录放设备制造	3	509	278	258	379
电子器件制造	185	7859	5927	2465	6453
电子真空器件制造	27	845	600	185	717
半导体分立器件制造	21	971	667	345	747

6-23 续表

指标名称	有 R&D 活动的企业数（个）	R&D 人员（人）	# 全时人员	# 研究人员	R&D 人员折合全时当量（人年）
集成电路制造	45	2328	1820	976	1889
显示器件制造	21	607	481	125	516
半导体照明器件制造	24	1070	822	290	925
光电子器件制造	31	1533	1141	443	1247
其他电子器件制造	16	505	396	101	413
电子元件及电子专用设备制造	399	15764	10741	3084	11895
电阻电容电感元件制造	87	2513	1862	445	2104
电子电路制造	40	1234	760	136	908
敏感元件及传感器制造	22	2120	1241	299	1319
电声器件及零件制造	23	450	398	68	398
电子专用材料制造	123	5433	3539	1359	3882
其他电子元件制造	104	4014	2941	777	3283
智能消费设备制造	80	3626	2561	893	2843
可穿戴智能设备制造	2	43	28	10	31
智能车载设备制造	5	165	137	72	137
智能无人飞行器制造	4	257	141	78	253
其他智能消费设备制造	69	3161	2255	733	2422
其他电子设备制造	34	1265	1050	383	1128
按地区分组					
杭州市	199	28465	24106	12919	26248
宁波市	259	10165	7330	2798	8320
温州市	130	4204	3057	773	3577
嘉兴市	149	8567	6250	2146	6175
湖州市	63	2228	1689	598	1833
绍兴市	63	3154	1950	687	2218
金华市	61	3441	2096	862	2462
衢州市	26	746	568	135	549
舟山市	5	40	26	17	25
台州市	37	1548	1198	353	1314
丽水市	17	341	249	73	279.5

6–24 电子及通信设备制造业 R&D 经费情况（2019）

单位：万元

指标名称	R&D 经费内部支出	# 人员劳务费	# 仪器和设备	# 政府资金	# 企业资金	R&D 经费外部支出
总计	**1875187.7**	**1023252.6**	**63528.1**	**30609.6**	**1844578.1**	**79455.0**
按行业分组						
电子及通信设备制造业	1875187.7	1023252.6	63528.1	30609.6	1844578.1	79455.0
电子工业专用设备制造	39483.8	16518.9	2040.8	1694.2	37789.6	2759.2
半导体器件专用设备制造	22301.1	10778.3		1269.1	21032.0	1452.8
电子元器件与机电组件设备制造	4688.1	1002.0	1746.7	80.0	4608.1	
其他电子专用设备制造	12494.6	4738.6	294.1	345.1	12149.5	1306.4
光纤、光缆及锂离子电池制造	103760.6	25247.9	8344.8	825.1	102935.5	1601.9
光纤制造	7466.5	1408.6	149.0		7466.5	21.0
光缆制造	22540.5	1925.2	357.1	11.6	22528.9	806.5
锂离子电池制造	73753.6	21914.1	7838.7	813.5	72940.1	774.4
通信设备制造、雷达及配套设备制造	1063319.4	697635.4	7739.9	8328.8	1054990.6	60230.9
通信系统设备制造	889505.6	640275.8	3040.1	6761.2	882744.4	32851.4
通信终端设备制造	171729.6	56210.7	4655.2	1179.1	170550.5	25963.3
雷达及配套设备制造	2084.2	1148.9	44.6	388.5	1695.7	1416.2
广播电视设备制造	40577.1	18289.3	2717.8	257.5	40319.6	46.8
广播电视节目制作及发射设备制造	537.1	369.4		67.7	469.4	25.2
广播电视接收设备制造	6306.9	3146.1	28.7	189.8	6117.1	15.0
广播电视专用配件制造	801.6	474.2			801.6	
专用音响设备制造	19719.1	6948.9	2298.2		19719.1	
应用电视设备及其他广播电视设备制造	13212.4	7350.7	390.9		13212.4	6.6
非专业视听设备制造	31750.3	15530.8	585.1	123.5	31626.8	220.3
电视机制造	5758.6	1720.4		13.4	5745.2	14.1
音响设备制造	18688.2	8794.9	582.1		18688.2	146.7
影视录放设备制造	7303.5	5015.5	3.0	110.1	7193.4	59.5
电子器件制造	202945.2	87611.6	18688.7	8422.3	194522.9	3640.6
电子真空器件制造	19050.1	7721.2	1911.9	324.2	18725.9	68.9
半导体分立器件制造	23424.2	10294.0	1302.8	610.3	22813.9	1079.1

6-24 续表 单元：万元

指标名称	R&D 经费内部支出	# 人员劳务费	# 仪器和设备	# 政府资金	# 企业资金	R&D 经费外部支出
集成电路制造	71150.6	36590.5	6593.8	4613.6	66537.0	1464.5
显示器件制造	13177.3	5232.2	93.8	52.1	13125.2	12.0
半导体照明器件制造	22137.6	9369.1	1349.3	1740.7	20396.9	708.9
光电子器件制造	41509.6	14451.4	6517.5	959.0	40550.6	79.5
其他电子器件制造	12495.8	3953.2	919.6	122.4	12373.4	227.7
电子元件及电子专用设备制造	289151.2	110259.2	19766.1	8412.3	280738.9	3464.3
电阻电容电感元件制造	41885.3	17033.8	1269.0	1253.5	40631.8	564.3
电子电路制造	15133.7	5362.9	517.5	1103.1	14030.6	77.8
敏感元件及传感器制造	36977.3	14259.1	1714.8	435.1	36542.2	756.3
电声器件及零件制造	7139.8	3299.9	126.8	64.0	7075.8	
电子专用材料制造	117165.3	38892.1	10232.6	3948.0	113217.3	560.1
其他电子元件制造	70849.8	31411.4	5905.4	1608.6	69241.2	1505.8
智能消费设备制造	74196.8	35894.3	2741.7	1220.7	72976.1	7310.2
可穿戴智能设备制造	472.5	286.1			472.5	319.3
智能车载设备制造	2731.4	1825.8	138.8	34.5	2696.9	4063.3
智能无人飞行器制造	7741.2	3746.5	246.4	701.0	7040.2	1342.7
其他智能消费设备制造	63251.7	30035.9	2356.5	485.2	62766.5	1584.9
其他电子设备制造	30003.3	16265.2	903.2	1325.2	28678.1	180.8
按地区分组						
杭州市	1100425.2	744590.2	8322.4	14944.3	1085480.9	37753.8
宁波市	261413.5	98980.1	15393.0	6440.1	254973.4	13705.3
温州市	71464.0	29946.8	3019.3	2571.6	68892.4	1164.7
嘉兴市	193784.6	71864.6	8929.5	1413.5	192371.1	21987.5
湖州市	57859.8	14204.4	8049.5	583.2	57276.6	121.5
绍兴市	74560.4	26756.0	5823.7	1349.5	73210.9	2824.8
金华市	56756.2	18282.8	1566.1	1830.7	54925.5	765.7
衢州市	16823.5	3618.6	6128.0	1048.6	15774.9	2.0
舟山市	881.3	207.6	250.1	182.0	699.3	3.1
台州市	36116.2	12811.7	5749.8	232.6	35883.6	885.8
丽水市	5103	1989.8	296.7	13.5	5089.5	240.8

6-25 电子及通信设备制造业企业办研发机构情况（2019）

指标名称	有研发机构的企业数（个）	机构数（个）	机构人员（人）	机构经费支出（万元）	机构仪器设备（万元）
总计	**837**	**904**	**60524**	**2224630.1**	**872522.8**
按行业分组					
电子及通信设备制造业	837	904	60524	2224630.1	872522.8
电子工业专用设备制造	44	48	1212	39609.9	13194.1
半导体器件专用设备制造	13	16	495	23834.4	5105.3
电子元器件与机电组件设备制造	6	7	103	4283.5	2455.8
其他电子专用设备制造	25	25	614	11492.0	5633.0
光纤、光缆及锂离子电池制造	66	70	3115	122885.9	86578.2
光纤制造	13	14	233	9302.8	4976.7
光缆制造	15	18	466	26645.2	18893.7
锂离子电池制造	38	38	2416	86937.9	62707.8
通信设备制造、雷达及配套设备制造	109	127	26993	1315704.8	239014.7
通信系统设备制造	74	90	21257	1051721.7	189047.8
通信终端设备制造	32	34	5621	258633.4	48924.1
雷达及配套设备制造	3	3	115	5349.7	1042.8
广播电视设备制造	26	29	1966	36593.4	17564.6
广播电视节目制作及发射设备制造	2	2	29	354.7	879.5
广播电视接收设备制造	10	10	277	4256.2	3093.3
广播电视专用配件制造	1	1	33	353.7	403.6
专用音响设备制造	7	7	991	18022.2	6421.5
应用电视设备及其他广播电视设备制造	6	9	636	13606.6	6766.7
非专业视听设备制造	35	38	1454	35695.8	22197.7
电视机制造	2	3	152	8455.1	12141.4
音响设备制造	27	29	688	14765.7	6841.1
影视录放设备制造	6	6	614	12475.0	3215.2
电子器件制造	152	159	8632	257340.7	159339.4
电子真空器件制造	19	19	1040	24987.4	18221.0
半导体分立器件制造	13	13	824	26654.7	22370.4

6-25 续表

指标名称	有研发机构的企业数（个）	机构数（个）	机构人员（人）	机构经费支出（万元）	机构仪器设备（万元）
集成电路制造	35	35	2614	96288.1	24016.6
显示器件制造	16	19	755	16072.6	12066.0
半导体照明器件制造	22	23	1138	31601.3	40526.6
光电子器件制造	34	37	1698	44327.5	35601.0
其他电子器件制造	13	13	563	17409.1	6537.8
电子元件及电子专用设备制造	314	335	12642	295689.8	287165.9
电阻电容电感元件制造	60	62	1743	34431.6	33458.6
电子电路制造	29	31	905	17878.5	15045.1
敏感元件及传感器制造	21	24	2204	40832.6	27084.2
电声器件及零件制造	13	13	339	6614.0	3783.4
电子专用材料制造	100	110	3797	124131.9	157467.1
其他电子元件制造	91	95	3654	71801.2	50327.5
智能消费设备制造	68	72	3293	91545.4	36074.6
可穿戴智能设备制造	2	2	48	860.7	281.3
智能车载设备制造	2	3	168	18560.9	1770.2
智能无人飞行器制造	2	3	135	7501.8	3317.7
其他智能消费设备制造	62	64	2942	64622.0	30705.4
其他电子设备制造	23	26	1217	29564.4	11393.6
按地区分组					
杭州市	182	201	29945	1347661.3	307800.0
宁波市	222	232	9903	315984.7	143675.8
温州市	91	92	3082	62287.0	39626.0
嘉兴市	191	206	10202	288001.1	187527.1
湖州市	43	46	1875	52610.2	44284.0
绍兴市	25	31	2165	53015.4	27188.1
金华市	33	40	1636	62314.9	70501.3
衢州市	23	25	548	13652.3	17492.6
舟山市	5	5	60	1032.2	5102.2
台州市	14	18	955	26134.8	26880.6
丽水市	8	8	153	1936.2	2445.1

6–26 电子及通信设备制造业企业专利情况（2019）

单位：件

指标名称	专利申请数	# 发明专利	有效发明专利
总计	**14496**	**6739**	**15219**
按行业分组			
电子及通信设备制造业	14496	6739	15219
电子工业专用设备制造	437	105	192
半导体器件专用设备制造	206	60	94
电子元器件与机电组件设备制造	58	13	6
其他电子专用设备制造	173	32	92
光纤、光缆及锂离子电池制造	730	354	783
光纤制造	59	16	30
光缆制造	117	62	125
锂离子电池制造	554	276	628
通信设备制造、雷达及配套设备制造	5472	3631	7771
通信系统设备制造	4547	3185	7110
通信终端设备制造	903	436	617
雷达及配套设备制造	22	10	44
广播电视设备制造	562	127	303
广播电视节目制作及发射设备制造	23	8	25
广播电视接收设备制造	89	14	53
广播电视专用配件制造	17	3	13
专用音响设备制造	73	13	17
应用电视设备及其他广播电视设备制造	360	89	195
非专业视听设备制造	209	52	158
电视机制造	48	19	39
音响设备制造	132	17	104
影视录放设备制造	29	16	15
电子器件制造	2137	922	2913
电子真空器件制造	161	28	100
半导体分立器件制造	115	36	136

6–26 续表

指标名称	专利申请数	# 发明专利	有效发明专利
集成电路制造	717	472	1385
显示器件制造	248	99	215
半导体照明器件制造	291	96	408
光电子器件制造	444	159	483
其他电子器件制造	161	32	186
电子元件及电子专用设备制造	2765	1057	2263
电阻电容电感元件制造	388	85	237
电子电路制造	150	40	61
敏感元件及传感器制造	295	164	379
电声器件及零件制造	77	12	18
电子专用材料制造	1065	582	1181
其他电子元件制造	790	174	387
智能消费设备制造	1903	375	690
可穿戴智能设备制造	31	3	4
智能车载设备制造	38	5	27
智能无人飞行器制造	65	24	170
其他智能消费设备制造	1769	343	489
其他电子设备制造	281	116	146
按地区分组			
杭州市	7152	4199	10076
宁波市	2495	947	1919
温州市	720	153	197
嘉兴市	1785	538	1305
湖州市	427	128	475
绍兴市	484	223	424
金华市	876	382	597
衢州市	235	88	76
舟山市	11		7
台州市	256	68	114
丽水市	55	13	29

6–27 电子及通信设备制造业企业新产品开发、生产及销售情况（2019）

指标名称	新产品开发项目数（项）	新产品开发经费（万元）	新产品销售收入（万元）	
				# 出口
总计	**7871**	**2295151.9**	**31883809.6**	**6127375.5**
按行业分组				
电子及通信设备制造业	7871	2295151.9	31883809.6	6127375.5
电子工业专用设备制造	376	48139.7	679103.6	59228.5
半导体器件专用设备制造	140	25158.4	388986.2	14517.9
电子元器件与机电组件设备制造	46	8724.1	99624.3	8500.7
其他电子专用设备制造	190	14257.2	190493.1	36209.9
光纤、光缆及锂离子电池制造	621	136988.1	2195467.9	202880.9
光纤制造	63	7524.5	154470.8	4063.6
光缆制造	60	27068.9	800927.5	20835.7
锂离子电池制造	498	102394.7	1240069.6	177981.6
通信设备制造、雷达及配套设备制造	1222	1237491.1	17918388.7	2904161.9
通信系统设备制造	666	1004395.3	13097521.9	2407751.1
通信终端设备制造	513	229279.6	4767093.4	495308.4
雷达及配套设备制造	43	3816.2	53773.4	1102.4
广播电视设备制造	224	48547.4	868700.3	166273.8
广播电视节目制作及发射设备制造	17	1017.8	11942.6	5054.4
广播电视接收设备制造	86	9445.6	110361.8	71883.4
广播电视专用配件制造	9	482.5	8489.4	1708.3
专用音响设备制造	44	23703.8	47173.5	36370.7
应用电视设备及其他广播电视设备制造	68	13897.7	690733.0	51257.0
非专业视听设备制造	290	41213.4	442553.7	165152.7
电视机制造	19	10746.8	130924.9	37868.1
音响设备制造	217	20721.9	177497.9	102954.6
影视录放设备制造	54	9744.7	134130.9	24330.0
电子器件制造	1507	296267.0	3147942.9	783622.1
电子真空器件制造	148	32526.8	473399.4	20406.8
半导体分立器件制造	139	25748.6	225922.9	35789.4

6-27 续表

指标名称	新产品开发项目数（项）	新产品开发经费（万元）	新产品销售收入（万元）	#出口
集成电路制造	445	117770.0	769687.4	235908.2
显示器件制造	145	18253.1	248422.3	61206.7
半导体照明器件制造	223	32769.1	584026.2	125857.6
光电子器件制造	240	48108.8	662157.8	235528.5
其他电子器件制造	167	21090.6	184326.9	68924.9
电子元件及电子专用设备制造	2673	342430.1	4781088.2	1221785.0
电阻电容电感元件制造	476	45941.6	608629.3	120124.6
电子电路制造	253	24570.7	303556.3	13106.2
敏感元件及传感器制造	212	42177.2	616395.2	257611.9
电声器件及零件制造	95	8452.2	98536.3	27786.2
电子专用材料制造	915	138625.0	1974877.0	468337.2
其他电子元件制造	722	82663.4	1179094.1	334818.9
智能消费设备制造	730	104454.5	1544036.3	527118.5
可穿戴智能设备制造	17	519.7	4918.2	
智能车载设备制造	21	6215.7	16530.8	5914.6
智能无人飞行器制造	38	16688.0	113667.0	9027.5
其他智能消费设备制造	654	81031.1	1408920.3	512176.4
其他电子设备制造	228	39620.6	306528.0	97152.1
按地区分组				
杭州市	1958	1319443.3	17049136.5	3071039.8
宁波市	2016	342035.1	5832664.2	1209562.4
温州市	701	69988.3	811872.1	159689.1
嘉兴市	1471	259808.8	4094547.9	926389.6
湖州市	469	77764.6	966070.9	122291.0
绍兴市	363	90637.4	1112661.2	145236.7
金华市	422	67271.3	1278559.6	312641.8
衢州市	127	15993.3	278350.1	21356.8
舟山市	19	1266.6	2710.7	
台州市	240	43337.2	396724.9	144299.1
丽水市	85	7606	60511.5	14869.2

6–28 电子及通信设备制造业企业技术获取和技术改造情况（2019）

单位：万元

指标名称	技术改造经费支出	购买境内技术经费支出	引进境外技术经费支出	引进境外技术的消化吸收经费支出
总计	**121345.0**	**13942.7**	**550.6**	**700.2**
按行业分组				
电子及通信设备制造业	121345.0	13942.7	550.6	700.2
电子工业专用设备制造	1393.4	346.9		
半导体器件专用设备制造	683.4	346.9		
其他电子专用设备制造	710.0			
光纤、光缆及锂离子电池制造	19196.2	1.8		
光纤制造	3720.8			
光缆制造	3.3	1.8		
锂离子电池制造	15472.1			
通信设备制造、雷达及配套设备制造	20110.2	719.6	204.3	
通信系统设备制造	3305.4	341.2		
通信终端设备制造	16804.8	378.4	204.3	
广播电视设备制造	244.8	189.8		
广播电视接收设备制造	244.8	189.8		
非专业视听设备制造	4556.6	90.3		
音响设备制造	4556.6			
影视录放设备制造		90.3		
电子器件制造	15069.6	3683.6		
电子真空器件制造	4826.2			
半导体分立器件制造	1485.3	124.7		
集成电路制造	6326.9	1915.8		

6-28 续表

单元：万元

指标名称	技术改造经费支出	购买境内技术经费支出	引进境外技术经费支出	引进境外技术的消化吸收经费支出
显示器件制造	10.0			
半导体照明器件制造	1310.0	807.0		
光电子器件制造	991.3	836.1		
其他电子器件制造	119.9			
电子元件及电子专用设备制造	50009.1	8844.9	346.3	700.2
电阻电容电感元件制造	5491.8	1037.5		
电子电路制造	8735.5	4915.3		
敏感元件及传感器制造	3914.8	804.4		700.2
电子专用材料制造	18090.7	635.3	155.9	
其他电子元件制造	13776.3	1452.4	190.4	
智能消费设备制造	6699.3			
智能车载设备制造	107.0			
其他智能消费设备制造	6592.3			
其他电子设备制造	4065.8	65.8		
按地区分组				
杭州市	17258.7	3455.7	190.4	
宁波市	38616.2	2950.1	204.3	700.2
温州市	11025.6	2589.9		
嘉兴市	18031.8	189.0		
湖州市	12839.2	40.0		
绍兴市	4239.4	115.0		
金华市	9278.7	153.1		
衢州市	9262.1	4449.9	155.9	
台州市	620.1			
丽水市	173.2			

6-29 计算机及办公设备制造业基本情况（2019）

指标名称	企业数（个）	从业人员平均人数（人）	资产总计（亿元）	主营业务收入（亿元）	利润总额（亿元）
总计	**130**	**34425**	**337.8**	**411.0**	**18.4**
按行业分组					
计算机及办公设备制造业	130	34425	337.8	411.0	18.4
计算机整机制造	4	1363	21.9	73.7	0.6
计算机零部件制造	33	16758	150.8	118.0	8.6
计算机外围设备制造	38	8112	55.6	49.1	5.7
工业控制计算机及系统制造	5	586	5.0	5.4	
信息安全设备制造	2	81	1.2	1.2	
其他计算机制造	12	2430	59.2	128.8	1.2
办公设备制造	36	5095	44.0	34.9	2.2
复印和胶印设备制造	9	1021	11.8	6.6	0.3
计算器及货币专用设备制造	27	4074	32.3	28.3	1.9
按地区分组					
杭州市	31	7492	101.5	223.0	6.3
宁波市	30	7667	41.3	53.9	2.4
温州市	26	2798	16.1	18.2	0.8
嘉兴市	29	13993	153.1	101.5	8.7
湖州市	4	526	5.6	7.0	0.2
绍兴市	5	757	7.5	3.4	0.3
金华市	2	684	9.5	2.0	-0.1
衢州市	1	156	0.3	0.4	
台州市	2	352	3.1	1.6	-0.2

6–30 计算机及办公设备制造业 R&D 人员情况（2019）

指标名称	有 R&D 活动的企业数（个）	R&D 人员（人）	# 全时人员	# 研究人员	R&D 人员折合全时当量（人年）
总计	**89**	**3554**	**2593**	**1026**	**2921**
按行业分组					
计算机及办公设备制造业	89	3554	2593	1026	2921
计算机整机制造	3	285	78	29	196
计算机零部件制造	18	952	742	305	856
计算机外围设备制造	24	945	693	258	755
工业控制计算机及系统制造	4	49	41	10	34
其他计算机制造	10	469	379	127	383
办公设备制造	30	854	660	297	697
复印和胶印设备制造	8	158	138	44	141
计算器及货币专用设备制造	22	696	522	253	556
按地区分组					
杭州市	22	1108	736	234	892
宁波市	18	485	305	115	355
温州市	21	438	354	102	366
嘉兴市	15	1063	844	429	943
湖州市	4	105	95	28	89
绍兴市	4	120	72	44	83
金华市	2	187	146	62	148
衢州市	1	4	2		3
台州市	2	44	39	12	40

6-31　计算机及办公设备制造业 R&D 经费情况（2019）

单位：万元

指标名称	R&D 经费内部支出	# 人员劳务费	# 仪器和设备	# 政府资金	# 企业资金	R&D 经费外部支出
总计	**108636.3**	**44665.6**	**7622.0**	**2724.9**	**105911.4**	**4382.0**
按行业分组						
计算机及办公设备制造业	108636.3	44665.6	7622.0	2724.9	105911.4	4382.0
计算机整机制造	4808.9	4316.2	2.9		4808.9	2889.7
计算机零部件制造	57329.5	16592.6	4503.7	26.1	57303.4	
计算机外围设备制造	19994.4	10193.9	730.1	1806.0	18188.4	1209.1
工业控制计算机及系统制造	1086.3	261.7	18.2		1086.3	
其他计算机制造	6750.7	2836.6	2137.4	629.0	6121.7	162.3
办公设备制造	18666.5	10464.6	229.7	263.8	18402.7	120.9
复印和胶印设备制造	4221.6	1577.7	170.9	171.9	4049.7	56.8
计算器及货币专用设备制造	14444.9	8886.9	58.8	91.9	14353.0	64.1
按地区分组						
杭州市	23023.4	11506.7	3492.1	747.0	22276.4	3739.9
宁波市	8681.4	4318.0	201.1	1641.9	7039.5	167.0
温州市	7409.0	3486.6	24.7		7409.0	136.2
嘉兴市	58691.1	20158.9	3691.1	124.1	58567.0	12.8
湖州市	3236.4	976.3	20.3		3236.4	85.3
绍兴市	3263.7	1165.4	156.2	171.9	3091.8	209.0
金华市	3921.1	2917.5	20.7	40.0	3881.1	31.8
衢州市	118.4	22.3	12.9		118.4	
台州市	291.8	113.9	2.9		291.8	

6–32 计算机及办公设备制造业企业办研发机构情况（2019）

指标名称	有研发机构的企业数（个）	机构数（个）	机构人员（人）	机构经费支出（万元）	机构仪器设备（万元）
总计	**74**	**77**	**2943**	**110009.4**	**35404.6**
按行业分组					
计算机及办公设备制造业	74	77	2943	110009.4	35404.6
计算机整机制造	2	2	53	1018.0	197.2
计算机零部件制造	13	13	831	58302.1	14074.1
计算机外围设备制造	22	24	827	22692.1	7756.0
工业控制计算机及系统制造	4	4	89	2148.2	1493.8
其他计算机制造	7	8	224	5364.6	2786.1
办公设备制造	26	26	919	20484.4	9097.4
复印和胶印设备制造	5	5	95	2403.5	1303.6
计算器及货币专用设备制造	21	21	824	18080.9	7793.8
按地区分组					
杭州市	18	19	716	19701.0	11157.1
宁波市	16	16	472	9131.6	2499.3
温州市	19	19	355	7379.0	5620.1
嘉兴市	15	15	1125	65124.4	15013.9
湖州市	4	4	107	3961.7	715.8
金华市	1	3	122	3844.9	202.1
台州市	1	1	46	866.8	196.3

6–33 计算机及办公设备制造业企业专利情况（2019）

单位：件

指标名称	专利申请数	#发明专利	有效发明专利
总计	**729**	**176**	**521**
按行业分组			
计算机及办公设备制造业	729	176	521
计算机整机制造			2
计算机零部件制造	137	25	175
计算机外围设备制造	207	48	193
工业控制计算机及系统制造	20	2	10
其他计算机制造	114	53	29
办公设备制造	251	48	112
复印和胶印设备制造	53	12	43
计算器及货币专用设备制造	198	36	69
按地区分组			
杭州市	172	27	186
宁波市	78	31	65
温州市	175	34	71
嘉兴市	177	55	172
湖州市	75	12	20
绍兴市	21	8	1
金华市	31	9	4
台州市			2

6–34 计算机及办公设备制造业企业新产品开发、生产及销售情况（2019）

指标名称	新产品开发项目数（项）	新产品开发经费（万元）	新产品销售收入（万元）	
				# 出口
总计	**610**	**70583.3**	**1211325.8**	**748236.6**
按行业分组				
计算机及办公设备制造业	610	70583.3	1211325.8	748236.6
计算机整机制造	38	5378.2	11807.6	2781.4
计算机零部件制造	130	11736.9	749149.4	613985.6
计算机外围设备制造	164	22389.5	165170.4	61246.1
工业控制计算机及系统制造	11	975.9	6929.1	958.0
其他计算机制造	94	8429.1	55243.2	16243.0
办公设备制造	173	21673.7	223026.1	53022.5
复印和胶印设备制造	46	4096.1	40142.3	20026.7
计算器及货币专用设备制造	127	17577.6	182883.8	32995.8
按地区分组				
杭州市	198	27172.1	157856.2	44193.3
宁波市	113	9851.4	76660.5	14152.8
温州市	107	8045.6	108347.5	21916.0
嘉兴市	98	13930.2	758343.6	640166.0
湖州市	25	3364.5	57171.4	5689.2
绍兴市	25	3270.2	19964.3	4045.1
金华市	23	3903.7	16366.0	16349.8
衢州市	5	177.7	4380.0	
台州市	16	867.9	12236.3	1724.4

6–35 计算机及办公设备制造业企业技术获取和技术改造情况（2019）

单位：万元

指标名称	技术改造经费支出	购买境内技术经费支出	引进境外技术经费支出	引进境外技术的消化吸收经费支出
总计	**34348.5**	**1605.7**	**0**	**0**
按行业分组				
计算机及办公设备制造业	34348.5	1605.7		
计算机零部件制造	29432.0			
计算机外围设备制造	3744.5	1550.0		
其他计算机制造	816.0			
办公设备制造	356.0	55.7		
复印和胶印设备制造	356.0			
计算器及货币专用设备制造		55.7		
按地区分组				
杭州市	2816.4			
宁波市	2001.6	1605.7		
嘉兴市	29530.5			

6–36 医疗仪器设备及仪器仪表制造业基本情况（2019）

指标名称	企业数（个）	从业人员平均人数（人）	资产总计（亿元）	主营业务收入（亿元）	利润总额（亿元）
总计	**805**	**156005**	**1869.9**	**1207.2**	**181.3**
按行业分组					
医疗仪器设备及仪器仪表制造业	805	156005	1869.9	1207.2	181.3
医疗仪器设备及器械制造	158	31089	261.8	167.2	24.7
医疗诊断、监护及治疗设备制造	38	7648	78.5	49.5	4.6
口腔科用设备及器具制造	12	1403	8.0	10.2	1.3
医疗实验室及医用消毒设备和器具制造	6	606	4.0	3.0	-0.2
医疗、外科及兽医用器械制造	63	15207	111.7	64.3	12.1
机械治疗及病房护理设备制造	7	1322	13.9	6.4	1.0
康复辅具制造	10	1024	10.3	6.5	0.7
其他医疗设备及器械制造	22	3879	35.3	27.3	5.2
通用仪器仪表制造	488	87425	1131.0	717.1	80.1
工业自动控制系统装置制造	232	39901	537.3	335.8	38.0
电工仪器仪表制造	77	17898	346.1	190.1	22.8
绘图、计算及测量仪器制造	27	4440	16.7	17.2	0.8
实验分析仪器制造	30	3970	22.0	21.0	2.4
试验机制造	11	887	5.1	4.6	0.2
供应用仪器仪表制造	75	13241	96.3	94.9	8.2
其他通用仪器制造	36	7088	107.5	53.4	7.6
专用仪器仪表制造	112	23268	286.0	181.8	24.5
环境监测专用仪器仪表制造	18	1788	15.5	15.4	2.7
运输设备及生产用计数仪表制造	35	11632	145.5	94.2	6.5
导航、测绘、气象及海洋专用仪器制造	6	1378	19.6	6.2	1.0
农林牧渔专用仪器仪表制造	3	179	1.2	0.8	0.0
地质勘探和地震专用仪器制造	2	126	2.4	1.1	0.2
教学专用仪器制造	22	3343	21.5	19.3	1.3
电子测量仪器制造	15	3355	67.2	36.6	12.0
其他专用仪器制造	11	1467	13.1	8.1	0.8
光学仪器制造	41	13190	186.9	136.1	51.7
其他仪器仪表制造业	6	1033	4.2	4.9	0.4
按地区分组					
杭州市	227	50176	744.2	429.4	63.1
宁波市	211	41794	541.5	344.6	69.3
温州市	117	23849	228.6	165.8	19.5
嘉兴市	75	11176	106.1	91.3	10.4
湖州市	23	3137	23.3	21.3	2.3
绍兴市	37	4543	54.8	39.3	5.7
金华市	31	4814	78.7	30.0	1.9
衢州市	7	1123	8.8	6.4	1.3
舟山市	5	458	2.4	2.5	0.2
台州市	68	14565	77.9	73.9	7.6
丽水市	4	370	3.6	2.7	0.1

6–37 医疗仪器设备及仪器仪表制造业 R&D 人员情况（2019）

指标名称	有 R&D 活动的企业数（个）	R&D 人员（人）	# 全时人员	# 研究人员	R&D 人员折合全时当量（人年）
总计	**560**	**22624**	**17437**	**7459**	**18604**
按行业分组					
医疗仪器设备及仪器仪表制造业	560	22624	17437	7459	18604
医疗仪器设备及器械制造	115	3590	2806	1029	2854
医疗诊断、监护及治疗设备制造	29	1255	1044	497	971
口腔科用设备及器具制造	9	179	105	40	137
医疗实验室及医用消毒设备和器具制造	6	98	68	30	87
医疗、外科及兽医用器械制造	45	1351	1051	263	1114
机械治疗及病房护理设备制造	5	168	121	60	134
康复辅具制造	4	102	91	33	93
其他医疗设备及器械制造	17	437	326	106	318
通用仪器仪表制造	336	13126	10443	4281	11106
工业自动控制系统装置制造	173	6662	5325	2257	5453
电工仪器仪表制造	52	2945	2425	980	2643
绘图、计算及测量仪器制造	12	375	319	42	324
实验分析仪器制造	18	488	375	182	399
试验机制造	6	96	67	24	78
供应用仪器仪表制造	47	1494	1208	337	1236
其他通用仪器制造	28	1066	724	459	973
专用仪器仪表制造	78	3373	2687	1059	2700
环境监测专用仪器仪表制造	13	300	252	129	209
运输设备及生产用计数仪表制造	22	1361	1103	379	1099
导航、测绘、气象及海洋专用仪器制造	6	194	118	75	149
农林牧渔专用仪器仪表制造	2	14	13	4	12
教学专用仪器制造	15	564	417	136	493
电子测量仪器制造	11	634	522	220	481
其他专用仪器制造	9	306	262	116	257
光学仪器制造	27	2488	1461	1081	1902
其他仪器仪表制造业	4	47	40	9	42
按地区分组					
杭州市	151	6913	5671	2761	5963
宁波市	142	6484	4372	2291	5158
温州市	91	3849	3125	902	3285
嘉兴市	40	1457	1146	499	1115
湖州市	21	435	342	112	341
绍兴市	29	765	602	234	589
金华市	20	673	519	187	569
衢州市	5	175	148	63	62
舟山市	5	59	47	7	46
台州市	53	1757	1420	386	1426
丽水市	3	57	45	17	49

6-38 医疗仪器设备及仪器仪表制造业R&D经费情况（2019）

单位：万元

指标名称	R&D经费内部支出	#人员劳务费	#仪器和设备	#政府资金	#企业资金	R&D经费外部支出
总计	**490715.5**	**240311.0**	**29627.7**	**14366.0**	**476349.5**	**21707.3**
按行业分组						
医疗仪器设备及仪器仪表制造业	490715.5	240311.0	29627.7	14366.0	476349.5	21707.3
医疗仪器设备及器械制造	70611.5	32706.1	4609.8	2960.8	67650.7	2282.4
医疗诊断、监护及治疗设备制造	25805.6	12336.3	1586.5	634.1	25171.5	845.6
口腔科用设备及器具制造	3287.4	1552.3	142.3	24.0	3263.4	43.7
医疗实验室及医用消毒设备和器具制造	2429.3	1790.3			2429.3	
医疗、外科及兽医用器械制造	25609.7	10554.0	2705.1	1636.4	23973.3	336.0
机械治疗及病房护理设备制造	2728.6	1376.4	20.3	20.0	2708.6	747.7
康复辅具制造	2061.1	954.0		646.3	1414.8	13.2
其他医疗设备及器械制造	8689.8	4142.8	155.6		8689.8	296.2
通用仪器仪表制造	303169.4	155197.2	15351.4	8093.8	295075.6	11464.9
工业自动控制系统装置制造	161348.5	84787.7	12391.4	5029.5	156319.0	7529.9
电工仪器仪表制造	72087.1	39590.1	940.5	1147.1	70940.0	1925.3
绘图、计算及测量仪器制造	4707.9	2533.7	54.1	27.5	4680.4	105.0
实验分析仪器制造	8880.5	4956.3	61.4		8880.5	166.1
试验机制造	1520.1	683.3	88.6	67.0	1453.1	75.4
供应用仪器仪表制造	24542.4	11991.5	1533.6	1677.2	22865.2	1210.2
其他通用仪器制造	30082.9	10654.6	281.8	145.5	29937.4	453.0
专用仪器仪表制造	62661.9	26757.5	3816.4	2489.4	60172.5	6006.9
环境监测专用仪器仪表制造	6096.6	2884.1	264.2	125.3	5971.3	494.9
运输设备及生产用计数仪表制造	23175.8	8624.1	123.3	1765.7	21410.1	4906.1
导航、测绘、气象及海洋专用仪器制造	2458.0	1468.6	121.7		2458.0	13.0
农林牧渔专用仪器仪表制造	154.0	28.2		10.5	143.5	
教学专用仪器制造	8425.3	3474.6	288.3	25.5	8399.8	455.0
电子测量仪器制造	15406.5	7482.6	1144.9		15406.5	108.9
其他专用仪器制造	6945.7	2795.3	1874.0	562.4	6383.3	29.0
光学仪器制造	53398.0	24979.8	5829.6	822.0	52576.0	1953.1
其他仪器仪表制造业	874.7	670.4	20.5		874.7	
按地区分组						
杭州市	179641.1	97784.6	9264.1	6378.5	173262.6	6229.8
宁波市	144320.7	69779.2	13605.3	4282.4	140038.3	7080.4
温州市	66536.6	26098.0	2639.9	2245.2	64291.4	1212.4
嘉兴市	36861.3	18385.5	1131.0	722.5	36138.8	596.3
湖州市	7722.8	2885.4	664.3	124.1	7598.7	170.8
绍兴市	14285.4	7610.7	288.3	6.0	14279.4	4984.3
金华市	11536.0	4325.2	497.4	374.5	11161.5	432.6
衢州市	3463.5	1793.9	242.2	93.0	3370.5	208.1
舟山市	1210.0	361.4	442.1	1.0	1209.0	36.6
台州市	23996.5	10878.3	815.2	138.8	23857.7	756.0
丽水市	1141.6	408.8	37.9		1141.6	

6-39 医疗仪器设备及仪器仪表制造业企业办研发机构情况（2019）

指标名称	有研发机构的企业数（个）	机构数（个）	机构人员（人）	机构经费支出（万元）	机构仪器设备（万元）
总计	**442**	**486**	**21976**	**550177.2**	**294239.0**
按行业分组					
医疗仪器设备及仪器仪表制造业	442	486	21976	550177.2	294239.0
医疗仪器设备及器械制造	78	86	2910	69476.9	40982.4
医疗诊断、监护及治疗设备制造	23	25	1062	27402.2	12870.5
口腔科用设备及器具制造	7	7	162	3277.0	1851.1
医疗实验室及医用消毒设备和器具制造	3	3	33	634.6	194.6
医疗、外科及兽医用器械制造	24	27	944	20983.4	18271.9
机械治疗及病房护理设备制造	4	5	172	4511.3	793.3
康复辅具制造	5	6	171	3167.2	926.7
其他医疗设备及器械制造	12	13	366	9501.2	6074.3
通用仪器仪表制造	271	299	12406	305717.9	165105.8
工业自动控制系统装置制造	148	160	6139	143914.0	98259.7
电工仪器仪表制造	49	52	3051	90377.2	35072.4
绘图、计算及测量仪器制造	11	11	318	4683.5	1797.4
实验分析仪器制造	14	14	512	9541.4	5484.7
试验机制造	2	2	41	727.2	2497.3
供应用仪器仪表制造	29	35	1180	24448.4	13385.9
其他通用仪器制造	18	25	1165	32026.2	8608.4
专用仪器仪表制造	64	70	3379	77903.2	40748.7
环境监测专用仪器仪表制造	11	12	501	10501.2	2754.4
运输设备及生产用计数仪表制造	17	20	1326	34169.4	15403.0
导航、测绘、气象及海洋专用仪器制造	5	5	99	1542.1	873.9
农林牧渔专用仪器仪表制造	1	1	20	293.1	603.4
地质勘探和地震专用仪器制造	1	1	48	1718.0	1762.6
教学专用仪器制造	11	12	576	8435.1	4948.9
电子测量仪器制造	11	12	531	15500.3	6916.7
其他专用仪器制造	7	7	278	5744.0	7485.8
光学仪器制造	26	28	3245	96220.4	47344.8
其他仪器仪表制造业	3	3	36	858.8	57.3
按地区分组					
杭州市	120	146	7183	183045.7	72997.3
宁波市	130	131	7013	192305.5	106893.4
温州市	77	80	3306	70617.4	54322.6
嘉兴市	50	56	1990	49286.5	30176.3
湖州市	15	18	431	8167.0	6424.9
绍兴市	15	16	544	17175.8	6581.9
金华市	7	10	330	8659.9	7700.7
衢州市	3	4	183	3883.5	1205.3
舟山市	5	5	68	1003.1	1277.6
台州市	20	20	928	16032.8	6659

6–40 医疗仪器设备及仪器仪表制造业企业专利情况（2019）

单位：件

指标名称	专利申请数	# 发明专利	有效发明专利
总计	**5860**	**2151**	**4299**
按行业分组			
医疗仪器设备及仪器仪表制造业	5860	2151	4299
医疗仪器设备及器械制造	1112	320	1004
医疗诊断、监护及治疗设备制造	484	141	226
口腔科用设备及器具制造	71	10	41
医疗实验室及医用消毒设备和器具制造	7	2	5
医疗、外科及兽医用器械制造	261	87	529
机械治疗及病房护理设备制造	62	19	20
康复辅具制造	46	12	68
其他医疗设备及器械制造	181	49	115
通用仪器仪表制造	3172	1183	2432
工业自动控制系统装置制造	1717	705	1532
电工仪器仪表制造	860	327	450
绘图、计算及测量仪器制造	96	13	63
实验分析仪器制造	80	27	47
试验机制造	15	8	13
供应用仪器仪表制造	268	58	120
其他通用仪器制造	136	45	207
专用仪器仪表制造	753	214	506
环境监测专用仪器仪表制造	98	27	54
运输设备及生产用计数仪表制造	210	72	157
导航、测绘、气象及海洋专用仪器制造	59	10	38
农林牧渔专用仪器仪表制造	18	9	5
地质勘探和地震专用仪器制造	24	1	5
教学专用仪器制造	157	26	57
电子测量仪器制造	94	38	95
其他专用仪器制造	93	31	95
光学仪器制造	818	432	345
其他仪器仪表制造业	5	2	12
按地区分组			
杭州市	1856	763	1781
宁波市	1874	816	1102
温州市	605	123	412
嘉兴市	407	117	287
湖州市	116	28	81
绍兴市	335	85	101
金华市	217	56	103
衢州市	56	22	24
舟山市	12	2	
台州市	370	136	405
丽水市	12	3	3

6-41 医疗仪器设备及仪器仪表制造业企业新产品开发、生产及销售情况（2019）

指标名称	新产品开发项目数（项）	新产品开发经费（万元）	新产品销售收入（万元）	#出口
总计	**4453**	**647364.6**	**6304367.3**	**1247958.8**
按行业分组				
医疗仪器设备及仪器仪表制造业	4453	647364.6	6304367.3	1247958.8
医疗仪器设备及器械制造	992	96987.2	708809.6	225783.2
医疗诊断、监护及治疗设备制造	342	36789.1	181344.0	56711.7
口腔科用设备及器具制造	50	3562.3	63950.7	28469.5
医疗实验室及医用消毒设备和器具制造	26	3585.0	4305.9	1190.9
医疗、外科及兽医用器械制造	358	34853.2	231150.0	70043.8
机械治疗及病房护理设备制造	53	3617.8	21430.3	3266.0
康复辅具制造	34	3836.4	29900.7	14345.0
其他医疗设备及器械制造	129	10743.4	176728.0	51756.3
通用仪器仪表制造	2439	366491.3	3959886.6	651080.2
工业自动控制系统装置制造	1330	189558.1	1863524.4	227122.6
电工仪器仪表制造	406	90651.2	1366255.1	242370.2
绘图、计算及测量仪器制造	83	5958.3	54142.8	26897.5
实验分析仪器制造	134	12591.6	48388.1	14454.8
试验机制造	53	1899.2	5516.7	254.6
供应用仪器仪表制造	276	33527.6	371951.3	121530.2
其他通用仪器制造	157	32305.3	250108.2	18450.3
专用仪器仪表制造	758	86983.3	886448.0	105747.4
环境监测专用仪器仪表制造	141	11604.0	75780.2	49.9
运输设备及生产用计数仪表制造	257	31022.8	430412.9	54745.6
导航、测绘、气象及海洋专用仪器制造	28	2396.0	13814.0	998.1
农林牧渔专用仪器仪表制造	15	561.2	4388.4	1909.5
地质勘探和地震专用仪器制造	19	2614.5	2040.1	
教学专用仪器制造	127	11272.3	97512.1	6778.5
电子测量仪器制造	111	20934.7	203420.8	32061.4
其他专用仪器制造	60	6577.8	59079.5	9204.4
光学仪器制造	237	95007.5	741138.2	263628.4
其他仪器仪表制造业	27	1895.3	8084.9	1719.6
按地区分组				
杭州市	1421	247474.8	2105873.3	394832.9
宁波市	1115	201513.1	1812372.4	464436.8
温州市	629	75495.7	991565.3	137746.7
嘉兴市	393	46047.8	448782.9	65707.0
湖州市	109	7965.9	136995.0	22767.3
绍兴市	223	16752.0	268713.1	30131.0
金华市	170	16492.9	128109.9	20293.9
衢州市	44	2309.6	51560.1	853.9
舟山市	14	1695.6	9708.7	7187.1
台州市	315	30315.8	332309.1	104002.2
丽水市	20	1301.4	18377.5	

6–42 医疗仪器设备及仪器仪表制造业企业技术获取和技术改造情况（2019）

单位：万元

指标名称	技术改造经费支出	购买境内技术经费支出	引进境外技术经费支出	引进境外技术的消化吸收经费支出
总计	**36442.3**	**4788.8**	**560.8**	**481.3**
按行业分组				
医疗仪器设备及仪器仪表制造业	36442.3	4788.8	560.8	481.3
医疗仪器设备及器械制造	4490.3	87.8	496.6	481.1
医疗诊断、监护及治疗设备制造	43.4			
口腔科用设备及器具制造	15.6			
医疗、外科及兽医用器械制造	1417.5	59.5	496.6	481.1
康复辅具制造	56.8	28.3		
其他医疗设备及器械制造	2957.0			
通用仪器仪表制造	16815.8	2398.7	64.2	0.2
工业自动控制系统装置制造	12773.2	1019.9	64.2	0.2
电工仪器仪表制造	2002.1			
绘图、计算及测量仪器制造	449.4			
供应用仪器仪表制造	1357.6	1378.8		
其他通用仪器制造	233.5			
专用仪器仪表制造	14443.3	2302.3		
环境监测专用仪器仪表制造	670.0			
运输设备及生产用计数仪表制造	13554.0	1908.9		
导航、测绘、气象及海洋专用仪器制造	30.0			
教学专用仪器制造	81.4			
其他专用仪器制造	107.9	393.4		
光学仪器制造	183.9			
其他仪器仪表制造业	509.0			
按地区分组				
杭州市	4148.1	415.0		
宁波市	3439.2	2573.8	545.3	481.3
温州市	22841.8	1765.7		
嘉兴市	56.8			
湖州市	44.0			
绍兴市	3028.3	6.0		
金华市	1121.3			
衢州市			15.5	
舟山市	107.9			
台州市	1654.9	28.3		

6–43 信息化学品制造业基本情况（2019）

指标名称	企业数（个）	从业人员平均人数（人）	资产总计（亿元）	主营业务收入（亿元）	利润总额（亿元）
总计	**22**	**2183**	**106.2**	**27.5**	**-0.9**
按行业分组					
信息化学品制造业	22	2183	106.2	27.5	-0.9
信息化学品制造	22	2183	106.2	27.5	-0.9
文化用信息化学品制造	18	1891	102.7	20.8	-1.1
医学生产用信息化学品制造	4	292	3.5	6.7	0.2
按地区分组					
杭州市	5	313	2.8	1.7	-0.1
温州市	4	393	7.1	3.3	0.1
嘉兴市	4	424	73.8	6.5	-1.8
湖州市	1	233	3.5	1.0	0.5
绍兴市	3	609	15.4	9.8	0.8
衢州市	4	193	3.3	4.8	-0.4
台州市	1	18	0.2	0.5	0.1

6–44 信息化学品制造业 R&D 人员情况（2019）

指标名称	有 R&D 活动的企业数（个）	R&D 人员（人）	# 全时人员	# 研究人员	R&D 人员折合全时当量（人年）
总计	**12**	**290**	**241**	**85**	**241.0**
按行业分组					
信息化学品制造业	12	290	241	85	241.0
信息化学品制造	12	290	241	85	241.0
文化用信息化学品制造	9	201	180	55	164.6
医学生产用信息化学品制造	3	89	61	30	76.3
按地区分组					
杭州市	4	109	81	38	92.9
温州市	2	51	46	12	47.2
嘉兴市	1	11	10	5	6.7
湖州市	1	30	27	8	15.6
绍兴市	3	84	74	21	76.8
衢州市	1	5	3	1	1.8

6–45 信息化学品制造业 R&D 经费情况（2019）

单位：万元

指标名称	R&D 经费内部支出	# 人员劳务费	# 仪器和设备	# 政府资金	# 企业资金	R&D 经费外部支出
总计	**6440.9**	**2678.2**	**255.1**	**13.9**	**6427.0**	**24.2**
按行业分组						
信息化学品制造业	6440.9	2678.2	255.1	13.9	6427.0	24.2
信息化学品制造	6440.9	2678.2	255.1	13.9	6427.0	24.2
文化用信息化学品制造	4915.3	1754.9	28.4		4915.3	24.2
医学生产用信息化学品制造	1525.6	923.3	226.7	13.9	1511.7	
按地区分组						
杭州市	2150.4	1110.0	226.7	13.6	2136.8	
温州市	1134.6	135.1	28.4		1134.6	
嘉兴市	412.2	135.7			412.2	
湖州市	462.7	271.5			462.7	
绍兴市	2217.6	1016.2		0.3	2217.3	24.2
衢州市	63.4	9.7			63.4	

6–46 信息化学品制造业企业办研发机构情况（2019）

指标名称	有研发机构的企业数（个）	机构数（个）	机构人员（人）	机构经费支出（万元）	机构仪器设备（万元）
总计	**11**	**11**	**285**	**7577.7**	**4837.2**
按行业分组					
信息化学品制造业	11	11	285	7577.7	4837.2
信息化学品制造	11	11	285	7577.7	4837.2
文化用信息化学品制造	9	9	208	6206.8	4588.1
医学生产用信息化学品制造	2	2	77	1370.9	249.1
按地区分组					
杭州市	3	3	92	2045.0	249.6
温州市	2	2	40	1578.2	1341.9
嘉兴市	2	2	32	970.1	698.1
湖州市	1	1	35	502.5	701.8
绍兴市	2	2	80	2412.4	1591.1
衢州市	1	1	6	69.5	254.7

6–47　信息化学品制造业企业专利情况（2019）

单位：件

指标名称	专利申请数	# 发明专利	有效发明专利
总计	**24**	**18**	**99**
按行业分组			
信息化学品制造业	24	18	99
信息化学品制造	24	18	99
文化用信息化学品制造	15	11	91
医学生产用信息化学品制造	9	7	8
按地区分组			
杭州市	10	8	19
温州市	5	5	7
嘉兴市	4	4	61
湖州市	3	1	11
绍兴市	2		1

6–48　信息化学品制造业企业新产品开发、生产及销售情况（2019）

指标名称	新产品开发项目数（项）	新产品开发经费（万元）	新产品销售收入（万元）	# 出口
总计	**67**	**9618.6**	**58318.7**	**2346.3**
按行业分组				
信息化学品制造业	67	9618.6	58318.7	2346.3
信息化学品制造	67	9618.6	58318.7	2346.3
文化用信息化学品制造	60	8093.0	56131.8	1778.7
医学生产用信息化学品制造	7	1525.6	2186.9	567.6
按地区分组				
杭州市	19	2150.8	2633.4	567.6
温州市	12	1540.3	10944.1	1242.4
嘉兴市	16	4288.1	32567.4	535.0
湖州市	8	377.4	7885.8	
绍兴市	12	1262	4288	1.3

6–49 信息化学品制造业企业技术获取和技术改造情况（2019）

指标名称	技术改造经费支出（万元）	购买境内技术经费支出（万元）	引进境外技术经费支出（万元）	引进境外技术的消化吸收经费支出（万元）
总计	**0**	**0**	**0**	**0**

主要指标解释

科技活动：指在自然科学、农业科学、医药科学、工程与技术科学、人文与社会科学领域（以下简称科学技术领域）中与科技知识的产生、发展、传播和应用密切相关的有组织的活动。为核算科技投入的需要，科技活动可分为科学研究与试验发展（R&D）、科学研究与试验发展成果应用及相关的科技服务三类活动。

科学研究与试验发展：指在科学技术领域，为增加知识总量以及运用这些知识去创造新的应用而进行的系统的创造性的活动，包括基础研究、应用研究、试验发展三类活动。

基础研究：指为了获得关于现象和可观察事实的基本原理的新知识（揭示客观事物的本质、运动规律，获得新发现、新学说）而进行的实验性或理论性研究，它不以任何专门或特定的应用或使用为目的。其成果以科学论文和科学著作为主要形式。

应用研究：指为获得新知识而进行的创造性研究，主要针对某一特定的目的或目标。应用研究是为了确定基础研究成果可能的用途，或是为达到预定的目标探索应采取的新方法（原理性）或新途径。其成果形式以科学论文、专著、原理性模型或发明专利为主。

试验发展：指利用从基础研究、应用研究和实际经验中所获得的现有知识，为产生新的产品、材料和装置，建立新的工艺、系统和服务，以及为了对已产生和建立的上述各项做实质性的改进而进行的系统性工作。其成果形式主要是专利、专有技术、新产品原型或样机样件等。

科学研究与试验发展成果应用：指为使试验发展阶段产生的新产品、材料和装置，建立的新工艺、系统和服务以及做实质性改进后的上述各项能够投入生产或实际应用，为了解决所存在的技术问题而进行的系统性的工作。这类活动的成果形式大多是可供生产和实际操作的带有技术和工艺参数的图纸、技术标准和操作规范。

科技服务：指与科学研究与实验发展有关，并有助于科学技术知识的产生、传播和应用的活动。

从业人员年平均人数：从业人员是指在从事劳动并取得劳动报酬或经营收入的全部劳动力。从业人员年平均人数是指在报告期内平均每天拥有的从业人员数。

科学家和工程师：指具有高、中级技术职称（职务）的人员和无高、中级技术职称（职务）的大学本科及以上学历的人员。

专业技术人员：指从事专业技术工作的人员以及从事专业技术管理工作且在 1983 年以前审定了专业技术职称或在 1984 年以后聘任了专业技术职务的人员。

工程技术人员：指负担工程技术和工程技术管理工作并具有工程技术能力的人员。

从业人员劳动报酬：指工业企业在报告期内直接支付给本企业全部从业人员的劳动报酬总额，包括职工工资总额和企业其他从业人员劳动报酬两部分。

工业总产值：指以货币表现的工业企业在报告期内生产的工业产品总量，包括本年生产成品价值，对外加工费收入，自制半成品、在制品期末期初差额价值。

产品销售收入：指工业企业销售产成品、自制半成品的收入和提供工业性劳务等取得的收入总额。

产品销售利润：指企业销售收入扣除其成本、费用、税金后的余额。

利润总额：指企业在生产经营过程中各种收入扣除各种消耗后的盈余，反映企业在报告期内实现的盈亏总额（亏损以"–"表示），包括企业的营业利润、补贴收入、各种投资净收益和营业外收支净额。

年末固定资产原价：指企业在建造、购置、安装、改建、扩建、技术改造固定资产时实际支出的全部货币总额。

生产经营用机器设备原价：指企业在年末拥有的直接服务于企业生产、经营过程的各种机器设备的原价。

微电子控制机器设备原价：指企业在年末拥有的、利用微电子技术（包括电子计算机、集成电路等）对生产过程进行控制、观察测量、测试等生产机器设备的原价。

科技活动人员：指企业在报告年度直接从事（或参与）科技活动以及专门从事科技活动管理和为科技活动提供直接服务的人员。累计从事科技活动的时间占制度工作时间 10%（不含）以下的人员不统计。

科技活动全时人员：指企业科技活动人员中在报告年度实际从事科技活动的时间占制度工作时间 90%（含）以上的人员。

科技活动非全时人员：指企业科技活动人员中在报告年度实际从事科技活动的时间占制度工作时间在 10%（含）~ 90%（不含）的人员。

研究与试验发展人员：指企业科技活动人员中从事基础研究、应用研究和试验发展三类活动的人员。

科技活动经费筹集总额：指企业在报告年度从各种渠道筹集到的计划用于科技活动的经费，包括企业资金、金融机构贷款、政府资金、事业单位资金、国外资金、其他资金等。

企业资金：指报告年度本企业从自有资金中提取或接受在国内注册的其他企业委托获得的计划用于科研和技术开发活动的经费，不包括来自政府有关部门、金融机构以及国外的计划用于科技活动的经费。

金融机构贷款：指企业从各类金融机构获得的用于科技活动的贷款。

政府资金：指企业从各级政府部门获得的计划用于科技活动的经费，包括科技专项费、科研基建费和贷款等。

国外资金：指本企业从中国以外的企业、大学、国际组织、民间组织、金融机构及外国政府获得的计划用于科技活动的经费，不包括从在国内注册的外资企业获得的计划用于科技活动的经费。

其他资金：指科技活动执行单位从上述渠道以外获得的计划用于科技活动的经费，如来自民间非营利机构的资助和个人捐赠等。

科技活动经费支出总额：指企业在报告年度实际支出的全部科技活动费用，包括列入技术开发的经费支出以及技措技改等资金实际用于科技活动的支出，不包括生产性支出和归还贷款支出。科技活动经费支出总额分为内部支出和外部支出。

科技活动经费内部支出：指企业在报告年度用于内部开展科技活动实际支出的费用，包括外协加工费，不包括委托研制或合作研制而支付外单位的经费。

科技活动人员劳务费：指以货币或实物形式直接或间接支付给科技活动人员的劳动报酬及各种费用，包括各种形式的工资、补助工资、津贴、价格补贴、奖金、福利、失业保险、养老保险、医疗保险、工伤保险、人民助学金等。为科技活动提供间接服务人员的劳务费计入其他支出。

固定资产购建：指企业在报告年度为开展科技活动，使用非基本建设资金进行固定资产购置，以及使用基本建设费进行新建、改建、扩建、购置、安装科研用固定资产以及进行科研设备改造及大修理等的实际支出。

设备购置：指在报告期内为进行科技活动而购置的科研仪器设备、图书资料、实验材料和标本以及其他设备的支出。

研究与试验发展经费支出：指报告年度在企业科技活动经费内部支出中用于基础研究、应用研究和试验发展三类项目以及这三类项目的管理和服务费用的支出。

基础研究支出：指报告年度在企业科技活动经费内部支出中用于基础研究项目以及这类项目的管理和服务费用的支出。

应用研究支出：指报告年度在企业科技活动经费内部支出中用于应用研究项目以及这类项目的管理和服务费用的支出。

试验发展支出：指报告年度在企业科技活动经费内部支出中用于试验发展项目以及这类项目的管理和服务费用的支出。

科技活动经费外部支出：指企业在报告年度委托其他单位或与其他单位合作开展科技活动而支付给其他单位的经费，不包括外协加工费。

新产品：指采用新技术原理、新设计构思研制、生产的全新产品，或在结构、材质、工艺等某一方面比原有产品有明显改进，从而显著提高了产品性能或扩大了使用功能的产品。

新产品产值：指报告年度本企业生产的新产品的价值。

新产品销售收入：指报告年度本企业销售新产品实现的销售收入。

新产品出口收入：指报告年度本企业将新产品出售给外贸部门和直接出售给外商所实现的销售收入。

全部科技项目数：指企业在报告年度当年立项并开展研制工作和以前年份立项仍继续进行研制的科技项目数，包括当年完成和年内研制工作已告失败的科技项目，但不包括委托外单位进行研制的科技项目。

研究与试验发展项目数：指企业在报告年度进行的全部科技项目中属于研究与试验发展的项目数。

专利申请数：指企业在报告年度内向专利行政部门提出专利申请并被受理的件数。

发明专利申请数：指企业在报告年度内向专利行政部门提出发明专利申请并被受理的件数。

拥有发明专利数：指企业作为专利权人在报告年度拥有的、经国内外专利行政部门授权且在有效期内的发明专利件数。

技术改造经费支出：指本企业在报告年度进行技术改造而发生的费用支出。在技术改造经费支出中，属于研究与试验发展的经费支出，除了包含在技术改造经费支出中，还要计入企业研究与试验发展经费支出中。

技术引进经费支出：指企业在报告年度用于购买国外技术，包括产品设计、工艺流程、图纸、配方、专利等技术资料的费用支出，以及购买关键设备、仪器、样机和样件等的费用支出。

引进设计、图纸、工艺、配方、专利的支出：指企业在报告年度内用于购买国外产品设计、工艺流程、配方、专利、技术诀窍等的费用支出。

消化吸收的经费支出：指本企业在报告年度对国外引进项目进行消化吸收所支付的经费总额。

购买国内技术经费支出：指本企业在报告年度购买国内其他单位科技成果的经费支出。

享受各级政府对科技的减免税：指各级政府为了鼓励增加科技投入、促进高新技术产品开发、发展高新技术产业等而减负的各种税金总额。